多区域可计算一般均衡模型在水资源政策中的应用与实践

刘金华　汪党献　倪红珍　赵　晶　著

黄河水利出版社
·郑 州·

内 容 提 要

本书针对现有水资源与社会经济协调发展模型（CWSE）在政策模拟上相对薄弱的不足，新增水资源经济系统的多区域水资源政策分析的可计算一般均衡模型（TERMW），并基于模型耦合技术，构建了水资源与社会经济协调发展分析模型（CWSE-E），包括改进水资源节点网络图和构建用于区域间一般均衡分析的水资源子模块。两个局部模型 CWSE 和 TERMW 通过投入产出表进行有效衔接，可实现优化预测、模拟计算和政策仿真等功能。以淮河流域为例，开展淮河流域水资源与社会经济协调发展情景方案分析及水资源政策研究。

本书可供水利、水资源、生态、环境等专业的科研、教育、计划管理人员以及高等院校相关专业的师生阅读参考。

图书在版编目（CIP）数据

多区域可计算一般均衡模型在水资源政策中的应用与实践/刘金华等著. —郑州:黄河水利出版社,2022.12
ISBN 978-7-5509-3505-1

Ⅰ.①多… Ⅱ.①刘… Ⅲ.①水资源-经济政策-研究
Ⅳ.①TV213

中国版本图书馆 CIP 数据核字（2022）第 249969 号

组稿编辑:岳晓娟　　　电话:0371-66020903　　　QQ:2250150882

出　版　社:黄河水利出版社　　　　　　　　　　网址:www.yrcp.com
　　　　　地址:河南省郑州市顺河路黄委会综合楼 14 层　　邮政编码:450003
发行单位:黄河水利出版社
　　　　　发行部电话:0371-66026940、66020550、66028024、66022620(传真)
　　　　　E-mail:hhslcbs@ 126. com
承印单位:河南新华印刷集团有限公司
开本:787 mm×1 092 mm　1/16
印张:13. 75
字数:318 千字　　　　　　　　　　　　　　　印数:1—1 000
版次:2022 年 12 月第 1 版　　　　　　　　　　印次:2022 年 12 月第 1 次印刷

定价:89. 00 元

前　言

　　自 20 世纪 60 年代第一个 CGE 模型产生以来,经过近半个世纪的发展和完善,经历了从单区域静态 CGE 模型—单区域动态 CGE 模型—多区域(国)静态 CGE 模型—多区域(国)动态 CGE 模型的发展过程。经过多年的发展,一般均衡理论基本成熟,被广泛应用到各个领域。CGE 模型在水资源领域的应用主要是分析研究水资源与社会经济协调发展问题,这是未来我国水资源管理研究领域最为关注的方向和前沿之一,也是本书的基本目标。

　　本书针对现有水资源与社会经济协调发展模型(CWSE)在政策模拟上相对薄弱的缺点,增加描述水资源经济系统的分区域水资源政策分析的一般均衡模型(TERMW),基于模型耦合技术,构建完成水资源与社会经济协调发展分析模型(CWSE-E)。CWSE-E 模型是基于 CWSE 模型和 TERM 模型的改进和拓展研究,包括改进水资源节点网络图和构建用于区域间一般均衡分析的水资源子模块。两个局部模型 CWSE 和 TERMW 通过投入产出表进行有效衔接,可实现优化预测、模拟计算和政策仿真等功能。

　　以淮河流域为例,基于投入产出编制方法,编制完成淮河流域 2009 年竞争型投入产出表。在此基础上,根据 TERMW 模型数据结构要求,通过对进口产品使用结构矩阵计算、投资系数矩阵构建、区域间贸易矩阵计算、行业用水量及水资源价值计算等处理,得出淮河流域 2009 年 TERMW 数据库,为分区域水资源政策分析的一般均衡模型的运行提供数据基础。基于构建的 CWSE-E 模型和一致性数据集,开展淮河流域水资源与社会经济协调发展情景方案分析及水资源政策研究,主要内容包括:节水措施、治污措施和生态环境保护对淮河流域水资源利用和社会经济发展的综合影响分析;淮河流域水资源与社会经济协调发展规划情景方案确定;虚拟水政策在淮河流域水资源利用与社会经济发展中的效果评估;水权市场在淮河流域水资源利用和社会经济发展中的效果评估。

　　本书由刘金华、汪党献、倪红珍、赵晶共同编著。具体编写分工如下:第 1 章由刘金华和汪党献编写,第 2~5 章由刘金华和倪红珍编写,第 6 章由刘金华、赵晶编写。刘金华负责本书的统稿工作。在编写过程中,我们查阅了大量学术论文和专著,在此向这些文献的作者表示由衷的感谢!

作　者

2022 年 10 月于杭州

目　录

第1章 概 述

1.1 问题的提出

可持续发展是21世纪的发展战略,是谋求以人为中心,以资源环境保护为条件,以经济社会发展为手段,实现当代人与后代人共同繁荣的发展(邢端生,2005)。作为维系地球生物生存和发展的特殊资源,水资源在促进经济社会发展和维持生态环境系统稳定方面具有重要作用。但是,我国水资源禀赋条件并不优越。淡水资源总量仅占全球水资源量的6%,人均水资源占有量仅为世界平均水平的1/4。我国现实可利用的淡水资源量更少,人均可供应量不足1 000 m³/s,且分布极不均匀,大量淡水资源集中在南方,北方淡水资源只有南方水资源的1/4(陈家琦等,2005)。同时,根据全国水资源综合规划成果,由于气候变化和人类活动对下垫面条件的影响以及水资源近年来开发利用的影响,我国水资源情势发生了显著变化,北方地区水资源数量明显减少,以黄河区、淮河区、海河区和辽河区最为突出。北方地区的黄淮海辽4个水资源一级区降水量在1980—2000年和2001—2008年两时段分别比1956—1979年时段平均减少了6.1%和4.8%,但其地表水资源量则分别减小了12.8%和16.5%,水资源总量分别减少了10.9%和12.8%。

随着我国人口不断增长、经济规模不断扩大、工业化和城市化进程加快和气候变化等的持续影响,水资源和水环境的压力将进一步加大,由于水资源过度开发和低效、浪费等不合理的用水方式普遍存在,水资源短缺问题十分突出,经济社会活动对水资源的影响以及水资源对经济社会发展的支撑格局也发生了显著变化。由于水文情势和水资源开发利用的变化,水生态环境系统也随之发生变化,部分地区出现河湖干涸、湿地退化,原有的水生态系统演变为陆生生态系统或荒漠生态系统,给社会经济、生态环境可持续发展带来严峻挑战。

我国水资源时空分布不均,长期呈现"夏汛冬枯、北缺南丰"的时空分布特征。为了缓解这一状况,陆续修建了一大批水利工程。南水北调工程作为我国跨流域跨区域配置水资源的骨干工程,南水北调东、中线一期工程已建成通水,截至2021年,累计供水量达到565亿 m³,惠及1.5亿人,缓解了水资源时空分布不均的压力,畅通了南北经济循环,推动了区域高质量发展,推动了水资源配置格局实现全局性优化,意味着"系统完备、安全可靠,集约高效,绿色智能,循环通畅、调控有序"的国家水网正在加快构建。全国水利工程供水能力从2012年的7 000亿 m³ 提高到2021年的8 900亿 m³。近10年来,我国水资源相关政策也正在逐步发生改变,深入贯彻"节水优先、空间均衡、系统治理、两手发力"治水思路,强化水资源刚性约束,坚持以水而定、量水而行,加快用水权初始分配,推进用水权市场化交易,健全完善水权交易平台,加强用水权交易监管。2022年8月26日,水利部、国家发展改革委、财政部联合印发《关于推进用水权改革的指导意见》(水资管〔2022〕333号)提出,到2025年,用水权初始分配制度将基本建立,区域水权、取用水户取水权基本明晰,用水权交易机制进一步完善,用水权市场化交易趋于活跃,交易监管全面加强,全国统一的用水权交易市场初步建立;到2035年,归属清晰、权责明确、流转顺畅、监管有效的用水权制度体系全面建立,用水权改革促进水资源优化配置和集约节约安全利用的作用全面发挥。

　　2021年国家各部委共颁布了68项一系列涉水重要政策,涉及污染治理、水环境改善、非常规水资源利用、城市内涝治理、生态保护和修复、生产生活绿色转型、城乡人居环境改善、节能降碳等多个方面。这一系列涉水重要政策,对生态文明建设和美丽中国建设具有重大的意义,为水行业发展和水技术研发等提供了重要的指导。但这些政策的效果如何?采用什么方法进行效果评估也是水利人需要去思考和解决的。事实上,水资源情势、经济社会发展结构以及水生态环境状况均处于动态演变的过程,同时又相互作用、相互影响。为研究不同系统动态变化及其相互影响机制,必须将水资源-经济社会-生态环境系统作为研究对象进行整体研究。为此,本书选择从流域尺度开展水资源与社会经济协调发展研究❶,并引入经济学领域普遍应用的一般均衡理论,将水资源开发利用、保护等政策置于统一的框架下开展定量分析,为水资源政策决策者提供另一个分析视角。

1.2　研究进展

1.2.1　国外研究进展

1.2.1.1　发展历程

　　为了实现水资源的可持续利用,要求将水资源系统纳入社会经济-生态环境系统框架内统一审视,提出三者协调发展的理论与方法,根据协调发展模型构建的理论和方法,将协调发展研究大致分为以下3个阶段。

　　1. 理念探索阶段(20世纪90年代以前)

　　20世纪90年代以来,随着发展带来的环境问题的加剧和能源危机的出现,人们越来越认识到将经济、社会、环境、生态割裂开来谋求发展,只能给地球和人类社会带来毁灭性的灾难,这种危机感使得可持续发展在20世纪80年代逐渐发展起来。在此背景下,世界环境与发展委员会(WECD)于1983年正式成立。1987年,挪威首相Brundiland夫人等在"我们共同的未来"的报告中明确提出了"可持续发展"问题,指出发展的可持续性是指人类在社会经济发展和能源开发中,以确保它满足目前的需要而不破坏未来发展需求的能力,明确了发展经济同保护环境和资源是相互联系、互为因果的观点(转引自王好芳,2003)。

　　在政府和公众开展热烈讨论的同时,各国的学者和研究机构从水资源开发利用、保护、评价和规划等方面进行了水资源可持续利用研究。但这一阶段的研究相对较少,例如1982年,Noel和Howitt采用模型整合技术,将经济模型和水文模型进行有机整合,为水资

---

　　❶ 本书沿用早期研究名称"水资源与社会经济协调发展",研究对象为社会经济-水资源-生态环境复合系统。

源可持续利用研究提供了新的发展方向。

2.理念成熟和应用发展阶段(20世纪90年代至21世纪)

联合国在1990年出版的《亚太水资源利用与管理手册》对亚太地区水资源保护、水质、水生态系统等进行了回顾与评价,提出了水资源利用的战略目标和实施方法,并在出版的《水与可持续发展准则:原理与政策方案》中论述了经济社会发展与水资源系统的关系,实例研究了水资源开发利用在水资源与社会经济协调发展中的基本准则和地位,指出水资源与经济社会发展是紧密相连的,水资源的多行业属性和多用途特性使其在可持续发展过程中的规划与实施变得极其复杂(常炳炎等,1998)。

1992年,联合国环境与发展大会在巴西里约热内卢顺利召开,会议通过了《里约热内卢环境与发展宣言》,可持续发展理念再一次被提到非常重要的高度,更是确立了以可持续发展理念为基础的水资源与社会经济协调发展理论(World Bank,1992)。1998年,在巴黎召开的国际水与可持续发展会议上对于水资源可持续的关系进行了更加深入的讨论。2000年在荷兰举行的第二届全球水论坛部长宣言中指出"水是人类生活及健康和生态系统的生命"。

至此,以社会经济-水资源-生态环境系统为研究对象,以追求流域社会-经济-生态-环境等整体效益最优为目标的水资源与社会经济协调发展理论得以确立(William,1992;Dragan等,1997)。

在协调发展理论取得进展的同时,相关的应用研究也取得了长足的发展。1990年,Lefkoff和Gorelick采用数学形式传递经济和水文模型之间的信息,耦合了农业生产函数和长系列优化模型。同年,Lefkoff和Gorelick扩展了一个水交易市场模拟农场间的年度水交易。VWT经常因其改善缺水地区获得水商品的物质和经济途径的能力而得到认可,使这些地区能够通过进口耗水产品来节约用水,而"虚拟水"一词最早由Allan在1994年提出。1995年,Harding等基于科罗拉多河网络模型,采用静态的优化算法研究了特枯干旱条件下的水文影响;同年,Booker扩展了Booker和Young的模型,建立了水文-经济-制度优化整体模型,评估了干旱对经济和水文的影响。1996年,Lee和Howitt基于耦合的区域生产模型和水文模型,研究了科罗拉多河流域的农业灌溉情况。1997年,Faisal等在地下水研究中引入经济目标,丰富了地下水管理研究的内容。

3.应用推广阶段(21世纪以来)

21世纪以来,协调发展模型研究大致衍生出两个方向,一是继续以可持续发展理论为基础,统筹考虑水资源、社会经济和生态环境系统间的关系,通过过程优化和模拟取得三者的协调发展,伴随着新理论的涌现,新的优化方法被引入研究中来(Rao vemuri和Gedeno Walter,1995;Wang和Zheng,1998);二是随着水危机成为全球三大危机之一,将协调发展的机制逐步考虑到系统的发展中来,重点分析水资源规划基础上的水资源政策或机制影响,为水资源与社会经济和生态环境的协调发展提供技术支持。

1)在协调发展模型构建方面

2000年,Mashed Jahangir等总结了遗传算法在非线性、非凸、非连续方面的进展情况,提出遗传算法的改进方向。同年,Minsker等建立了不确定性条件下的水资源配置多目标分析模型,并采用遗传算法进行求解。2002年,Ximing Cai提出了流域水文-农业-

经济整体模型,改进了非线性求解方法,并应用于锡尔河流域,采用情景分析方法评估了流域的可持续发展情况。2009 年,Kaveh Madani 等利用系统动力学方法,研究了社会经济系统、政治等对流域水资源管理的作用,模型结果表明,在跨流域调水、新建水利工程和控制地下水开采等基础上,辅以水资源需求管理和人口控制对于解决流域水资源短缺问题将更加有效。2010 年,Predrag Prodanovic 等基于系统方法,构建了一个耦合水文模拟和描述社会经济过程两个模块,研究了加拿大 Upper Thames 流域在气候模式变化和社会经济发展耦合情景下的风险和脆弱性。2011 年,Evan G. R. Davies 等认为日益严峻的水资源短缺形势对水资源管理模型提出了更高的要求,以往的将水资源系统以外的驱动因素外生化处理方式已经不能满足当今的模型实践要求,为此需要在水资源与社会经济-生态环境系统内开展协调模型研究,研究提出了 ANEMI 模型,模型能够将气候模式、碳循环、经济、人口、土地利用、农业发展、水文循环要素、全球用水和水质等要素之间的非线性关系统一描述,实现在系统内进行水资源问题决策。可见,国外的水资源优化配置以流域为研究尺度,协调流域内经济用水与生态需水的矛盾,研究的方法也由传统的线性优化方法发展到现代非线性方法以及多种方法的结合。虚拟水被定义为包含在产品中的水,隐式地"嵌入"到商品中(Hoekstra,2003)。近年来,人们对 VWT 进行了大量的研究。一些研究集中在微观层面,如产品或消费者的虚拟水含量,如 Chapagain 和 Hoekstra(2008,2011)研究了咖啡、茶、大米和肉类的 VW 含量。一些研究集中在国家和地区层面,如 Hoekstra 和 Hung(2005)、Duarte 等(2018)、Lenzen(2009)、Hanasaki 等(2010)。他们评估了国家或地区的 VW 平衡与水的需求和水的可用性。其他研究主要集中在宏观层面和全球层面,例如,Hoekstra 和 Hung(2005)估计了 1995—1999 年全球 VW 汽车出口与国际作物贸易有关。Chen 和 Chen(2013)通过对全球化世界经济的 VW 账户的研究,进一步揭示了 112 个国家及地区的 VW 概况,发现并强调了 VWT 在缺水地区的重要性。

2)在水资源政策或水资源机制研究方面

2000 年,Noelwah R Netusil 利用耦合的动态 CGE 模型和需水模型,研究了农业用水向非农行业用水转移的长期经济效果,研究结果显示,非农行业的产出增加并不能补偿农业因供水减少而造成的损失。2002 年,Jerson 等针对干旱区国民经济用水挤占生态环境用水问题,讨论了水分配机制,提出了基于不同用水户的机会成本的分配模型。2003 年,Diao Xinshen 等研究了建立水市场对国民经济的影响,结果表明,建立水市场不仅能改善水的分配状况,而且可以减少贸易改革对经济的不利影响。2004 年,Carlos M GO′mez 等利用动态 CGE 模型研究了西班牙 Balearic 岛的水权交易所引起的综合福利变化,通过对比分析,表明水权市场引起的综合福利增加要好于新建污水处理厂,与传统观念不同的是,水权市场对于农业收入而言有积极的作用。2006 年,Hatano 等用包含 8 个省的多区域 CGE 模型研究了中国黄河流域的水资源分配,通过引入虚拟水权市场,描述流域水资源规律,为解决黄河水资源短缺提供技术支持。2007 年,Shan Feng 等构建了一个内嵌的水资源一般均衡分析模型(WCGE),定量研究了南水北调对受水区的经济影响,结果表明,南水北调具有可观的经济效益,随着时间的推移,长期效益更加乐观。2011 年,Rashid Hassan 等针对南非严峻的水资源形势,利用一般均衡模型,在水资源-经济系统框架下研究给定经济情景的水资源政策对于水资源优化配置、农村生活用水和经济的影响,结果显示,供水量减少将使得水资源由用水密集型农产品向低用水产品转移。2012 年,Llop Maria 等针对西班牙加泰罗尼亚地区日益紧张的水资源局势,从水资源供给和需求角度出发,基于 CGE 模型研究了水资源管理过程中的不同政策的优点和缺点;研究的创新之处在于引入生态部门概念,可以分析不同政策的生态效果。2016 年,Zhao 等以投入产出表为数据基础,将水的生产与供应行业细分水利工程水、自来水与再生水,构建水资源 CGE 模型,模拟水价改革政策的影响。

1.2.1.2 基本特点

通过对国外水资源与社会经济协调发展的回顾,总结其基本特点如下:

(1)起步早,关注度高。20 世纪 90 年代,发展中国家经济发展造成的水资源污染和生态环境破坏现象日趋明显,引起了国际社会的关注,各国政府、学者和一些国际组织相继开展了一些讨论,提出合适的发展模式和水资源利用策略,并在水资源综合利用和可持续利用方面进行有益探讨。

(2)研究的重点是水资源管理。与我国当前大范围的开展水资源优化配置研究不同,国外当前的研究重点集中在现有配置模式下的水资源管理研究,包括与水相关的政策或机制的效果评估。国外水资源与社会经济协调发展趋势还表明,在水资源管理日趋精细化的要求下,加强经济社会-水资源-生态环境系统规律分析和水资源管理耦合研究将成为未来水资源与社会经济协调发展研究的重要方向。

1.2.2 国内研究进展

1.2.2.1 发展历程

1.理论探讨方面

我国较早关于水资源与社会经济发展之间关系的描述始于 20 世纪 90 年代,1995 年,朱文彬以大系统递阶优化控制理论为基础,提出水资源开发利用与区域经济协调管理的模型系统,在模型求解方面提出了一种新算法——分解-统计协调优化方法。1996 年,何希吾等从水资源对经济发展制约角度出发,提出考虑本地区的水资源约束条件的区域中长期社会经济发展规划。

20 世纪有关水资源与社会经济发展关系研究相对简单,研究多是考虑国民经济或生态环境系统对水资源系统的需求,或水资源系统对其他系统的供给能力,对系统间的相互影响、相互制约的复杂关系没有过多的探讨。自可持续发展概念提出和发展直至成熟,系统间的影响和反馈的相互关系研究逐渐增加起来。2000 年,李令跃等从可持续发展观念的内涵出发,探讨了水资源配置及水资源承载能力与流域或区域可持续发展之间的相互关系,进一步丰富了水资源研究的范畴。2002 年,汪党献从驱动需水增长的人口增长及人口的城镇化进程、经济发展与土地利用和生态环境保护与建设出发,以水资源需求的宏观和微观两种视角,分析了水资源需求与经济发展、生态环境保护之间的关系;同年,贾绍凤等从水资源供给安全出发,提出区域水资源供给应统筹考虑经济社会发展水平和生态环境保护关系,做到其他系统对水资源系统的"合理需求"与"长远要求"相结合。2003 年,王浩等根据西北内陆干旱区的实际,将水资源合理配置与高效利用、社会经济发展、生态环境保护三方面的问题放在流域水资源演变和生态环境变化的统一背景下进行研究,揭示了水资源、经济社会、生态环境三者间相互依存的定量关系及变化规律。2004 年,王浩等提出水资源配置需要考虑人-生态环境-社会经济巨系统的不同子系统和不同层面的多维协调关系,提出水资源配置应加强配置后效评价研究;同年,倪红珍从基于生态环境与社会经济协调发展的水资源可持续利用出发,提出了基于绿色核算的用水效用和价值评估技术。2005 年,杜鹏以宁夏为例,通过经济空间结构对用水空间结构的导向作用,用水空间结构对经济空间结构的支持或制约作用对其二者之间的耦合关系进行研究,以保证区域经济的持续发展;同年,温随群等提出经济发展与水资源保护关系的实质是探寻二者之间合理的动态平衡点,指出我国可以找到二者之间合理的动态平衡点使得水资源能够支撑社会经济的可持续发展。2007 年,李雪松、伍新木等提出水资源循环经济就是将水资源的开发、利用与管理纳入社会经济-水资源-生态环境复合系统中加以综合考虑,在遵循社会经济规律的基础上实现水循环与经济循环的和谐统一。2013 年,刘金华在针对现有的水资源经济与社会经济协调发展模型(CWSE)的基础上,对其缺点进行补充,并将描述水资源经济系统的一般均衡模型(TERMW)与其进行耦合,构建水资源与经济社会协调发展分析模型(CWSE-E),基于 CGE 模型形成水-经济-生态复杂巨系统,建立描述经济社会-水资源-生态环境系统在内的统一模型,通过多系统模拟分析、优化分析得到流域综合社会福利最大化的各类决策数据,研究的创新之处在于在改进 CWSE 模型的基础上耦合了 TERMC 模型,为水资源与社会经济协调发展方案以及水资源政策仿真提供了定量分析工具,揭示了水权市场在国民经济发展和水资源利用中的规律。2014 年,梁静以淮河流域为例,对社会-经济-水资源-水环境(SERE)共同构成相互作用的复合系统协调发展指标体系进行研究,以促进流域实现协调发展。2016 年,王猛飞等对黄河流域水资源分布、配置与经济发展要素匹配关系在时间上的演变规律进行研究,通过水资源配置与人口、GDP 之间的匹配关系来分析水资源在空间上分布的差异性,利用基尼系数来对水资源利用与社会经济发展匹配,进行量化计算,以促进水资源整体和跨区的协调发展。2018 年,李玮在用水特点、规律和社会经济社会发展特征分析的基础上,提出了经济社会因素对用水内在的驱动机制,通过建立水驱动分解法(WIO-SDA),定量研究经济结构、行业节水等影响因子对用水量的驱动力。2020 年,张杰以黑龙江省为例,在 CGE 模型的基础上对能源与水资源、水环境之间的关系及其协同效应进行研究。

我国水资源与社会经济发展的关系研究是随着水资源问题的日益严峻逐步发展起来的,实践的需求推动了研究的发展,也取得了丰硕的成果,既包括关于复杂系统关系的定性描述(钟淋涓等,2007),又包括以模型为手段,揭示各个系统间水资源利用规律研究(李令跃和甘泓,2000;王浩等,2008)。同时,理论探讨也为水资源问题的实践提供了科学支撑。李原园等针对新时期水资源领域出现的新问题、新挑战,为统筹协调经济社会发展,改善生态环境和维系生态平衡对水资源的需求,应将正确处理好水资源、经济社会与生态环境三大系统之间的协调平衡关系作为全国水资源综合规划编制的总体思路。

2. 研究方法方面

理论的发展推动了方法研究,按照研究方法类型,水资源与社会经济协调发展研究可归结为两个方面(梅双纬,2007):一是从协调发展理论出发,以经济社会、水资源和生态环境三大系统之间的指标体系构建和评价为手段的研究(贾绍凤等,2004;肖燕和刘凌,

2009），包括评价指数法、协调度函数法等。二是从构建描述社会经济-水资源-生态环境内在关系的数据流出发，利用多目标或决策等方法，研究系统间的关系，主要方法包括系统动力学法（郑慧娟，2005）、多目标分析法、整体模型等。

1）综合评价方面

采用综合评价研究水资源与社会经济协调发展关系的思路为：将经济、社会、水资源、资源、环境的协调发展作为系统协调发展的核心，以协调度为分析对象，针对具体研究对象构建不同的协调测度模型，评价系统的协调发展程度。根据协调度构建的理论与方法不同，总结起来大致包括变异系数协调度（肖燕和刘凌，2009；索晓波和门宝辉，2007（10））、序参量功效函数协调度（宋松柏和蔡焕杰，2004；刘耀彬等，2015；樊宝东，2003（3）；吕佳，2006）、模糊隶属函数协调度（郦建强等，2009；关伟，2007；曾珍香，2000；康淑媛，2009）、灰色系统理论协调度（李铭，1993；畅建霞等，2002；郑冬冬，2011）、集对分析协调度（陈丽燕，2009；丁爱中等，2010；张欣等，2012）、横向纵向协调度（李瑜等，2003）、变异系协调度。

总体来说，新的理论与方法应用到协调度评价中，发展了协调度评价的理论，丰富了研究内容。但同时应注意到，不同的理论与方法构建的协调度评价模型在评价结论上有时并不一致，甚至出现相互矛盾的结果。造成这种原因是多方面的，既有评价过程中人为主观性的影响，又有模型对系统刻画的不完全性。这影响了结论的可信度，表现在水资源与社会经济协调发展综合评价在学术领域十分繁荣，而在应用领域却又十分有限。

2）模型构建方面

具有代表性的水资源与社会经济协调发展模型包括以下几类：

（1）系统动力学模型。

系统动力学模型是指以系统动力学的理论与方法为指导，建立用以研究复杂地理系统动态行为的计算机仿真模型体系。1995 年，申碧峰运用系统动力学和投入产出方法建立数学模型，将社会经济、水资源和生态环境纳入统一框架下进行研究，提出北京市水资源战略，这也是国内较早将系统动力学引入到水资源大系统的研究。2001 年，蒋晓辉等以关中为例，较为细致地讨论了区域间水资源与社会经济、环境协调发展之间的关系，提出了水资源-社会经济-环境协调模型。2005 年，郑慧娟认为常规的水资源测算方法无法正确刻画内陆河流域地表水与地下水之间复杂的水力联系，有鉴于此，运用系统动力学方法对流域水资源总量和可利用水资源量进行动态、系统的测算，并给出了石羊河流域水资源与社会经济协调发展的六条建议。2007 年，王银平运用系统动力学方法构建了天津市水资源系统动力学模型，通过对多种不同对比方案的模拟和结果分析，探讨了人口、经济以及社会与水资源和水环境的协调发展关系，得出了区域可持续利用的推荐方案。2021 年，刘国锋利用系统动力学（SD）模型，构建 REE 系统 SD 仿真模型研究丝绸之路经济带资源利用—生态环境—经济增长协调发展策略研究。2022 年，陈文婷等为达到水环境承载力和区域经济协调发展的目的，运用系统动力学方法构建了包括 17 个细化工业类型在内以及受水资源、水污染、水生态多要素约束的白洋淀流域水环境承载力系统动力学模型。

（2）多目标优化模型。

将水资源系统引入宏观经济系统始于国家"八五"科技攻关阶段,作为国家"八五"国家重点科技攻关项目"华北地区宏观经济水资源规划理论与方法",在 UNDP 项目华北水资源管理开发(陈志恺等,1991)的基于宏观经济水资源优化配置模型基础上,全面阐述了基于宏观经济的水资源优化配置理论体系,对水资源优化配置的概念、内涵、原则、准则以及决策机制等方面进行全面论述(许新宜等,1997)。而后结合我国实际需求,分别在黄河流域、新疆北部地区、河北以及南水北调区域分别开展了基于宏观经济的水资源优化配置,对原有成果进行了不断的丰富与完善。

"九五"期间,作为国家重点科技攻关项目之一的"西北地区水资源合理开发利用与生态环境保护研究"进一步丰富了水资源研究的范围。从二元水循环理论出发,在系统阐述二元水循环的基础上,构建了面向生态的水资源优化配置模型,把水资源配置范畴拓展到由社会经济-水资源-生态环境系统构成的复杂巨系统(王浩等,2003)。

此后一段时期,这方面的研究层出不穷。2001 年,陈守煜等分析了大连市水资源与经济系统的现状,将大连市水资源、环境与经济发展视为一个相互关联的巨系统,运用系统模糊决策、模糊优选神经网络、大系统递阶优化等理论、模型与方法,建立了大连市水资源开发与经济发展的协调管理模式,探索研究了大连市水资源和环境经济协调可持续发展问题。2004 年,徐丽娜等以投入产出表及宏观经济指标预测为基础,考虑水资源的约束作用,构建了优化模型,并进行了优化、模拟、预测、管理、分析研究。2007 年,彭少明等构建了黄河流域水资源利用的多目标规划模型,并探讨了多目标规划的水资源配置规则及优化配置的方法。2020 年,谭倩等建立了基于鲁棒优化方法的农业水资源多目标优化配置模型方法(MRPWU)。2021 年,戴丽媛等构建 SD-MOP 水资源优化调度模型,具体运用灰色 Verhulst 模型实现 SD 模型参数估计,采用多目标规划方法优化水资源调度规划方案以获取最优水资源调度方案。

（3）整体模型研究。

2003 年,赵建世基于复杂适应系统理论,对水资源、社会经济和生态环境系统中的关键要素进行剥离,并通过内生变量进行联结,从而取代组合模型以计算结果的传递来描述元素间作用的方式,实现了系统间由松散耦合向整体耦合的过渡。2007 年,liu 等提出包括水资源系统在内的很多系统,都是人类-自然耦合系统(Coupled Human-Nature System,CHN)。2019 年,董增川建立了考虑径流不确定性的水库群多目标多时间尺度协调优化调度模型及大系统分解协调技术。2021 年,董晓知等通过建立大系统数学模型,形成区域、农业两层子系统,合理分配农业、工业、生活、生态用水部门之间的配水量,优化农作物的种植结构,提出水资源最佳配置方案。这些系统中复杂的模式(Patterns)和过程(Processes)是单学科研究所无法发现和描述的,因此需要将社会科学和自然科学紧密融合进行整体动态研究。2009 年,Elinor Ostrom 提出,在人类生产生活活动中,到处都显示出复杂系统的特征,因此需要一个共同的分类框架使各个学科朝着更好地理解社会生态系统方向努力。

（4）CGE 模型研究。

CGE(Computable General Equilibrium)模型是研究水资源政策调整对国民经济影响

的一种重要方法。另外,由于我国各地水资源分布和经济发展水平存在较大的差异,构建多区域水资源 CGE 模型模拟研究水资源政策的实施效果势在必行。

目前,采用多区域 CGE 模型进行水资源政策模拟方面的研究主要有 TERM(Global Trade Analysis Project)模型以及 GTAP 模型,在水权交易、供水约束、征收水资源税、水价和水资源税等领域有广泛的应用。2016 年,马超等利用可计算一般均衡思想,设计了一种新的虚拟水测算思路,对传统的线性静态投入产出模型进行了非线性和动态化的拓展,旨在对区域经济系统中的虚拟水贸易进行更加科学合理的计算和考察。2018 年,周小丽系统分析了 CGE 模型在水资源、水环境、宏观经济相关政策等方面的应用。2020 年,邓光耀构建进出口贸易政策调整对水资源环境影响的多区域 CGE 模型,从八大区域层面研究了我国进出口贸易政策调整对水资源环境以及经济系统的影响。2021 年,吴正等以首个水资源税改试点——河北省为例,在对标准社会核算矩阵(SAM 表)进行拓展的同时,构建了开放式水资源嵌入型一般均衡模型(CGE),并设置了 3 种情景来模拟实施水资源税改政策对河北省经济运行状况的影响。

1.2.2.2 基本特点

通过对国内水资源与社会经济协调发展的回顾,总结其基本特点如下:

(1)起步晚,发展迅速。我国水资源与社会经济协调发展研究起步晚,但发展迅速,协调发展理念和方法具有极大的创新性,在国际学术界有很强的竞争力。

(2)国内实践需求较大。自水资源与社会经济协调发展研究以来,我国正经历着全国和流域层面的水资源综合规划研究阶段,对水资源配置和可持续利用提出了较大的实践需求,以协调发展理论为基础,利用协调发展模型技术,研究水资源系统、社会经济系统和生态环境系统相互关系成为当前研究的一大热点。

(3)争议性较大,难以达成共识。通过构建指标体系来描述并评价系统发展的协调度具有较强的主观性。另外,目前研究协调度的理论方法众多,不同的学者基于不同的理论建立不同的协调度函数,给研究成果间的相互验证带来了困难,这也使得应用受阻。系统动力学用于长期发展模拟时,如何确定参变量及赋什么值依然存在理论上的不足,这导致了推断的结论容易产生偏差。多目标规划方法虽然不存在上述两种方法的问题,然而多目标规划方法在求解技术上往往采用折中的办法获取模型的最优解,这影响了模型结果的可信度。可喜的是,近些年,由于计算机技术及软件系统的发展,过去难以解决的巨变量、高维模型已经具备求解的基础,为更加科学合理地系统描述及求解铺平了道路。

1.2.3 存在问题

从水资源与社会经济协调发展模型构建的国内外研究进展来看,我国在协调发展模型构建方面还存在一些不足,主要体现在:

(1)在模型构建方面。系统动力学用于长期发展模拟时,如何确定参变量及赋什么值等方面依然存在理论上的不足,这导致了推断的结论容易产生偏差。多目标规划方法在求解技术上往往采用折中的办法获取模型的最优解,这影响了模型结果的可信度。

(2)在模型发展方面。我国当前水资源与社会经济协调发展模型研究主要集中在多目标优化模型、系统动力学模型以及二者的耦合模型。近年来,随着复杂系统理论的提出,基于复杂理论的整体模型研究应运而生,成为国内研究的一大热点。从国外水资源与社会经济协调发展模型的发展趋势看,在协调发展模型基础上,耦合水资源政策或机制是当前研究的热点,鉴于我国在该领域研究的时间滞后性,可以预见这方面的研究将成为我国今后研究的一大方向。

(3)在多目标优化模型理论方面。以基于投入产出技术的宏观经济发展模块是水资源与社会经济协调发展多目标优化模型的基本模块。投入产出技术在描述物质生产与流通方面能力突出,但其本身的特点也决定了模型存在两方面的不足:一是投入产出技术缺乏对宏观政策的研究与把握,特别是随着经济全球化的深入,经济领域的宏观政策将会越来越多地发生,这类政策往往时效短、强度大、预期性差,现有的模型中不能反映这类政策的效果(例如导致水资源约束失效、经济发展模式突变等);二是当经济系统恰逢转轨期或受外界扰动时,技术进步和经济结构发生剧烈变动,模型的基本假定有可能导致较大的误差。上述两方面的不足要求模型应具有政策敏感性分析功能,以获得宏观经济政策或其他指标变化对经济系统的影响,为模型进一步修订提供数据基础和技术支持。

1.3　本书已有研究基础[①]

本书的研究工作是基于中国水利水电科学研究院与清华大学合作开发的水资源与环境经济协调发展模型系统(汪党献等,2011),在此基础上,探索分区域水资源政策分析的一般均衡模型建模方法,并据此独立开发了完整的耦合模型 CWSE-E。

原有的水资源与环境经济协调发展模型系统是一个以水资源-经济-环境构成一个动态的整体。以宏观经济预测模型为驱动,耦合了水资源需求、水资源供需平衡、水污染负荷排放及调控、水资源利用效果评估等模块,构成描述水资源-经济-环境关系的整体模型,并在多目标群决策机制下进行求解方案研究。该模型的主要子模块及内在关系如图 1-1 所示。

模型的基本思路为:在社会经济-水资源-生态环境系统描述的基础上,按流域最严格水资源管理指标约束要求,以节水力度、治污和再生水利用为关键调控因子,求解多目标优化的最优状态。

模型的特点主要有:

(1)模型将区域水资源问题研究纳入社会经济-水资源-生态环境整体框架中,并应用多目标、群决策技术进行整体研究,使决策者可通过宏观经济水资源规划多目标决策分析模型系统地操作和运行,对不同情景下社会经济、水资源供需、生态环境演化有个明晰的认识。

(2)水投资是驱动模型运行的重要参数,将水资源利用的各个环节有机联系起来;从行业出发,对供水、需求、节水和排污等各个环节进行预测,能够将结构调整和行业特征反

[①]　一般来讲,本书已有的研究基础还包括 TERM 模型,为本书研究进行 TERMW 模型开发提供了源程序,TERM模型程序可从莫纳什大学网站 http://www.buseco.monash.edu.au/获取。

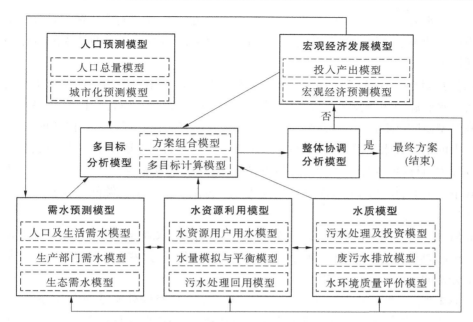

图 1-1 水资源、经济、环境协调发展模型子模块及内在关系

映到模型的结果中,为行业政策制定提供依据。

(3)在模型求解理论中引入了基于情景分析多目标决策机制,很好地解决了多目标优化问题的求解问题。

该模型发展了水资源-经济-环境系统研究的理论与方法体系,具有创新意义,但是存在如下主要不足:

(1)受研究区域的限制,以黄河流域为背景的模型研究,对于水资源节点网络图的上下游节点考虑不周全(当前模型仅考虑多对一情况,并未考虑多对多情况)。这种考虑很好地体现了北方河流特点,但对南方河网地区水流特点考虑不足,影响其应用上的推广。

(2)基于投入产出技术的宏观经济发展模型是水资源与社会经济协调发展多目标优化模型基本理论。投入产出技术在描述物质生产与流通方面能力突出,但其本身的特点也决定了模型存在两方面的不足:一是投入产出技术缺乏对宏观政策的研究与把握,特别是随着经济全球化的深入,经济领域的宏观政策将会越来越多地发生,这类政策往往时效短、强度大、预期性差,现有的模型中不能反映这类政策的效果(例如导致水资源约束失效、经济发展模式突变等);二是当经济系统恰逢转轨期或受外界扰动,技术进步和经济结构发生剧烈变动,模型的基本假定有可能导致较大的误差。

鉴于原有模型反映出来的不足,根据研究目的,增加分区域水资源政策分析的一般均衡模块,与原有模型耦合,形成水资源与社会经济协调发展分析模型;模型可开展政策敏感性分析,评估相关水资源政策并修正各规划年指标。简而言之,本书重在解决以下关键问题:

(1)完善原有模型方法体系,拓展原有模型的应用范围。如何在现有模型中考虑南方河网地区水流方向不固定的特点,扩展模型的应用范围,是进行水资源与社会经济协调发展模型构建中需要解决的关键问题,而问题解决的好坏关系到模型结果的可靠性与模型的适用范围。

(2)分区域水资源政策分析的一般均衡模块构建。利用一般均衡模型解决水资源问题已成为水资源问题研究的重要方向(赵永和王劲峰,2008)。目前,国内开展水资源一般均衡模型研究已取得了一系列进展,在模型构建上多将研究区作为整体处理,类似于水文模型中的集总式水文模型,模型在揭示水资源规律方面固然取得了一些进展;但当研究区范围较大,且区域内异质性特征较为明显时,模型结果可靠性往往较低。同时,进行水资源政策分析时,构建的模型需要满足哪几方面机制要求?水资源问题在模型中的处理方式是什么?

如何进行研究区空间划分,如何描述区域间的联系,水资源政策分析模型需要满足什么样的机制要求,水资源问题在模型中的处理方式是什么,这些问题均是进行分区域水资源政策分析的一般均衡模块构建的关键问题。

(3)构建水资源与社会经济协调发展分析模型。从对国外文献回顾和分析看出,在揭示社会经济、水资源和生态环境系统规律的基础上,耦合水资源政策的影响分析模块是未来我国水资源问题研究的一大热点。如何将优化模拟模块与水资源政策仿真模块有效耦合,包括模型的分析模式选择,两个模块的数据结构和信息交换方式的选择等。这些问题均是模块耦合需要解决的核心问题,也是模型构建过程中的核心问题。

1.4　研究内容

1.4.1　模型框架研究

已有的水资源与社会经济协调发展模型,是在社会经济-水资源-生态环境系统描述的基础上,基于研究目标,得出从一个状态向另一个状态的结果,对中间的路径揭示的不够;改进的 CWSE-E 则可以基于目标状态成果,开展政策响应分析,研究不同边界条件或政策变量的影响,拓展了模型分析的广度与深度。

1.4.2　TERMW 模块数据处理

根据 TERMW 模块数据结构要求,编制 TERMW 数据库,为 TERMW 模块运行提供数据基础。数据库编制的关键技术包括投入产出表延长处理、进口产品使用结构矩阵计算、投资系数矩阵构建、区域间贸易矩阵计算、行业用水量及水资源价值测算等。

1.4.3　模型参数设定与校验

运行水资源与社会经济协调发展模型,首先需要进行模型时间、空间和水文系列等设定,确定模型运行的基础;其次需要设定模型运行的重要边界条件,为优化模型提供优化求解的空间;最后还需要计算模型运行的一些参数,包括份额参数、弹性参数等。

参数计算的准确程度直接影响到模型结果的好坏,需要对模型参数进行敏感性分析,以了解模型的最优解对参数变化的敏感程度,例如本书通过构建均匀分布函数,计算了SIG 参数不同取值时的各类指标变化情况,并采用标准差指标研究了各类指标对 SIG 参数的敏感程度。

1.4.4 淮河流域水资源与社会经济协调发展研究

运用 CWSE 模块,开展淮河流域水资源与社会经济协调发展情景研究。研究内容包括以下 2 个方面:

(1)定量评估了节水措施、治污措施和生态环境保护要求对淮河流域水资源利用和社会经济发展的综合影响。

(2)提出了淮河流域水资源与社会经济协调发展推荐方案。研究提出,水资源短缺及水环境污染成为淮河流域水资源与社会经济协调发展中面临的突出特点。

1.4.5 淮河流域水资源问题政策分析

本书从虚拟水贸易和水权市场角度出发,以缓解淮河流域局部地区水资源短缺和提高流域水资源利用效率和效益为目标,利用构建的分区域水资源政策分析的一般均衡模块,定量评估贸易结构调整和供水量变化的宏观经济和水资源利用效果。

本书共分为 7 章,各章具体内容如下:

(1)第 1 章——概述。阐述研究背景,综述国内外关于水资源与社会经济协调发展模型研究现状,对当前协调发展模型构建过程中存在的问题进行评述,针对研究的不足确定本书拟解决的关键问题,并提出本书研究的主要内容和技术路线。

(2)第 2 章——模型框架研究。针对现有水资源与社会经济协调发展模型(CWSE)在政策模拟上相对薄弱的缺点,研究尝试在 CWSE 基础上增加描述水资源经济系统的分区域水资源政策分析的一般均衡模型(TERMW),构建完成水资源与社会经济协调发展分析模型(CWSE-E)。CWSE-E 模型是在基于 CWSE 模型和 TERM 模型的改进和拓展研究,包括水资源节点网络图的改进和水资源子模块构建。两个局部模型 CWSE 和 TERMW 通过投入产出表进行有效衔接,可实现优化预测、模拟计算和政策仿真等功能。

(3)第 3 章——多区域可计算一般均衡模型 TERMW 模块的数据处理。以淮河流域为例,基于投入产出编制方法,编制完成淮河流域 2009 年竞争型投入产出表。在此基础上,根据 TERMW 模型数据结构要求,通过进口产品使用结构矩阵计算、投资系数矩阵构建、区域间贸易矩阵计算、行业用水量及水资源价值计算等处理,得出淮河流域 2009 年TERMW 数据库,为分区域水资源政策分析的一般均衡模型的运行提供数据基础。

(4)第 4 章——多区域可计算一般均衡模型参数设定与校验。本章以淮河流域为例,对模型进行基本设定,并给出模型运行的重要边界条件;同时,进行计算参数的敏感性分析和模型适应性评价。

（5）第 5 章——淮河流域水资源与社会经济协调发展研究。基于构建的淮河流域水资源与社会经济协调发展分析模型，研究节水措施、治污措施和生态环境保护目标对淮河流域水资源利用和社会经济发展的综合影响，提出淮河流域水资源与社会经济协调发展的初步认识；在多目标优化要求下，结合最严格水资源管理制度要求，提出淮河流域水资源与社会经济协调发展方案，为构建分区域水资源政策分析的一般均衡模块提供一致性数据基础。

（6）第 6 章——淮河流域水资源问题的相关政策分析。以第 5 章提出的淮河流域水资源与社会经济协调发展方案为基础，构建 TERMW 模型一致性数据集；从解决淮河流域水资源短缺出发，拟定水资源政策情景，利用 TERMW 模块开展政策仿真研究，分别评估淮河流域虚拟水贸易和水权市场的综合效果，以此提出流域省或流域层面的水资源管理对策措施。

（7）第 7 章——结论与展望。总结本书研究主要成果与结论，对今后需要进一步研究的问题进行了阐述，提出了展望。

第 2 章　模型框架研究

本章主要描述水资源与社会经济协调发展分析模型（CWSE－E，the Extensions of Coordinated Water and Socio－Economic development model）。模型由两个模块组成：一是描述社会经济－水资源－生态环境系统的 CWSE（Coordinated Water and Socio－Economic development model）模块，二是描述水经济系统的 TERMW（The Enormous Regional Model for Water）模块。两个模块是以水资源投入产出表为基础进行外延开发，其中 CWSE 模块开发基础是水资源宏观经济模型，该模型在国内外应用相当广泛；TERMW 模块是以 TERM 模型为基础，加入水资源模块改造而成。

本章主要描述 CWSE－E 的具体结构和建模过程，其中 2.1 节从线性规划模型局限性出发，提出构建专门的水资源政策分析模型的必要性，同时介绍了一般均衡理论及其在水资源领域的应用，为一般均衡模型构建提供理论基础，最后对模型拓展中的几类关系进行梳理，为模型构建做准备；2.2 节从模型构建的思路出发，提出模型构建的框架结构和模型基本功能；2.3 节对已有模块进行简单介绍，针对模型的不足提出改进方法；2.3 节描述基于已有模型所构建的 TERMW 的具体结构和方程，重点描述本书开展的工作；2.5 节为本章小结部分。

2.1　建模基础

2.1.1　线性规划模型及其局限性

求线性目标函数在线性约束条件下的最值问题，统称为线性规划（Linear Programming，LP）问题。满足线性约束条件的解称为可行解，可行解的集合称为可行域。决策变量、约束条件、目标函数是 LP 模型的三要素。LP 模型简化形式通常为

目标函数：
$$\max Z = \sum C_j X_j \tag{2-1}$$

约束条件：
$$\sum a_{ij} X_j \geqslant (=, \leqslant) b_i \quad \begin{pmatrix} X_j \geqslant 0 \\ i = 1,2,3,\cdots,m \\ j = 1,2,3,\cdots,n \end{pmatrix}$$

LP 模型能够求解给定约束下的系统最优解，一般情况下也可进行敏感性分析，但当模型的解比较特殊时，模型的敏感性分析将变得较为困难。以两个决策变量为例，分析不同参数变化下的模型最优解变化。根据 LP 模型的特点，进行敏感性分析主要包括如下 3 类变化。

2.1.1.1 目标函数系数的变动

图 2-1 为两决策变量的 LP 模型,阴影部分为模型的可行域,模型的最优解为 E 点 (这种类型较为常见)。可以看出,目标函数系数 C_j 的变化影响到目标函数直线斜率 K 的变化,只要 K 介于直线 AB 和 CD 的斜率之间,即 $K_{CD}<K<K_{AB}$,尽管 LP 模型的目标值发生变化,但最优解并不会变,仍为 E 点。

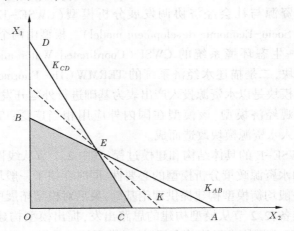

图 2-1   目标函数系数变化的敏感性分析

2.1.1.2 约束边界值的变动

图 2-2 表示两决策变量的 LP 模型,阴影部分为模型的可行域,模型的最优解为 C 点 (这种类型较为特殊)。假定 K_{AB} 所表示的约束方程的 b_i 值发生变动,则 b_i 值的变化会导致约束方程截距的变动,K_{AB} 变动到 K'_{AB} 或者 K''_{AB}(其中 $K_{AB}=K'_{AB}=K''_{AB}$),则此时的模型可行域由 $OCEB$ 组成面积变为 $OCGB'$ 或 $OCG'B''$;根据 LP 模型的图解法,此时模型的解并不会发生变化,仍为 C 点,即最优解对于约束边界值 b_i 并不敏感。

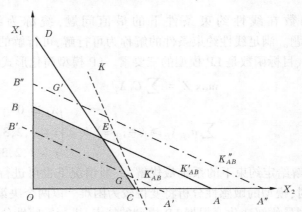

图 2-2   约束边界值的变化敏感性分析

2.1.1.3 约束函数系数的变动

图 2-3 表示两决策变量的 LP 模型,阴影部分为模型的可行域,模型的最优解为 C 点

（这种类型较为特殊）。假定 K_{AB} 所表示的约束方程的系数 a_{ij} 值发生变动，则 a_{ij} 值的变化会引起约束方程的斜率发生变化，K_{AB} 变动到 K'_{AB} 或者 K''_{AB}（其中，$K_{AB}<>K'_{AB}<>K''_{AB}$），则此时的模型可行域由 OCEB 组成面积变为 OCGB 或 OCG'B；根据 LP 模型的图解法，可以看出，此时模型的解并不会发生变化，仍为 C 点，即最优解对于约束方程的系数 a_{ij} 值并不敏感。

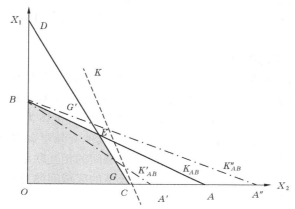

图 2-3　约束函数系数的变化敏感性分析

　　根据上述分析，当 LP 模型的解空间为上述情况（尽管较为特殊，但仍然是存在的）时，会使得敏感性分析失效，而当决策变量较多，模型参数与解空间的关系将更加复杂，敏感性分析不确定性将增加。这是进行水资源政策分析时所不希望看到的，因此进行水资源与社会经济协调发展敏感性研究时，需要寻求更加准确可靠的模型工具。

2.1.2　一般均衡理论及其在水资源领域的应用

2.1.2.1　一般均衡理论

　　一般均衡理论（General Equilibrium Theory）是法国经济学家瓦尔拉斯（Walras）于 1874 年在《纯粹经济学要义》（*The Mere Economics to Iustice*）一书中首先提出的（余晓燕，2009）。经希克斯、萨缪尔森、阿罗和德布鲁等延伸和完善。一般均衡理论是理论性的微观经济学的一个分支，寻求在整体经济的框架内解释生产、消费和价格。一般均衡是指经济中存在着这样一套价格系统，它能够使：

　　（1）消费者通过提供自身的生产要素获得收入，并在预算约束下消费不同商品组合来获得效用最大化。

　　（2）生产者在一定技术条件下，基于成本约束进行商品生产，提出对其他投入品的需求量以获得利润最大化。

　　（3）所有商品和要素在这套价格体系下实现总供给与总需求的均衡。

　　当经济具备上述条件时，就是达到一般均衡，此时的价格就是一般均衡价格。一般均衡是经济学中局部均衡概念的扩展。在一个一般均衡的市场中，每个单独的市场都是局部均衡的。

2.1.2.2　一般均衡模型

可计算的一般均衡模型（Computable General Equilibrium，CGE）是一般均衡理论在实际上的应用。狭义上，可计算的一般均衡是联系各种主体的收入、需求偏好、收支平衡以及多部门生产结构的宏观经济的一般均衡（Dixon P. B. 等，1992）。概括地说，CGE 模型是将经济系统中活动主体的行为进行优化（例如生产者利润最大化、消费者效用最大化、进口收益利润最大化、出口成本优化等），以商品和要素市场中的数量、价格、工资以及资本利润等作为变量，通过对供给、需求和供求关系的描述，实现各个市场都达到均衡时的一组价格和数量。

2.1.2.3　区域间一般均衡模型

区域间一般均衡模型是研究区域间多个经济体之间的商品和要素流动，反映区域间的贸易关系。区域间一般均衡模型具有单区域一般均衡模型的基本特征，其每一区域内部的结构与单区域模型一致。区域间一般均衡模型经济主体为区域层次，包含了区域间的经济联系，如区域间商品贸易、劳动力流动以及其他资源要素的个数等。区域间一般均衡模型将每个区域看作独立的经济主体，描述区域间的相互联系与作用，不仅可以反映不同区域间的差异性，还可以通过贸易流动反映政策的区域间波及效应，从而为决策者提供一个全面的信息支撑。

我国地域辽阔，区域经济联系复杂多样，各区域在产业结构、发展模式和水平上均呈现很大的差异性。区域间的异质性是建模者应对的现实问题，传统的以流域为整体、忽略区域间的差异研究已不适应发展的需要。因此，有必要构建区域间一般均衡模型，开展水资源及政策的研究。

2.1.2.4　在水资源领域应用研究

自 Johansen（1960）的第一个 CGE 模型产生以来，CGE 模型无论是在发达国家还是在发展中国家都取得了广泛的应用和发展。当前，CGE 模型主要应用于以下 4 个领域（赵永和和王劲峰，2008）：①国际贸易；②公共财政政策，特别是政策变化对经济的影响；③资源与环境；④其他（如收入分配、交通、旅游等影响）。自 20 世纪 90 年代初，CGE 模型逐渐被引入水资源问题研究中，处理方法主要包括：将水资源问题外挂于社会核算矩阵、将水资源的相关企业作为产业部门内置于社会核算矩阵和将水资源作为一种基本生产要素内置于社会核算矩阵（王勇和，肖洪浪，2007）。研究范围涉及水资源价格、水资源配置、水市场与水权交易以及与水有关的政策决策等方面（刘国锋，2021；沈大军等，1999；贾玲，2012；马明，2001）。目前，CGE 模型主要包括美国模型和澳大利亚模型。澳大利亚模型与美国模型指标对比（刘金华等，2012）见表 2-1。

2.1.3　模型构建的几对重要关系分析

在水资源与社会经济协调发展的研究中，有以下几对关系值得关注。

2.1.3.1　研究尺度的确定

不同的研究尺度体现的是不同层次的问题，研究尺度的确定是模型构建过程中的重要一环，确定的原则是基于研究目标与要求，并无统一标准，不同层次研究成果应能够通过一定的方式沟通，最终可实现水资源与社会经济在各个层次上均达到协调发展。这一观点也是系统理论中分解与协调思想的体现。

表 2-1 澳大利亚模型与美国模型指标对比

指标	澳大利亚模型	美国模型
软件平台	GEMPACK	GAMS 等
代表模型	ORANIG、MONASH、MMRF、TERM 等	GTAP 等
数据基础	IO 表	SAM 表
数据情况	数据多,分类细	数据少,分类细
方程类型	变化率方程,线性求解	水平方程,非线性求解
模拟期	多用于短期模拟,也可以做长期分析	多用于长期模拟
价格变量	多	少
应用领域	政策分析	经济评价及理论分析
建模理念	零和博弈	社会净福利最大
模型特点	宏观联系机制不强,变量多为外生	模型闭合程度高
闭合选择	根据研究目的不同,选择不同闭合规则,相对灵活	一个主要的闭合规则,变化不大

注:来源于《基于 CGE 模型的天津市水资源经济效果分析》(刘金华等,2012)。

2.1.3.2 水量平衡与经济核算

在以宏观经济驱动的水资源与社会经济协调发展模型研究中,水量平衡与经济核算是必须要面临的问题。水量平衡是水资源供用耗排过程中必须遵循的,而经济核算则是驱动宏观经济用水和各类与水相关行为的基础。在包含社会系统、经济系统、水资源系统、生态系统和环境系统等 5 大系统在内的复合系统中,不同尺度的目标均可以通过技术处理为综合福利最大化。而水量平衡则是在系统概化的拓扑关系上需要满足的条件,成为系统优化过程中的一个重要约束。因此,在不同尺度的水资源问题研究时,应将水量平衡和经济核算统一考虑。值得注意的是,水量平衡和经济核算在建模中是一对相互矛盾的统一体;在模型构建中,要求尽可能细致地进行包括供用耗排的水量平衡模拟,但这必然会对经济核算提出更高的数据和求解要求。

2.1.3.3 优化与模拟

在进行水资源与社会经济协调发展分析模型构建方法选择时,优化与模拟是两种重要的技术手段(王志璋,2007)。优化技术是通过求解给定约束下的目标综合效益最大化;而模拟技术则是在既定的情景下,通过在给定的边界、参数和初始条件下,得出给定输入的输出结果。水资源与社会经济协调发展分析模型是以宏观经济驱动,通过系统处理水资源投资与其他投资的关系,得出系统的优化状态。优化的目的是解决经济核算问题,而模拟则是在优化的框架下进行来水过程在系统内各相关物理机制调节下的出口模拟,属于水量平衡范畴。

2.1.3.4 投入产出表与一般均衡分析

在水资源与社会经济协调发展分析模型中,投入产出表与一般均衡分析有着密切的关系,首先,投入产出表和一般均衡分析均是以产出部门为研究对象;其次,投入产出表是一般均衡分析的数据基础,是构建可供一般均衡模型计算的一致性数据集主要资料来源;最后,一般均衡分析为投入产出表的延长与修正提供了技术来源。

2.2　水资源与社会经济协调发展分析模型总体设计

水资源与社会经济协调发展分析模型(CWSE-E),是在原有 CWSE 模型基础上发展而来的。模型是以流域社会经济-水资源-生态环境系统描述为基础,根据多目标发展要求,定量揭示系统的演进状态;同时,以协调发展方案的均衡数据集为基础,开展水资源相关政策仿真研究。构建的模型应满足以下建模目标要求:

(1)改进和完善原有模型的技术细节,拓展模型的应用领域。

(2)将社会经济-水资源-生态环境系统作为研究内容,能够从全局角度揭示水资源利用影响。

(3)基于特定发展情景,能够揭示不同水资源政策带来的宏观经济和水资源利用影响,不仅能够分析流域层面影响,也能够分析流域各空间单元影响。

(4)模型具有可扩展性,便于后续的开发。

2.2.1　建模思路及框架结构

2.2.1.1　建模思路

为实现建模目标,以理论为指导,结合已有模型研究基础,本书提出的 CWSE-E 构建总体思路为:改进和拓展现有水资源与社会经济协调发展分析模块 CWSE,在整个规划期内按照边界设定在各个时间点上对社会经济-水资源-生态环境系统状态进行描述;在原有 TERM 模块基础上增加水资源政策模拟子模块得到新的分区域水资源政策分析的一般均衡模块 TERMW,细致描述水资源与经济子系统之间的关系。

在模型运行方式上,在参数计算阶段,CWSE 和 TERMW 模块相互耦合,交叉计算;在模型应用阶段,CWSE 和 TERMW 各自运行;CWSE 和 TERMW 通过投入产出表进行数据交换,实现二者在流域和区域上的有效耦合❶。

2.2.1.2　框架结构

1. 总体结构

根据建模目标与建模思路,模型的层次结构应包括两个不同层次:系统宏观状态描述层次和水资源系统政策仿真层次。在这一基本思想的指导下,本书构建的水资源与社会经济协调发展分析模型的结构如图 2-4 所示。

模型两层结构的主要内容是:上层代表社会经济-水资源-生态环境三大系统之间的协调发展模块(CWSE),是在综合社会福利最大化的要求下,提出人口发展、宏观经济发展、水资源区域和部门间配置方式和生态环境保护情况;基于上层确定的均衡状态,构建

---

❶　本质上来讲,CWSE 模块和 TERMW 模块具有完备的理论和方法体系,本身可进行独立运算,因此称为 CWSE 模型和 TERMW 模型较为合适,但为了区别于 CWSE-E 模型,本书将其定义为模块。

一致性数据集,采用水资源经济系统均衡模块(TERMW),按照一般均衡分析思路,对水资源相关政策进行政策仿真,提出合适的政策组合方案。

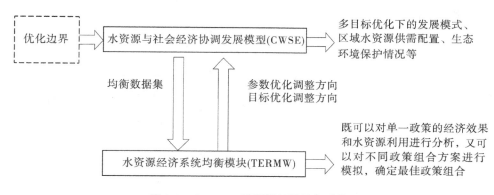

图 2-4　CWSE-E 模型框架结构与功能

2. 层次结构

CWSE 模型在空间上可分为 3 个层次:宏观层次、中观层次和微观层次。3 个层次的确立与划分是基于研究目标与要求,一般对应模型的 3 类计算单元划分,包括流域单元、一级计算单元和二级计算单元。在流域单元上,模型以综合社会福利最大化为目标,按照多目标要求,提出流域各目标的指标值;在获取流域目标的同时,基于空间展布技术,计算一级计算单元的社会发展指标、经济发展指标和农业发展指标等,此外还包括供用耗排成果;对一级计算单元的耗水成果是基于空间展布技术得出二级计算单元的耗水量,结合来水情况进行二级计算单元的水量平衡模拟,得出水量平衡系列和断面生态流量等指标;按照自下而上空间聚合技术,得出各级分区的各类指标。同时,模型按照政策情景设定要求,在中观层次上开展水资源政策仿真研究,一方面为 CWSE 模块的关键参数计算和优化目标调整提供基础数据和技术支持;另一方面在中观层次上进行水资源政策的影响效果评价,为 CWSE 模块优化的各个计算时间点上的方案调整提供技术支撑。CWSE-E 模型自上而下空间展布和自下而上空间聚合的层次结构及成果见图 2-5。

模型的自上而下空间展布和自下而上空间聚合技术在各个系统上的表现为:在社会经济系统层面上,实现经济核算的自上而下分解和自下而上聚合;在水资源、生态环境系统层面上,根据河流的自然属性特征,将各类指标由流域上游地区演算自流域出口断面。

3. 数据传递关系

CWSE 和 TERMW 模块通过投入产出表进行有效衔接;CWSE 模块对投入产出表的最终需求进行预测,完成投入产出表的延长;结合跨区投入产出表编制技术,编制多区域水资源投入产出表,作为 TREMW 模块的基础数据集;运行 TREMW 模块,进行跨期技术进步系数预测,将此作为投入产出表系数矩阵修正的依据;以修正后的投入产出表为基础,进行宏观经济发展预测。CWSE-E 数据传递关系见图 2-6。

2.2.2　模型运行机制

本书所构建的 CWSE-E 是耦合了水资源宏观经济预测模块和微观经济模拟模块的

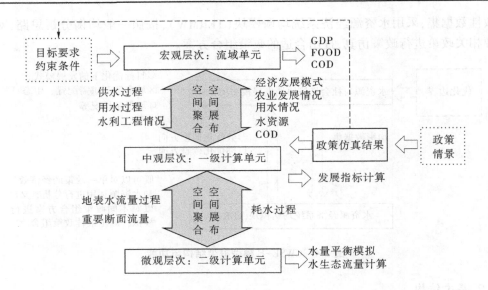

图 2-5　CWSE-E 层次结构及成果

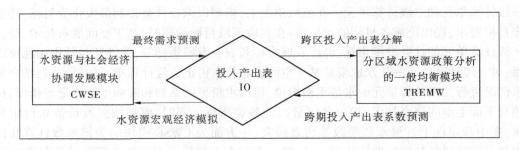

图 2-6　CWSE-E 数据传递关系

整体模型,模型在进行功能分析之前需进行模型动态初始化运算,以便获得一致性的数据集。具体而言,在进行实际操作时,CWSE-E 分为两步:第一步,跨期参数率定;第二步,水资源分析。模型运行流程见图 2-7。

2.2.2.1　跨期参数率定

（1）运行水资源与社会经济协调发展模块,得出 $t+1$ 期流域内分区水资源和宏观经济参数。

（2）根据上述参数,计算模型的冲击文件,在选取合适闭合的基础上,运行 t 期分区域水资源政策分析的一般均衡模块,得出 $t+1$ 期各类相关技术进步系数以及其他参数。

（3）根据预测的技术进步系数,计算 $t+1$ 期水资源投入产出表。

（4）判断规划期是否结束,若未结束则运行水资源与社会经济协调发展模型,得出 $t+1$ 期流域内分区水资源供需水量和宏观经济参数。

（5）重复步骤（2）,直至规划期结束,如此便得出具有一致性的投入产出表。

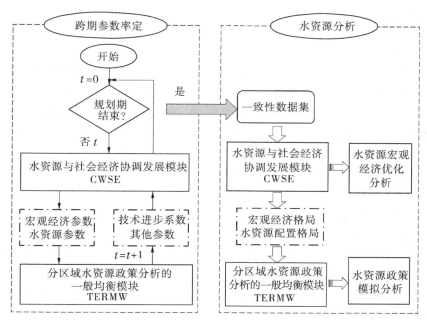

图 2-7　CWSE-E 模型运行流程

2.2.2.2　水资源分析

（1）基于跨期参数率定成果，运行 CWSE 模块，计算经济社会-水资源-生态环境系统状态变量，进行水资源宏观经济优化分析。

（2）基于步骤（1）给定的协调发展方案集，构建完成 TERMW 数据库，并基于 TERMW 模块，开展水资源政策仿真研究。

2.2.3　模型求解

CWSE-E 模型的运算既包括 CWSE 和 TERMW 模块的单独运算，同时包括在水资源投入产出技术的连接下，实现整体的有机互动，从而最终完成对经济社会-水资源-生态环境系统的情景运算。

CWSE 在数学形式上是线性规划模型，计算方法主要是转化为线性不等式组进行求解，由于规模巨大，需要使用计算机软件求解，目前比较著名的求解软件包括"通用数学建模系统"（General Algebraic Modeling System，GAMS）、"一般均衡建模工具包"（General Equilibrium Modeling Package，GEMPACK）等。CWSE 的软件平台为 GAMS，按照线性规划进行求解。

标准的 CGE 模型本身在数学形式上为非线性方程组，模型的计算方法主要是非线性规划法和导数法。TERMW 是在澳大利亚模型 TERM 基础上改造而成的，根据刘金华等（戴丽媛等，2021）对澳大利亚模型和美国模型的对比分析看出，TERM 模型是微分化的线性方程组。TERMW 的软件平台为 GEMPACK，按照线性方法进行进行求解。

CWSE 和 TERMW 在各自平台上独立计算，并通过投入产出技术对二者的投入产出表进行修正，保持二者的数据基础一致性。

2.2.4　模型功能

2.2.4.1　CWSE 模块

由于是在经济社会-水资源-生态环境大系统范围内考察水资源管理的经济效果,因此所构建的模型工具应具有中远期的预测功能。此外,任何一种管理措施的实施既要考虑来自经济系统的影响,也要考虑对经济系统的反馈,这种影响不仅停留在宏观总量层次,还要能够深入部门层次,因此所构建的模型工具需要有较强的经济系统分析功能。

在 CWSE-E 模型中,CWSE 模块主要用于对经济社会-水资源-生态环境系统状态进行描述,通过对表征各大系统的宏观变量进行优化,得到各个系统的平衡状态。

2.2.4.2　TERMW 模块

对水资源政策仿真,重点应是对水资源管理政策的动态性刻画,以期提出建议的水资源管理手段,因此所构建的模型工具应具有敏感性分析的功能。

在 CWSE-E 模型中,TERMW 模块以水资源投入产出表为基础,从而能够描述各微观经济主体的行为。通过更改模型闭合条件和冲击文件,模型能够较好地对不同政策情景进行敏感性分析,得出不同政策情景的直接效果和间接效果。因此,在本书研究中,TERMW 模块能够在规划期内对水资源系统进行敏感性分析,满足分析需求。

此外,整个模型运行环节是以一致性数据集构建为基础的,其核心便是通过构建不同期投入产出表将两大功能模块紧紧相连。需要说明的是,一致性数据集构建过程是在整个模拟分析工作之前,一旦一致性数据集构建完成,则可进行水资源经济政策分析工作,无须进行数据集的重建。

2.2.5　模型特点

2.2.5.1　以流域整体为分析目标

以流域整体为分析目标,符合流域统一管理的要求。为了保障流域水资源的可持续利用、经济社会的可持续及生态环境的协调发展,必须以流域整体为分析目标。CWSE-E 模型通过空间聚合技术,将不同层次的指标聚合至全流域层面,并以流域综合社会福利最大化为目标,开展相关政策研究。

2.2.5.2　以"格局确定-政策分析"为分析模式

CWSE-E 模型首先是一个有关流域社会经济-水资源-生态环境系统的状态描述方程。其次,在相关目标的要求下,模型能够在一定的边界条件下给出系统的最优状态及该状态下的系统参数。最后,以最优状态确定的宏观经济发展模式与水资源配置格局为基础,构建均衡数据集,并以此进行相关水资源政策分析。因此,CWSE-E 模型的分析模式是以"格局确定-政策分析"为主要特征的。

2.2.5.3　以三级空间划分为分析层次

CWSE-E 模型总体上分为三级空间层次:宏观层次、中观层次和微观层次,三个层次的确立与划分是基于研究目标与要求的,并无统一标准。在宏观层次上,模型以综合社会福利最大化为目标,提出包括宏观经济发展模式、水资源配置格局、生态环境保护等成果;在中观层次上,根据宏观层次目标总控要求,提出水资源中观层次上的水资源需求信息,并进行水资源的供用耗排模拟和水资源政策仿真研究;在微观层次上,对中观层次的水资源供需信息进行微观分解,同时结合微观层次上的天然来水信息,结合计算单元空间拓扑关系,进行区域水量平衡模拟。

2.2.5.4　以四大过程为分析过程

流域水量平衡分析包括降雨径流平衡和"供水-用水-耗水-排水"两个层次的水量平衡问题。前者为自然水循环的研究内容,后者为人工侧支水循环研究内容,二者共同组成了二元水循环的水量平衡分析内容。

CWSE-E 模型从宏观经济发展驱动用水需求出发,计算各个计算单元的用水需求量;同时,建立节水投资、治污投资与增供减污的描述方程,得出计算单元的供水水平与排放水平;在计算单元上按照水量平衡原理,得出单元的"供水-用水-耗水-排水"关系,完成计算单元层面上四大过程的水资源利用分析;根据拓展的流域水资源节点网络图,对四大过程进行自上而下的推演,得出流域出口断面的水资源利用信息,完成流域层面上四大过程的水资源利用分析。

2.2.5.5　以五大系统为分析对象

钱学森认为,系统即是相互作用和相互依赖的若干组成部分结合成具有特定功能的有机整体,而且这个系统又是它所从属的一个更大系统的组成部分(钱学森等,1990)。CWSE-E 模型以社会系统、经济系统、生态系统、环境系统和水资源系统为分析对象,根据建模理论与方法,对系统间复杂的交互作用,互相影响、互相促进同时又相互制约的关系以数据流形式展现出来;以资金和资源为驱动要素,对系统的各个状态进行有序演进。

2.3　描述社会经济-水资源-生态环境系统的 CWSE 模块

水资源与社会经济协调发展分析模块(CWSE),是完整的多期线性规划模型,对限定边界的社会经济-水资源-生态环境系统进行详细的技术描述。根据研究目的与系统观要求,通常以国内生产总值、COD 排放量、粮食产量等作为模型的优化准则,在系统内进行水资源开发利用模式选择,以满足经济社会的可持续和水生态环境的良性发展。

通过计算,模型不仅能够模拟出不同规划期经济社会-水资源-生态环境系统的状态,从而进行水资源规划、水资源承载能力分析和可持续性发展评价等;同时,模型还给出均衡的宏观经济发展总量和格局,为水资源政策分析提供一致性的均衡数据集。

2.3.1　建模目的及简化原则

2.3.1.1　建模目的

水资源作为基础性的自然资源和战略性的经济资源,其开发利用涉及经济、社会、资源、生态、环境等多方面。各方面因素相互作用和联系,形成水-经济-生态复杂巨系统,传统的单一的水资源研究方法已不能满足实践需要,需要建立描述经济社会-水资源-生态环境系统在内的统一模型,模拟水资源系统的运行变化,为有关部门提供科学的定量决策(Heinz 等,2007)。具体来看,模块的主要目的有:

(1)通过多系统模拟分析,研究经济发展、人口增长、生态环境保护等外部因素驱动下区域水资源的供需平衡态势,提高水资源系统的适应能力。

(2)通过多系统优化分析,研究系统间相互依赖和竞争的关系,找出影响决策的主要因素,为开展系统间协调发展的政策仿真提供数据平台。

(3)综合考量水资源开发利用模式、经济社会发展路径和生态环境保护要求等情景组合,研究流域水资源承载能力,保障流域可持续发展。

2.3.1.2　简化原则

经济社会-水资源-生态环境系统的运行十分复杂,理论上而言,模块应尽可能多地反映系统的运行过程,并尽量考虑系统的各个构成要素,但这样会使得建模和求解的复杂性急剧增加,为满足问题分析的要求,同时考虑模型构建和求解的可行性,本书对模型做了部分简化,其简化原则如下:

(1)模型的空间范围以流域为单元,并按照模拟的需要,进行计算单元划分。

(2)计算单元之间主要通过经济和水量的输入输出关系形成网络。

(3)不考虑流域的盐分运移问题和泥沙沉积问题。

(4)对一些较为复杂的、描述较为困难的过程进行一定的简化。

2.3.2　建模思路及模块构成

2.3.2.1　建模思路

本书根据包含水投资的经济发展理论(杜鹏,2005),以水资源投入产出模块为基础,构建经济社会系统、水资源系统、生态环境系统描述模块,按照"GDP-固定资产投资-水投资-GDP"的宏观经济和水资源利用驱动增长的原理,综合考虑区域水资源供用耗排等水量平衡原理,构建了水资源与社会经济协调发展模块,技术路径见图2-8。

2.3.2.2　模块构成

水资源与经济社会协调发展分析模块由人口发展子模块、宏观经济发展子模块、生态环境用水控制子模块、需水预测子模块、水环境污染及预测子模块以及水资源利用分析子模块构成,基本结构见图2-9。各子模块的关系为:人口发展子模块、宏观经济发展子模块为需水预测子模块提供输入数据,需水预测子模块为水环境污染及预测子模块提供核心输入成果。同时,人口发展子模块、宏观经济发展子模块、需水预测子模块、水资源利用子模块、水环境污染及预测子模块的结果,为多目标分析子模块提供基础输入,多目标分析子模块根据一定的优化规则进行多方案分析,并得到水资源与经济社会协调发展的最终方案。水资源与经济社会协调发展模块系统简介见表2-2。

2.3.3　决策变量

系统全局决策变量既要涉及整体系统,也要涉及各子系统,要对系统的轮廓和状态给予详细的描述,涉及决策者关心的全部问题。这些决策变量均有相应的时间结构、空间结构、水用户结构和水资源系统结构。水资源与社会经济协调发展模块的全局决策变量结构见表2-3。

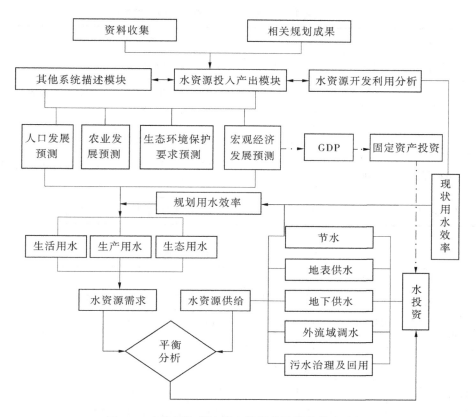

图 2-8　水资源与经济社会协调发展模块构建路径

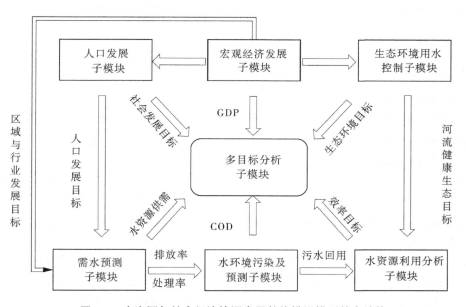

图 2-9　水资源与社会经济协调发展整体模拟模型基本结构

表 2-2　水资源与经济社会协调发展模块系统简介

模型(模块)名称	主要功能
人口预测模型	进行总人口及其城乡发布预测
宏观经济–社会模型	结合投入产出分析、扩大再生产理论、农业生产函数等进行经济、灌溉面积、粮食产量等发展预测
需水与节水预测模型	结合宏观经济模型,进行需水量和节水量、节水投资预测
水污染负荷排放及调控预测模型	结合宏观经济模型,污染物质排放量、削减量及污染处理投资预测
水资源供需分析模型	对各分区、各节点水资源供需进行模拟调节计算

表 2-3　CWSE 模块全局决策变量结构

项目	变量类别	全局决策变量
可持续发展目标	经济发展	总产值、积累消费比例、进出口比例、投资分配比例
	环境质量	COD 排放量、COD 处理量、污水排放量、污水处理量
	粮食生产	灌溉面积、作物种植比例
	社会发展	粮食总量
水资源开发利用策略	需水模式	各类用水定额和用水量
	供水模式	水资源利用比例、供水水量分配、污水回用量
	开发方案	工程投资

上述变量是基本全局变量,此外还有很多衍生变量。

2.3.4　模块方程及针对性改进

2.3.4.1　模块方程

在前述建模目的、简化原则及建模思路分析的基础上,将经济社会–水资源–生态环境系统进行模块化处理,提出刻画系统状态的基本参数,模块的基本方程式见附录 A、附录 B。

2.3.4.2　针对性改进

水资源节点网络图是进行流域水量、水质模拟的基础,是建立系统供用耗排关系的基本空间关系(付意成,2010)。现有模型的水资源节点网络图绘制过程为:在计算单元均匀、各向同性的假定下,将流域进行子区划分,各个子区为网络节点,基于系统网络基本概念,根据流域水资源的流向采用有向弧线将各个节点联接起来,形成水资源节点网络图。受研究区域的限制,以黄河流域为背景的水资源与社会经济协调发展模型,对于水资源节点网络图的上下游节点考虑不周全(仅考虑多对一情况,并未考虑多对多情况)。为此,针对上述不足,本书通过对水资源节点网络图的改进,实现模型的改进。

本书中水资源节点网络图有以下几个特点:①每个节点为独立的计算单元,一般情况下为水资源分区与行政分区的交集;②与传统水资源节点的功能相对单一不同,本书中的水资源节点功能并不单一,节点是计算单元内水库、湖泊、节点供水、节点需水等统一概化体;③节点的上下游关系较原有的模型复杂,可能是多对多的特点,有时为便于程序编写,可虚拟出一个计算单元作为输水的源/汇;④计算单元理论上而言为面的概念,在模型中将其处理为点,并通过连线对其空间拓扑关系进行描述,连线一般为河道、人工渠道等的概化。

水资源节点编码表,是根据水资源节点网络图中水资源节点的空间拓扑关系,以数学方式对其进行表达的一种编码形式。表 2-4 为淮河流域部分水资源节点的编码表。表中的 0 表示无上下游空间拓扑关系;1 表示下游节点是其唯一下泄节点;其他数字则表示上游节点不止一个下泄节点,该值表示向下游节点的输水比例。

表 2-4　水资源节点的编码表

上游	下游						
	E0101AH	E0101HN	E0101BT	E0102HN	E01WJBA	E0202BB	…
E0101AH	0	0	1	0	0	0	
E0101HN	0	0	0.5	0	0.5	0	
E0101BT	0	0	0	0	1	0	
E0102HN	0	0	0	0	1	0	
E01WJBA	0	0	0	0	0	1	
…							

水资源节点编码表有以下几个特征:①对角线元素均为 0,表示节点本身无上下游关系。②纵向看,部分节点累加之和为 0,表示该节点为最上游节点,不接受上游来水;部分节点累加为非 0,表示该节点接受上游来水,且非 0 个数表示上游节点个数,数值大小表示上游来水占上游总输水的比重。③横向看,所有列之和必为 1,表明水资源节点一定有下泄渠道。

2.4　描述水资源经济系统的 TERMW 模块

分区域水资源政策分析的一般均衡模型(TERMW),为比较静态可计算一般均衡模型的一种。选择 TERMW 进行经济系统状态分析是一个相对折中的结果。

为了能够与跨时段优化的 CWSE 模块相配合,TERMW 模块需要在整个时间段内的一些既定点上(CWSE 模块通常采用五年规划为计算时段)给出对应的经济状态描述,最佳的选择是采用动态 CGE 模型进行年复一年的递推方式计算出今后各年的经济系统状态,其动态机制为部门投资会在下一年直接形成资本,并累积至资本存量中。在 CGE 模型实践中,发现动态 CGE 模型结果容易出现震荡现象,且并无显著的改善办法❶。因此,本书从 CGE 功能出发,采用比较静态一般均衡模型进行各个时间点上的经济状态描述,相比于动态 CGE 模型,比较静态 CGE 模型需要对各个时间点上的状态之间联系考虑。这种将多阶段动态决策问题变换为一系列互相联系的单阶段问题,然后逐个加以解决的思路是大系统递阶控制理论的体现,即将动态模型分解为一系列静态模型,人为地引进"时间"因素,分成时段,在每个阶段上运用静态均衡模型进行求解。

由于 TERMW 是在 TERM 模型基础上构建而成的,本书在章节安排上将首先介绍TERM 的基本结构和方程;其次从水资源分析需求出发,在 TERM 模型中加入水模块,并对处理过程进行详细描述;最后,介绍 TERMW 模块的运行环境和结果分析原理。

2.4.1　TERM 模型

TERM 是一个"自下而上"的多区域一般均衡模型。模型擅长处理多区域、多部门的经济问题。第一个 TERM 模型包括了 144 个经济部门和 57 个地区,如今 TERM 模型已经可以扩展到 172 个部门和 206 个地区,这为构建流域或者区域的一般均衡模型提供了很好的借鉴。TERM 模型可以通过给定研究区域的某一个地区政策冲击,观察其他地区以及整个研究区的政策响应,为研究区域之间、整体与个体之间的关系提供了很好的分析平台。

2.4.1.1　TERM 基本结构

1. 数据结构图

图 2-10 是 TERM 数据结构流程图,描述了模型的基本数据结构。矩形框为流量矩阵,是模型的基本数据组成,其中以粗体显示的流量矩阵是模型输入常量,其他流量矩阵为模型变量,可由上述常量计算获得。图 2-10 隐含了以下三类方程式:

(1)Basic values =国产品的产出或进口品的到岸价格。

(2)Delivered values = Basic + Margins。

(3)Purchasers' values = Basic + Margins + Tax = Delivered + Tax。

由图 2-10 可知,TERM 数据关系呈现明显的左中右结构,根据数据结构的一般特征,拟按照以下顺序进行介绍。

1)左图结构

图 2-10 左侧部分与传统的单区域投入产出数据结构有点相似。例如,USE 矩阵指的是使用地 DST 里的用户 USER 对商品 C 的需求量,包括国产品和进口品。根据指标维取值不同,USE 的含义不尽相同:

USE("PETR","dom","AGRI","HENAN"):河南农业生产部门消耗本国生产的石油量;

USE("AGRI","imp","HOU","JANGS"):江苏居民消费的进口农产品量;

USE("COAL","dom","EXP","SHAHD"):山东出口的本国生产的煤炭量;

---

❶　根据笔者在开发 CGE 中的经历,动态 CGE 模型容易发生震荡现象,这主要是因为投资往往由前期的部门资本收益率内生决定,使得投资的年际间变化较大,造成系统震荡。

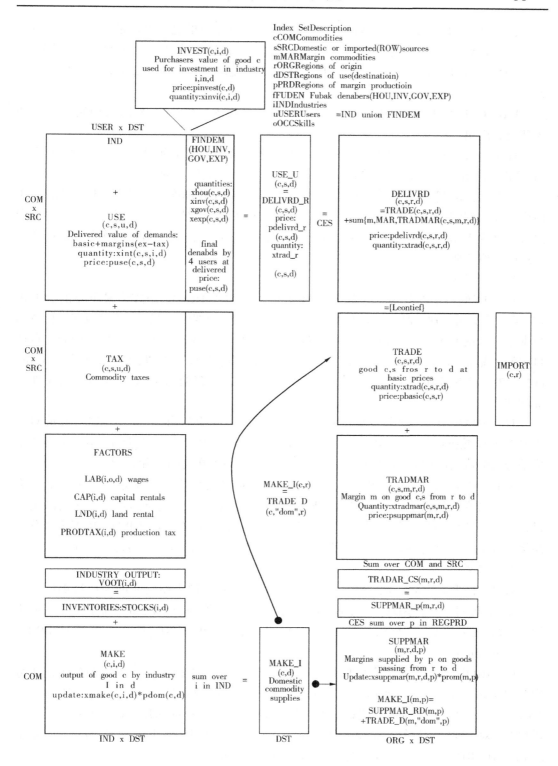

图 2-10　TERM 数据结构

USE（"COAL"，"imp"，"EXP"，"JANGS"）：江苏出口的进口煤炭量；

转口贸易在我国投入产出表编制环节已考虑，因此这一情况在本模型中未予考虑。

TAX 矩阵，即商品税矩阵，对 USE 矩阵中商品流动进行征税，其维数与 USE 矩阵一致。

LAB、CAP、LND、PRODTAX 为商品生产的初始投入。USE、TAX 以及初始投入之和为部门总产出。

理论上，每一部门可以生产多种商品，MAKE 矩阵则揭示了部门生产与商品的对应关系，同时也列出了部门的商品产出。MAKE_I(c,d) 则为地区 d 的商品 c 产出量。

与其他区域间 CGE 模型不同，TERM 采用如下方式处理库存变化量：①进口品的年内库存变化假定为零，即认为进口品全部用于当年生产；②对于国产品而言，其部门总产出被处理为 MAKE 矩阵和库存变化量，与我国投入产出表不同，TERM 的库存是部门和使用地的二维矩阵。

2）右图结构

图 2-10 的右半部分揭示了数据的分解机制。其中，TRADE 矩阵为最重要的数据矩阵，揭示了不同类别商品由生产地到使用地的贸易量，为四维变量，其值对应于 ORANIG 数据结构中的基本流量（Basic flows）。TRADE 矩阵的对角线（产地=使用地）指的是自产自用的商品价值量；对于进口品而言，商品的生产地指的是进口商品的登陆口岸地。IMPORT 矩阵为登陆口岸地的进口商品价值量，其值为进口商品 TRADE 矩阵按使用地累加的和。

TRADMAR 矩阵为区域间商品贸易活动过程中边际服务商品(m)需求量，其值对应于 ORANIG 数据结构中的 Margins。TRADE 和 TRADMAR 一起成为 DELIVRD 矩阵的组成部分，即商品输送量（包含商品基本流量和用于运输等在内的边际费用）。

SUPPMAR 矩阵与 TRADMAR 含义相近，指商品贸易活动过程中边际服务商品的需求量。二者在各维数上之和相等，区别在于 TRADMAR 给出了不同类别、不同商品贸易过程中所需要的边际服务商品 m 量，为五维矩阵(c,s,m,r,d)；而 SUPPMAR 则不区分商品类别和商品类型，但指明边际服务商品的产出地信息，为四维矩阵(m,r,d,p)。

3）中图结构

TERM 模型假定同一地区的所有用户对不同类别、不同类型商品的使用遵循同一个来源结构，即对同一使用地而言，不同用户对不同类别、不同类型商品的需求量在商品来源地呈现一定的结构特征的，可通过阿明顿假设给定：DELIVRD_R 需求量是 DELIVRD 关于不同商品产地的 CES 复合。

图 2-10 中下部分展示了 TERM 中关于国产品的供需平衡关系。图中的黑色箭头分别指出了两类平衡：对于非边际服务品（本书中指除运输和批发零售两商品外）而言，TRADE 矩阵的国产品按照使用地累加之和的需求量应等于 MAKE_I 矩阵中对应的商品供给量；对于边际服务品而言，TRADE 矩阵的国产品按照使用地累加之和，加上 SUPPMAR_RD 应等于 MAKE_I 矩阵中对应的商品供给量。

与我国投入产出表不同,TERM 在投资需求中增加了部门维。INVEST 是包含商品、部门和地区的三维矩阵,可以揭示不同地区、不同部门生产过程中的商品和服务投入量。例如,可以根据实际需要,在农业生产中投入较多的机械产品和较少的建筑产品,而在建筑业中投入较多的建筑产品和较少的机械产品。

2. 需求结构图

图 2-11 详细描述了 TERM 的需求结构。尽管是以安徽省居民对于石油的需求为例,同样可以得出其他地区、不同用户对于不同商品的需求量。TERM 的需求结构包含了大量的嵌套结构。图中左侧虚线框内的大写变量为嵌套结构的水平变量,其中部分变量在图 2-10 中有所介绍,虚线框内的以 p 和 x 开头的小写变量分别表示水平变量对应的价格变量和实体需求量。在图 2-11 的最上端,安徽居民消费的石油产品量有两种途径,一种是选择国产品,一种是选择进口品。在居民消费石油总量一定的条件下,根据阿明顿假设,采用 CES 函数形式进行商品选择,则可以计算出进口石油产品、国内石油产品的消费量和价格水平,δ 为 CES 参数,其取值一般为 2。PUR(c,s,u,d) 为包含商品基本价值流、边际服务费用和税收在内的购买者价值量。

安徽省不同用户消费的国产石油累加,计算 USE_U(c,s,d),则在 USE_U(c,s,d) 一定的条件下,采用 CES 函数形式,分别计算不同地区的石油贡献量,δ 一般取 4。CES 函数隐含着具有较低贸易成本的地区将占有较大的市场份额。这里的贸易成本不仅包括生产过程中的成本,还包括将石油产品运输至安徽省的边际服务费用等,因此即使石油产品的生产成本相同,边际服务费用也将影响石油产品的市场份额。值得说明的是,TERM 采用 USE_U(c,s,d) 而不是 USE(c,s,u,d) 来计算不同地区的石油商品供给,是因为模型认为不同用户的商品使用结构相同,即来自河南省的石油供给比例在安徽省不同用户间(中间使用、居民消费、政府消费、投资和出口等)是一致的。

DELIVRD 表示前文提及的贸易成本,它由石油产品、运输、零售等边际服务商品的里昂惕夫生产函数决定。里昂惕夫生产函数隐含着贸易成本是由石油产品、运输、零售等边际服务商品组成的,且三者之间不具有替代性。

图 2-11 的最底端列出了运输服务的需求量,为不同产地的 CES 函数复合。值得注意的是,这种边际服务的复合也不区分商品类型,即对于不同商品而言,其同一种的边际服务构成相同。

进口石油的需求结构并没有在图中列出,但其具有类似的需求结构,不同的是其边际服务为登陆口岸而不是边际服务产地。

2.4.1.2　方程体系

TERM 模型是一个有着严密理论基础的典型多区域一般均衡模型,它包含了近万个方程,如进口品和国产品的选择方程、劳动者类型选择方程、基本要素需求方程、中间产品投入和总要素需求方程、进出口价格方程、居民消费方程、投资需求等。

根据 TERM 模型的研究成果(Mark Horridge 等,2003),整理模型的主要行为方程,见附录 C。

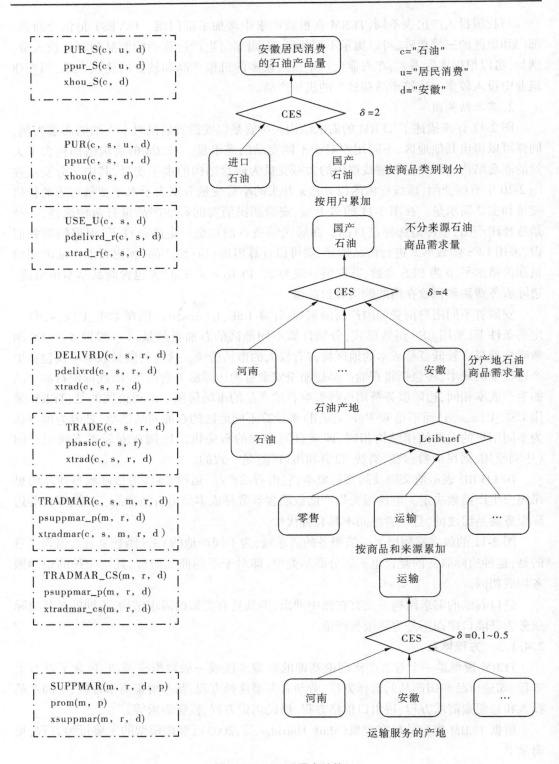

图 2-11　TERM 需求结构

2.4.2　水模块拓展

2.4.2.1　基本要求

进行水资源政策模拟分析,所构建的 CGE 模型需要满足以下几方面的机制要求:

(1)在不考虑水价变动情况下,水资源的需求量与用水部门的产出呈正相关。

(2)水资源费与水费率和用水量呈正相关。

(3)对工业部门征收水费最终均转移到消费者的身上。

(4)商品的价格上升将导致商品的需求量下降,致使该商品的产出下降,并体现在该商品对水资源的需求量下降上。

(5)如果水资源要素价格上升,用水户将会选择其他商品进行替代,即水资源是可以替代的;在模型中可通过设置"虚拟"弹性表征其抑制程度。

(6)一般在不增加其他投入的情况下,减少水资源的使用将使得商品产出减少。

上述六个机制中,前三个相对容易实现,后三个则相对困难一些。其中,第四个和第五个机制均能够抑制用水需求,不同之处在于,前者是通过提升商品价格抑制商品的产出,从而抑制水资源的需求量,这个过程中商品的水费率保持不变;后者是通过提升水资源税率,间接提升水价,从而抑制用水需求,在这个过程中商品的水费率增加。

2.4.2.2　水资源问题处理方式

水资源是国民经济生产活动不可或缺的重要组成部分,对于水资源紧缺地区,水资源已成为产业布局与经济发展的主要制约因素。本书将水资源作为生产活动的初始投入要素纳入模型体系,在模块生产结构上调整,如图 2-12 所示,研究将水资源作为与初始投入复合项并列考虑。

模型中总产出是商品投入、要素投入和水资源的 Leontief 复合,各要素间不可替代。模型的 CES 函数为

$$X(i) = \text{Leontief}\left[\frac{X_1(i)}{A_1(i)}, \frac{X_2(i)}{A_2(i)}, \cdots, \frac{X_{\text{factor}}(i)}{A_{\text{factor}}(i)}, \frac{X_w(i)}{A_w(i)}\right]$$

式中:$X(i)$ 为 i 部门总产出;$X_1(i)$ 为部门 1 投入 i 部门生产的量;X_w 为水资源需求量;A 为不同要素的技术进步系数;i 为行业类别。

模型中水资源与初始要素的复合项并列,但水资源与固定资产之间存在替代关系,二者的替代关系将在下节介绍。

2.4.2.3　水资源方程

1. 水资源需求方程

根据 2.4.2.1 基本要求中(1)和(5)的机制要求,国民经济不同行业的用水需求,线性化方程形式为

$$x_{wi} = z_i - \eta_i \Delta P_{wi} \tag{2-2}$$

式中:x_{wi} 为百分数形式的行业 i 用水需求量;z_i 为百分数形式的行业 i 产出量;ΔP_{wi} 为行业 i 水资源价格水平;η_i 为行业 i 用水"虚拟"弹性系数,为常数。

可以看出,在不考虑水资源价格的情况下,行业水资源需求与产出呈现正相关,满足机制(1)要求;式(2-2)的右边第二项则考虑了水资源价格水平,体现了机制(5)的要求。

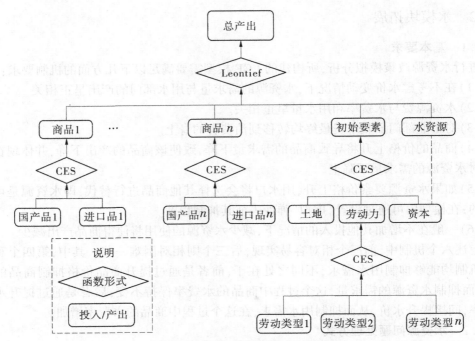

图 2-12　TERMW 模块生产模块结构

值得说明的是,水资源要素不同于其他商品要素,可能存在部分行业的要素价格为零,从而造成价格弹性计算的失败。为此,模仿经济学中弹性的概念,构造出一个"虚拟"弹性(η_i),用以测算行业水资源需求量(Glyn Wittwer,2003)。

η_i 能够用于度量行业水资源需求量与其价格之间的关系,根据行业用水特性不同,进行差异化赋值,以很好地刻画行业的水资源需求特性。例如,对于南方雨养农业的水资源需求而言,其灌溉供水所占比重较小,甚至为零,因此,$\eta_{农业}=0$。

2. 水资源费

按照机制(2)的要求,国民经济行业水资源费方程为

$$R = \sum_i X_{wi} P_{wi} \tag{2-3}$$

式中:R 为总税收;P_{wi} 为行业 i 的水资源费率;X_{wi} 为行业 i 的水资源需求量。

其微分形式为

$$\Delta R = \sum_i (X_{wi} \Delta P_{wi} + P_{wi} X_{wi} x_{wi}/100) \tag{2-4}$$

上述方程是机制(2)的基本要求。

3. 产出方程

标准的 CGE 模型中,行业的产出方程形式为

$$P. Z = P_1 X_1 + P_2 X_2 + P_3 X_3 + \cdots \tag{2-5}$$

式中:$X_1,X_2,X_3,\cdots$ 为其他行业的投入量;$P_1,P_2,P_3,\cdots$ 为其他行业的投入量的价格水平。

因此,考虑水资源要素在内的行业产出方程为

$$P. Z = P_1 X_1 + P_2 X_2 + P_3 X_3 \cdots + P_i X_w \tag{2-6}$$

上述方程是机制(3)的基本要求。

4. 其他方程

在市场经济背景下,生产者可以通过减少水费支出占总产出的比重用以减少水资源成本,这便会引起以下两个问题:

(1)减少水资源使用量是否意味着减产。

(2)若维持同一产出水平,减少水资源使用量是否意味着其他要素的投入的增加。

一直以来,这方面的答案常常是否定的,例如,Rehdanz 等(Rehdanz 等,2005)就曾对这个问题进行讨论,他认为,由于水资源费的征收并不是经常到位,因此对于部分用户而言,特别是农民,减少用水支出意味着产出的利润的增加。上述研究成果的前提是水资源管理不到位和农民用水铺张浪费,造成了"水资源使用量减少,利润增加"的悖论。

水资源是国民经济行业不可或缺的要素,且由于水资源本身的特性,水资源的利用应该是经济的。因此,假定在维持既定产出的条件下,减少水资源的使用量必然引起其他投入的增加,可以是劳动力,也可以是资本等。通常情况下,高水价意味着高服务,即较高的基础设施投入。本书基于这一假定,构建了水资源费与固定资产投入之间的关系。

传统的 CGE 模型中,固定资产投资需求量为

$$k = z + C_1 p_1 + C_2 p_2 + C_3 p_3 + \cdots \tag{2-7}$$

将式(2-7)的右边增加一个替代弹性项 ε,即水资源费变化率引起的资本需求变化率。根据成本最小化目标,考虑资本和水资源之间的边际替代关系,测算 ε 值。在此过程中,水资源投入的成本减少量应与固定资产投资的增加量相等。

根据式(2-2)中构建的水资源需求方程,节水量与水资源费关系为

$$- P_w X_w x_w / 100 = P_w X_w \eta \Delta P_w / 100 \tag{2-8}$$

根据边际替代原理,水资源节约价值量应等于固定资产投资增加量,即,$P_k X_k \varepsilon / 100$,因此

$$P_k X_k \varepsilon = P_w X_w \eta \Delta P_w \tag{2-9}$$

经变形处理后,固定资产投资需求方程为

$$k = k_{原} + \left[P_w X_w \eta / P_k X_k \right] \Delta P_w$$

一般情况下,当水资源费 P_w 较小时,ε 值可以忽略,但随着水资源费的上涨,其重要性愈发凸显。固定资产与水资源要素间的替代关系在图 2-12 中以虚线形式表示。

2.4.3　结果分析原理

TERMW 是静态可计算一般均衡模型的一种,其分析原理和大多数静态可计算一般均衡模型一样,属于比较静态分析。TERMW 比较静态分析如图 2-13 所示。以供水政策为例,A 是第 0 期的某行业的产出水平,B 是在政策未执行 T 期的该产业的正常产出水平。政策执行后,该产出水平可能达到 C。TERMW 分析就是表明政策执行前后产出水平的百分比变化率,即 $100 \times (C - B) / B$。

2.4.4　运行环境

TERMW 模块的运行环境为 GEMPACK 软件。TERMW 模块求解流程如图 2-14 所

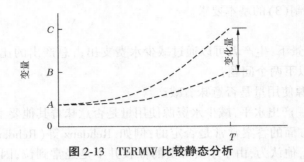

图 2-13　TERMW 比较静态分析

示,模型方程组通过微分处理得到线形方程组形式,采用 tablo 语言写入 TERMW.TAB 文件。由于模型方程数较多,需对其进行压缩等处理,TERMW.STI 文件是 TERMW.TAB 的压缩形式,二者一起构成了 TERMW.FOR 文件。通过 Fortran 编译器生成 EXE 文件,并导入包含闭合条件的 TERMW.CMF 文件和包含数据的 TERMW.HAR,得到包含结果的 SL4 文件。

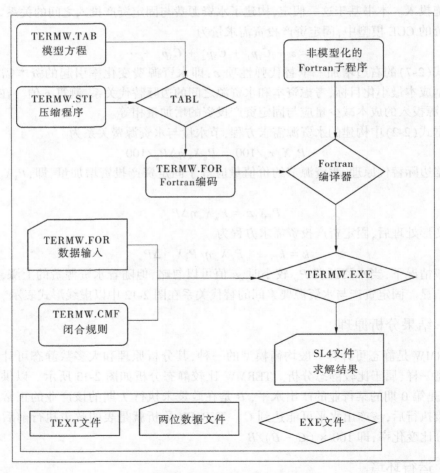

图 2-14　TERMW 模块求解流程

2.5　本章小结

本章对 CWSE-E 的构建思路、框架结构、重要模块做了详细介绍。模型的总体规模如表 2-5 所示,共有 640 541 个变量和 886 482 个方程(含不等式)。由此可见,CWSE-E 模型规模庞大,仅凭一人之力是很难实现的,本书正是在已有研究基础上前进了一小步。

表 2-5　CWSE-E 模型各模块的变量及方程数

模块名称	方程数目	变量数目
CWSE	876 845	627 557
TERMW	9 637	12 984
合计	886 482	640 541

总体来看,已有的水资源与社会经济协调发展模型是在社会经济-水资源-生态环境系统描述的基础上,基于研究目标,得出从一个状态向另一个状态的结果,对中间的路径揭示得不够;改进的 CWSE-E 则可以基于目标状态成果,开展政策响应分析,研究不同边界条件或政策变量的影响,拓展了模型分析的广度与深度。

相对而言,改进之处主要包括以下两个方面:

(1)与原有模型相比,CWSE-E 在社会经济-水资源-生态环境系统描述的基础上,耦合了 TERMW 模块,形成水资源与社会经济协调发展分析模型。模型具有优化预测、模拟计算和政策仿真功能,为水资源与社会经济协调发展方案的制定和水资源政策仿真提供了定量分析工具。

(2)与原有模块相比,改进水资源节点网络图。针对原有模型在水流方向上的考虑不足,结合南方水流特点,改进了水资源节点网络图。改进后的模型在区域间水资源拓扑关系处理上更加灵活,进一步拓展了模型的应用范围。

第3章　多区域可计算一般均衡模型 TERMW 模块的数据处理

　　第 2 章介绍了 CWSE-E 模块的构建原理及核心方程,作为一个由多个模块组成、研究范围涉及社会经济-水资源-生态环境耦合而成的巨系统的混合模型,如何能够使其运转起来且计算结果符合实际,同样是艰巨的工作。这其中最重要的是一致性数据集的构建。

　　本章以淮河流域为基础,对模型进行通盘考虑,3.1 节介绍了淮河流域的基本概况,包括流域概况、社会经济、水资源、生态环境等情况;3.2 节提出淮河流域投入产出表的编制方法,编制完成了淮河流域竞争型投入产出表,为整个模型的数据整理奠定了数据基础;3.3 节以编制的流域投入产出表为基础,介绍 TERMW 数据库构建方法及主要步骤;3.4 节对本章做简单总结。

3.1　研究区概况

3.1.1　基本情况

　　淮河流域介于长江和黄河之间,位于东经 111°55′~121°25′,北纬 30°55′~36°36′,东西长约 700 km,南北宽约 400 km,总面积达 27 万 km²,其中淮河水系面积为 19 万 km²,沂沭泗河水系面积为 8 万 km²。流域西起桐柏山和伏牛山,南至大别山和江淮丘陵与长江流域,北达黄河南堤和沂蒙山(胡瑞和左其亭,2008)。淮河流域包含四个水资源二级区,分别为淮河上游区、淮河中游区、淮河下游区和沂沭泗河区。行政区划辖湖北、河南、安徽、江苏和山东等五省。

　　淮河流域地理落差小于 200 m,天然水系基本上没有独立的入海口,只有沿海小河流直接入海,水域系统基本上由 1/5 的山区河流、1/5 的丘陵区水系、2/5 的海拔 10~50 m 平原河网以及 1/5 的海拔小于 10 m 的低平原水网构成。由于地理落差小,海拔 10~50 m 平原区发育了良好的河滨湿地,而且形成南四湖、洪泽湖、骆马湖与高邮湖四大湖泊。21 世纪初,沿淮河干流人工开挖入海河道,形成了典型的人工河口。

3.1.2　经济社会情况

3.1.2.1　发展现状与历程

　　2009 年淮河流域总人口约 1.67 亿人,占全国总人口的比例为 12.5%,地区生产总值 31 072.05 亿元,占全国总量的 9.1%,工业增加值 13 828.16 亿元,占全国总量的 10.2%;粮食总产量 10 135 .6 万 t,占全国总量的 19.1%。淮河流域现有耕地面积 18 918.12 万亩,占全国的 10.4%;农田灌溉面积 14 467.13 万亩,占全国的 16.3%(见表 3-1)。

表 3-1　2009 年淮河流域主要国民经济发展指标统计

	分区	总人口/万人	城镇人口/万人	城镇化率/%	GDP/亿元	工业增加值/亿元	耕地面积/万亩	粮食产量/万t	农田有效灌溉面积/万亩	林牧渔业面积/万亩	牲畜头数/万头
流域分区	淮河上游	1 452.21	244.01	16.8	1 796.04	731.67	1 897.32	1 086.76	1 296.23	66.88	1 315.63
	淮河中游	8 299.03	2 701.58	32.6	13 495.08	5 942.94	9 391.61	4 751.47	6 939.83	420.24	5 585.74
	淮河下游	1 711.40	806.11	47.1	5 111.35	2 469.19	2 320.36	1 316.63	1 953.47	234.18	1 060.40
	沂沭泗河	5 257.57	1 518.15	28.9	10 669.56	4 684.37	5 308.82	2 980.75	4 277.62	511.67	5 425.71
	合计	16 720.21	5 269.85	31.5	31 072.03	13 828.17	18 918.11	10 135.61	14 467.15	1 232.97	13 387.48
省级行政区	河南	5 935.42	1 666.23	28.1	10 425.46	4 892.35	6 750.59	3 583.74	4 844.16	320.80	4 785.76
	安徽	3 502.28	1 068.37	30.5	3 916.89	1 414.58	4 178.43	2 048.07	3 179.95	131.11	1 799.20
	江苏	3 715.12	1 681.08	45.2	9 697.63	4 183.08	4 848.51	2 681.61	3 894.36	503.95	3 419.30
	山东	3 536.68	847.40	24.0	7 003.36	3 329.36	3 109.25	1 801.39	2 530.04	275.01	3 352.25
	湖北	30.71	6.77	22.0	28.71	8.79	31.34	20.79	18.62	2.12	27.55
	合计	16 720.21	5 269.85	31.5	31 072.05	13 828.16	18 918.12	10 135.60	14 467.13	1 232.99	13 384.06
淮河流域占全国/%		12.5	8.5		9.1	10.2	10.4	19.1	16.3		8.8

注：全国耕地面积为 2008 年底数据；全国牲畜头数包含大牲畜头数及出栏猪头数，年底猪头数，年底羊头数。

从发展进程看,淮河流域社会经济发展取得了巨大成就(见表 3-2)。自 20 世纪 80 年代以来,淮河流域地区生产总值年均增长速度为 12.5%,略高于全国平均增长率 12.1%,在全国的比重基本维持在 9% 左右;总人口增长速度为 1.0%,低于全国平均增长率 1.1%;农田有效灌溉面积年均增长 0.9%,略高于全国平均水平 0.7%;工业增加值年均增长 14.7%,粮食产量 3.1%,远高于全国平均发展速度,但淮河经济发展水平总体上仍偏低。例如,2009 年全国人均 GDP 为 25 511 元,而淮河流域仅为 18 583 元,仅为全国平均水平的 72.8%。

表 3-2　淮河流域经济社会发展历程主要指标统计

指标		1980 年	1985 年	1990 年	1995 年	2000 年	2005 年	2009 年	增长率/%
人口/万人	流域	12 678	13 418	14 936	15 757	16 517	16 941	16 720	1.0
	全国	98 518	104 421	112 640	118 436	125 518	130 756	133 474	1.1
	流域占全国比例/%	12.9	12.9	13.3	13.3	13.2	13.0	12.5	
GDP/亿元	流域	1 032	1 957	2 804	5 215	8 474	16 125	31 072	12.5
	全国	12 553	21 349	31 233	59 120	97 131	183 085	340 507	12.1
	流域占全国比例/%	8.2	9.2	9.0	8.8	8.7	8.8	9.1	
工业增加值/亿元	流域	259	473	843	1 909	3 059	6 649	13 828	14.7
	全国	3 781	6 269	9 481	22 689	39 474	65 710	135 240	13.1
	流域占全国比例/%	6.8	7.5	8.9	8.4	7.7	10.1	10.2	
粮食产量/万 t	流域	4 223	6 017	6 761	7 559	7 632	8 390	10 136	3.1
	全国	32 332	38 035	45 975	47 894	47 715	48 638	53 082	1.7
	流域占全国比例/%	13.1	15.8	14.7	15.8	16.0	17.2	19.1	
农田有效灌溉面积/万亩	流域	11 245	11 024	10 920	11 979	13 522	13 743	14 467	0.9
	全国	72 139	71 958	72 541	75 989	82 876	82 225	88 892	0.7
	流域占全国比例/%	15.6	15.3	15.1	15.8	16.3	16.7	16.3	

注:经济指标为 2005 年可比价(2009 年为当年价);根据《全国水资源综合规划》及《中国统计年鉴》分析整理。

3.1.2.2　产业经济情况

2009 年淮河流域增加值总计 31 043.34 亿元,其中第一产业 4 713.80 亿元,第二产业 15 839.31 亿元,第三产业 10 490.23 亿元(见表 3-3)。全社会总产出规模为 88 869.98 亿元,其中第一产业占 9%,第二产业占 70%,第三产业占 21%;全流域工业增加值 13 819.37 亿元,工业总产出 54 817 亿元,分别占 GDP 及总产出比例为 45%、62%。

表 3-3　国民经济六大行业主要经济指标

行业	增加值/百万元	总产值/百万元	增加值率/%	增加值构成/%	产值构成/%
农业	471 380	819 776	57.5	15	9
工业	1 381 937	5 481 673	25.2	45	62
建筑业	201 994	675 225	29.9	7	8
交通邮电业	146 758	322 202	45.5	5	4
批发零售业	216 873	314 379	69	7	4
其他服务业	685 392	1 273 743	53.8	21	13
合计	3 104 334	8 886 998	34.9	100	100

2009 年全国及淮河流域产业结构见表 3-4。2009 年流域 GDP 三产结构为 15∶51∶34。与全国指标相比，淮河流域第一产业和工业比重高于全国平均水平，揭示了淮河流域农业的基础地位和当前流域仍处于工业化发展阶段的事实。这一方面与国家对淮河流域的定位有关，另一方面也表明淮河流域产业结构具有较大的调整空间。

表 3-4　2009 年全国及淮河流域产业结构　　　　　　　%

产业	河南	安徽	江苏	山东	淮河流域	全国
第一产业	15.8	22.4	13.5	12.6	15.2	10.3
第二产业	51.9	42.8	50.9	54.4	51.0	46.3
工业	46.9	36.1	43.1	47.5	44.5	39.7
建筑业	5.0	6.7	7.8	6.9	6.5	6.6
第三产业	32.3	34.8	35.6	33.0	33.8	43.4

3.1.2.3　产业布局

2009 年淮河流域四省❶经济产业增加值及其构成见表 3-5，河南省占行政省比重最大，为 53.5%，其次为安徽省的 38.9%、江苏省的 28.1%、山东省的 20.7%；对比流域省产业增加值占行政省比重与流域 GDP 占行政省比重关系可以看出，不同省份在淮河流域产业重点不同，例如，江苏省淮河流域 GDP 占江苏省总 GDP 比例约为 28.1%，而江苏省淮河流域农业增加值占江苏省农业增加值比例高达 57.9%，反映淮河流域对江苏省农业发展起着至关重要的作用。

淮河流域四省对淮河流域增加值的贡献率有着显著的差异，2009 年河南省对流域 GDP 贡献力度最大，达到 33.6%，其次为江苏省的 31.2%、山东省的 22.6%、安徽省的 12.6%。

---

❶ 由于湖北省在淮河流域中所占比重较小，本书不对其进行分析，下同。

表 3-5　2009 年淮河流域四省产业经济空间结构分析　　　　　%

产业	流域省占行政省比重				流域省占流域比重				
	河南	安徽	江苏	山东	河南	安徽	江苏	山东	合计
第一产业	59.4	58.7	57.9	27.4	34.9	18.6	27.8	18.7	100
第二产业	49.2	34.2	26.6	20.2	34.2	10.6	31.2	24.0	100
工业	49.4	34.8	25.4	19.7	35.4	10.2	30.3	24.1	100
建筑业	47.0	31.3	36.0	23.9	25.8	13.0	37.4	23.8	100
第三产业	59.1	37.2	25.3	19.6	32.1	13.0	32.9	22.0	100
合计	53.5	38.9	28.1	20.7	33.6	12.6	31.2	22.6	100

3.1.3　水资源及其开发利用状况

3.1.3.1　水资源概况

淮河流域 1956—2000 年多年平均水资源总量为 794 亿 m^3,其中地表水资源量为 595 亿 m^3,占水资源总量的 75%,地下水资源量扣除与地表水资源量的重复水量为 199 亿 m^3,占水资源总量的 25%,全流域产水系数为 0.34。

淮河上游区、淮河中游区、淮河下游区和沂沭泗河区多年平均水资源总量分别为 121 亿 m^3、371 亿 m^3、91.8 亿 m^3 和 211 亿 m^3。

湖北省、河南省、安徽省、江苏省和山东省多年平均水资源总量分别为 5.5 亿 m^3、246 亿 m^3、226 亿 m^3、193 亿 m^3 和 124 亿 m^3。

淮河流域二级区及各省水资源总量见表 3-6。

表 3-6　淮河流域二级区及各省水资源总量

分区		多年平均/亿 m^3					不同频率水资源总量/亿 m^3				产水系数
		降水量	地表水资源量	地下水		水资源总量	$P=20\%$	$P=50\%$	$P=75\%$	$P=95\%$	
				资源量	不重复量						
二级区	淮河上游	309	103	44.7	18.3	121	167	111	77	41.4	0.39
	淮河中游	1 112	267	168	104	371	486	351	263	165	0.33
	淮河下游	310	82.4	25.8	9.4	91.8	134	84.9	52.3	15.4	0.3
	沂沭泗河	622	143	99.9	68.2	211	277	200	150	93.7	0.34
淮河流域	湖北省	15.8	5.5	1.1	0	5.5	7.76	4.96	3.28	1.63	0.35
	河南省	728	178	117	67.8	246	325	232	172	105	0.34
	安徽省	628	176	89.4	50.4	226	295	215	162	103	0.36
	江苏省	600	151	69.4	42.4	193	274	173	113	54.8	0.32
	山东省	381	84.7	61.2	39.1	124	167	116	83.1	48.4	0.32
	小计	2 353	595	338	199	794	1 042	752	564	353	0.34

注:资料来源于《淮河流域及山东半岛水资源综合规划》。

3.1.3.2　水资源开发利用状况

淮河流域是我国水资源开发利用程度较高的地区之一。中华人民共和国成立后,淮河成为第一条有计划地全面开发和治理的大河。各种水利设施给供水、灌溉、防洪、发电等带来巨大的效益,河流水资源开发利用率逐步提高。现状共修建大中小型水库 5 700 多座,平均每 50 km² 建水库 1 座,每条支流建水库近 10 座。现有各类水闸 5 000 多座,其中大中型水闸约 600 座。淮河流域蓄水工程现状统计见表 3-7。

表 3-7　淮河流域蓄水工程现状统计

项目		淮河流域					
		河南	安徽	江苏	山东	湖北	合计
座数/座	大型水库	13	4	3	15	1	36
	中型水库	49	47	17	41	5	159
	小型水库	1 363	1 887	422	1 811	63	5 546
	合计	1 425	1 938	442	1 867	69	5 741
总库容/亿 m³	大中型水库	95.7	66.91	15.44	49.00	2.81	229.82
	小型水库及塘坝	21.1	22.27	14.38	14.69	0.80	73.27
	合计	116	89.18	29.82	63.69	3.61	303.09
兴利库容/亿 m³	大中型水库	36.0	26.91	6.95	26.14	1.78	97.80
	小型水库及塘坝	13.2	17.40	12.10	9.13	0.57	52.39
	合计	49.2	44.31	19.05	35.27	2.35	150.19

注:资料来源于淮河流域水环境承载能力研究报告(夏军)。

目前,淮河流域地表水资源 50%、75% 和 95% 频率下的利用率分别为 49.6%、70.7% 和 90% 以上,高于全国平均 20%~30%。2009 年淮河流域总供水量为 571.01 亿 m³(见表 3-8),其中地表水源 42.96 亿 m³(含引江、引黄 75.18 亿 m³),地下水供水量 147.62 亿 m³,其他供水量 1.44 亿 m³。在分用水户中,农业用水 419.6 亿 m³,占总用水比例高达 73%,为淮河流域第一用水大户,工业用水占流域总用水比重 15%,为第二用水大户。

表 3-8　2001—2009 年淮河流域供用水量　　　　　单位:亿 m³

年份	供水量						用水量				
	当地地表	外调	地下水		其他	合计	农业	工业	生活	生态	合计
			小计	其中深层							
2001	293.80	95.49	145.20	29.43	0.84	535.33	406.7	80.3	48.4	0	535.51
2002	295.97	89.26	143.48	30.50	0.76	529.47	399.7	79.6	49.9	0.3	529.47
2003	247.90	43.29	118.30	26.46	0.63	410.12	273.4	83.7	49.1	4.0	410.11
2004	315.29	50.41	125.92	27.72	0.66	492.28	352.3	86.7	50.0	3.2	492.27

续表 3-8

年份	供水量						用水量				
	当地地表	外调	地下水		其他	合计	农业	工业	生活	生态	合计
			小计	其中深层							
2005	305.32	50.26	122.62	27.65	0.58	478.78	328.6	95.1	51.4	3.6	478.78
2006	329.50	56.35	133.77	27.18	0.79	520.41	367.7	96.1	52.6	4.1	520.48
2007	315.80	37.38	132.17	26.98	0.90	486.24	338.2	87.5	55.9	4.7	486.23
2008	334.14	65.12	142.63	29.73	1.36	543.25	392.5	91.3	57.3	6.8	547.81
2009	346.78	75.18	147.62	25.47	1.44	571.02	419.6	86.3	59.1	6.1	571.01

注:1. 表中资料来源于淮河片水资源公报 2001—2009(附件)。

　　2. 农业包含农田灌溉、林牧渔、农村牲畜;生活包括城镇、农村居民生活及公共用水。

3.1.4　生态环境状况

3.1.4.1　生态水文过程演变情况

淮河流域典型断面的生态水文过程呈现以下两个特点:

(1)河流-含水层的地下水位下降,枯季径流减小。

枯季基流是维持河流生态系统中生物生存的基本流量,取决于流域内含水层的水位和闸坝下泄流量。由于防洪排涝的要求,近年来淮河流域含水层地下水位下降,加上闸坝的拦截,多数中小河流枯季断流,较大河流的流量减小,如淮河干流王家坝 1956—2000 年枯季径流月过程曲线,枯季径流的平均递减率约为 0.36。

(2)中小洪水显著减小。

已有研究表明,流域内鱼类优势种群的四大家鱼产卵需要一定流速的洪水刺激。淮河流域 4—6 月鱼类产卵季节正是国民经济用水高峰,由于闸坝的拦截和取用水,4—6 月的中小洪水显著减小。

淮河流域现状主要站点正常年份生态流量在枯水季节可占天然径流量的 50% ~ 80%,产卵期现状流量占 20% ~ 60%,汛期流量占天然流量的 80% ~ 100%(见表 3-9)。

表 3-9　生态流量及占天然径流的百分比

站点	项目	1月	2月	3月	4月	5月	6月	7月	8月	9月	10月	11月	12月
蚌埠	径流量/亿 m³	4.43	1.53	8.7	5.92	8.59	6.23	27.91	27.09	25.04	8.63	8.45	17.92
	占天然百分比/%	88	23	72	38	40	23	45	51	76	39	57	225
王家坝	径流量/亿 m³	1.93	1.45	2.29	2.18	3.46	3.8	5.88	6.07	8.99	2.46	1.82	3.75
	占天然百分比/%	121	60	53	39	42	33	26	34	104	40	43	169
周口	径流量/亿 m³	1.07	0.95	1.07	1.01	1.04	1.05	1.11	1.08	1.01	1.07	1.04	1.12
	占天然百分比/%	127	121	105	58	43	43	16	14	24	34	54	95

续表 3-9

站点	项目	1 月	2 月	3 月	4 月	5 月	6 月	7 月	8 月	9 月	10 月	11 月	12 月
班台	径流量/亿 m³	0.5	0.11	0.57	0.34	0.49	0.43	1.86	1.22	2.16	0.98	0.75	0.96
	占天然百分比/%	128	23	70	30	31	14	30	20	78	52	66	162
中渡	径流量/亿 m³	0	0	0	0	0	0	7.92	9.13	7.88	0.42	0	2.11
	占天然百分比/%	0	0	0	0	0	0	11	14	20	2	0	23
临沂	径流量/亿 m³	0.28	0.29	0.72	0.72	0.64	0.18	9.42	5.97	1.74	0.62	0.6	0.65
	占天然百分比/%	67	93	231	162	129	14	124	80	62	60	80	123
玄武	径流量/亿 m³	1.07	0.93	1.07	1.03	1.06	1.03	1.07	1.06	1.03	1.07	1.03	1.06
	占天然百分比/%	3 907	3 948	2 432	1 074	733	860	265	214	276	536	1 068	2 821
大官庄	径流量/亿 m³	0.21	0.13	0.08	0	0.09	0.28	3.04	3.18	0	0.12	0.04	0
	占天然百分比/%	154	104	53	0	32	44	83	95	0	25	13	0

3.1.4.2　水环境演变情况

1194—1885 年黄河夺淮后,淮河流域被分隔成沂沭泗水系和淮河水系,原淮河河口三角洲海岸线向东延伸 70~80 km,淤塞了淮河入海水道,使淮河成为无尾河。这些变化导致淮河尾闾不畅,泄洪排涝条件恶化。中华人民共和国成立以后,水利工程的建设改善了排洪除涝条件。但是,随着工农业发展,污染物的排泄加剧,加之天然的低流速水文条件,水环境污染严重。

根据《淮河流域省界水体及主要河流水资源质量状况通报》,近 20 年流域内 3 控省界断面的水质状况呈现逐渐好转的趋势(见表 3-10),除了 2006 年 I ~ IV 类水质水域占总水域的比例出现反常,流域的水质达标区域只占 60%。

表 3-10　1998—2010 年淮河流域国控省界断面的水质状况　　　　　　　　　%

水质类型	1998 年	1999 年	2000 年	2001 年	2002 年	2003 年	2004 年	2005 年	2006 年	2007 年	2008 年	2009 年	2010 年
I ~ IV 类水质水域占总水域的比例	46.0	43.8	54.8	40.3	39.8	48.9	50.0	50.3	42.4	51.1	54.3	56.2	60.0
V 类和劣 V 类水质水域占总水域的比例	54.0	56.2	45.2	59.7	60.2	51.1	50.0	49.7	57.6	48.9	45.7	43.8	40.0

3.2　流域投入产出表编制

3.2.1　投入产出表结构及数据来源

3.2.1.1　投入产出表结构简介

投入产出表,是以矩阵形式描述国民经济各部门在一定时期(通常为一年)生产活动的投入来源和使用去向,是国民经济核算体系的重要组成部分。投入产出表是一棋盘式平衡表,按结构分为四个象限(见表3-11)(国家统计局国民经济核算司,2020)。

表 3-11　中国地区投入产出表结构

投入		产出												
		中间使用				合计	最终使用					流出	合计	流入	总产出
							消费		积累						
		1	2	…	n		居民	政府	固定	流动					
中间投入	1	X_{11}	X_{12}	…	X_{1n}	μ_1	C_{h1}	C_{s1}	F_{f1}	F_{s1}	M_1	Y_1	E_1	X_1
	2	X_{21}	X_{22}	…	X_{2n}	μ_2	C_{h2}	C_{s2}	F_{f2}	F_{s2}	M_2	Y_2	E_2	X_2
	·	·	·	I	·	·	·	·	·	·	·	·	II	·	·
	·	·	·		·	·	·	·	·	·	·	·	·	·
	·	·	·		·	·	·	·	·	·	·	·	·	·
	n	X_{n1}	X_{n2}	…	X_{nn}	μ	C_{hn}	C_{sn}	F_{fn}	F_{sn}	M_n	Y_n	E_n	X_n
	合计	τ_1	τ_2	…	τ	τ	C_h	C_s	F_f	F_s	M	Y	E	X
初始投入	折旧	D_1	D_2	…	D_n	D								
	劳动者收入	V_1	V_2	III	V_n	V				IV				
	利润和税金	Z_1	Z_2		Z_n	Z								
	合计	N_1	N_2	…	N_n	N								
总投入		X_1	X_2		X_n	X								

1. 第 I 象限

第 I 象限是由名称相同的若干产品部门纵横交叉形成的中间产品矩阵,主栏为中间投入,宾栏为中间使用。矩阵中的数字都具有双重含义:沿行方向看,反映各种商品和服务在生产部门中的使用价值量,称为中间使用;沿列方向看,反映各生产部门生产中的商品和服务投入的价值量,称为中间投入。

中间产品矩阵揭示了国民经济部门间相互联系、相互依存和相互制约的技术经济联系,是投入产出表的核心部分。

2. 第Ⅱ象限

第Ⅱ象限是第Ⅰ象限在水平方向上的延伸,主栏与第Ⅰ象限相同;宾栏由最终消费支出、资本形成总额、流出、流入等组成。矩阵中的数字也具有双重含义:沿行方向看,反映商品或服务的最终使用量;沿列方向看,反映最终使用的规模及构成。

第Ⅰ象限和第Ⅱ象限连接形成的横表,描述了国民经济商品或服务的使用去向,即各产品部门的中间使用和最终使用数量,体现了国内生产总值经过分配和再分配的最终结果。

3. 第Ⅲ象限

第Ⅲ象限是第Ⅰ象限在垂直方向的延伸,主栏由劳动者报酬、生产税净额、固定资产折旧、营业盈余等各种增加值项目组成;宾栏与第Ⅰ象限相同。第Ⅲ象限反映各产品部门的增加值及构成,体现了国内生产总值的初次分配。

3.2.1.2　**数据来源**

流域投入产出表的编制对于所研究区域的基础数据有一定的要求,流域所辖行政区投入产出表是编制流域投入产出表的主要数据来源。由于我国投入产出表一般是以五年为一周期进行编制的,目前 2007 年的投入产出表是最新一期的投入产出表,因此采用2007 年的投入产出表,依据投入产出表延长技术,编制 2009 年淮河流域投入产出表。所需数据主要包括:

(1)河南、安徽、江苏、山东等四省 2007 年投入产出表。

(2)河南、安徽、江苏、山东等四省 2010 年统计年鉴。

(3)《全国水资源综合规划》水资源三级区社会经济指标。

此外,为更好地进行数据拆分,还需要依赖地理信息系统等空间数据处理技术。

3.2.2　部门划分

部门划分取决于研究的目标,同时受制于已有的数据资料。本书旨在分析区域间经济关联状况下的水资源利用情况,因此部门划分不易过多。目前,我国各地区投入产出表的部门大致都是三级分类。第一级一般包括 6 个或者 8 个部门,第二级通常分为 42 个部门,第三级分为 122 个部门。

2007 年,河南、安徽、江苏和山东四省投入产出表均为 42 部门,为便于分析,将投入产出表中的 42 部门按表 3-12 分类合并成 18 部门。

表 3-12　淮河流域投入产出表 18 部门分类组成

序号	行业	组成
1	农业	农业
2	煤炭	煤炭开采和洗选业
3	石油	石油和天然气开采业、石油及核燃料加工业、燃气生产和供应业
4	其他采掘	金属矿采选业、非金属矿采选业

序号	行业	组成
5	食品	食品制造业加工
6	纺织	纺织业,服装、鞋、帽制造业
7	造纸	造纸印刷及文化用品制造
8	化学	化学工业
9	建材	非金属矿物质制品业
10	冶金	金属压延加工业、金属制品业
11	机械	通用、专用设备制造业,交通运输设备制造业,电气机械及器材制造业
12	电子	通信设备、计算机及其他电子设备制造业,仪器仪表及文化办公用机械制造业
13	电力	电力、热力的生产和供应业
14	其他工业	木材加工及家具制造业,其他制造业,废品废料,水的生产和供应业
15	建筑	建筑业
16	运输	交通运输及仓储业、邮政业
17	批发零售	批发和零售贸易业
18	其他服务	信息传输服务、计算机软件报务业,金融保险业,房地产业,住宿和餐饮业,水利、环境和公共设施管理业,租赁和商务服务业,科学研究事业,综合技术服务业,其他社会服务业,教育事业,卫生、社会保障和社会福利事业,文化、体育和娱乐业,公共管理和社会组织

3.2.3　编制过程及成果

淮河流域投入产出表编制是指由省级行政区投入产出表,经投入产出延长、协调平衡和流域省调入调出处理等获得流域投入产出表的过程。具体包括:以 2007 年淮河流域四省国民经济投入产出表为基础,运用 RAS 修正法,分别编制四省的 2009 年投入产出延长表;在此基础上,收集整理四省所辖县市资料,汇总得出流域省国民经济统计数据;假定流域省生产消耗结构系数与行政省一致,运用 RAS 修正法协调、平衡获得流域省 2009 年投入产出表;对流域省投入产出表进行调入调出处理,形成流域投入产出表。2009 年淮河流域四省与流域投入产出表采取自下而上的数据汇集与自上而下的修正双向耦合模式分析获得。编制的流程如图 3-1 所示。

3.2.3.1　省级行政区投入产出表编制

(1)获取 2007 年四省国民经济 42 部门投入产出表,分析投入产出系数。

(2)采集 2009 年四省国民经济统计数据,通过数据整理与分析获得四省 42 部门增加值、总产出以及中间使用数据。在信息不完整或缺失的情况下,采取以下处理技术:

①在缺乏详细部门增加值信息时,假设 2009 年行业结构与 2007 年基本相似,依据

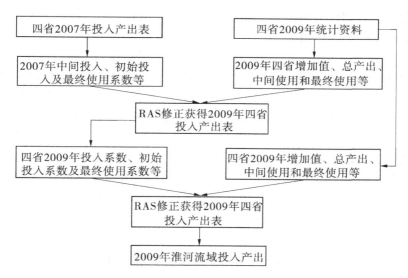

图 3-1 淮河流域 2009 年投入产出延长表编制流程

2007 年行业结构推算出 2009 年 42 部门中某些缺失信息部门的增加值;

②在缺乏详细部门总产出数据时,假设 2009 年部门增加值率与 2007 年基本相似,推算 2009 年 42 部门中某些缺失信息部门的总产出;

③在缺乏详细部门最终使用信息时,假设 2009 年部门中间使用率与 2007 年基本相似,推算 2009 年 42 部门的中间使用;

④在缺乏全部工业细分行业或某些行业经济信息时,采取按局部占全部总量比重进行相应的修订,获得以全省区闭合的细分行业经济数据。

(3)采用 RAS 修正法结合部门增加值构成与消费使用结构获得 2009 年 4 省 42 部门投入产出表。按照表 3-12 部门映射关系,得出 2009 年 4 省 18 部门投入产出表,见附录 D 表 D-1~表 D-4。

3.2.3.2 流域省投入产出表编制

(1)计算 2009 年四省国民经济投入产出系数、42 部门增加值构成及消费结构。

(2)依据《全国水资源综合规划》淮河水资源分区套县市的分部门国民经济统计资料,汇总得到四省淮河流域内 42 部门增加值、总产出及中间使用。针对信息不完整情况也进行了相应的技术处理:

①以县、市为单元,结合县市城区与淮河流域拓扑关系,确定流域县市经济总量。当单元面积不低于 80% 属于淮河流域,且城区完全在淮河流域内,则进行县域经济的完整采集;若县市城区不在淮河流域内,且县市部分位于淮河流域内,则结合《淮河流域及山东半岛水资源综合规划》成果,得出农业、工业、建筑业、三产占县市相应增加值的比例关系,结合 2009 年县市分部门增加值信息,得出分部门流域县市增加值;若县级行政区在淮河流域内的面积低于 10%,且城区不位于淮河流域内,则不计入该县。

②若县行政区分部门经济信息不全面,则假设其行业结构、生产特点同所属省,按所属省的 2009 年投入产出表中行业结构进行总量分解,得到省属淮河流域的 42 部门增加

值;由所属省细分行业部门增加值率推算总产出;参照所属省区中间使用率推算水资源分区套行政区的42部门中间使用。

(3)假设四省所属淮河流域经济部门结构和部门生产属性与省级行政区相同,则依据2009年四省投入产出延长表信息,结合行业中间投入、中间商品使用、行业增加值、行业总产出、商品消费、固定资产形成等,按RAS修正法分别计算中间投入表、最终使用表、初始投入表,得出2009年淮河河南、淮河安徽、淮河江苏、淮河山东42部门投入产出表。按照表3-12部门映射关系,得出2009年流域四省18部门投入产出表,见附录D表D-5~表D-8。

3.2.3.3 流域投入产出表编制

对流域四省18部门投入产出表的调入调出按照流域内和流域外拆分,对于流域内的调入、调出在编制淮河流域投入产出表的调入调出项中扣除。经过上述处理,得出2009年淮河流域18部门国民经济投入产出表,见表3-13。

3.3 TERMW 数据库整理

尽管我国近年来开展了国家的区域间投入产出表编制研究,但由于基础资料薄弱,这项工作进展并不顺利。TERMW数据库系统是在投入产出表和区域间商品贸易矩阵基础上综合加工而来。这类数据往往不易获取,且数据的精度和质量不高。本节试图立足现有统计制度和现有统计成果,尝试给出可供模型计算的数据库。

根据TERMW模型需求,结合我国现有资料情况,编制TERMW数据库大致包括以下5个步骤❶,每一步骤中又可以分解出多类子步骤。编制流程如图3-2所示。

3.3.1 由竞争型投入产出表到非竞争型投入产出表

TERMW模型的数据基础是非竞争型投入产出表,与竞争型投入产出表相比,非竞争型投入产出表能够区分中间使用和最终使用的进口品数量,是研究区域贸易的基础。接下来将在淮河流域2009年竞争型投入产出表基础上,按照非竞争型投入产出表结构和编制要求,完成淮河流域2009年非竞争型投入产出表的编制工作。

3.3.1.1 非竞争型投入产出表结构

我国国家统计局发布的地区投入产出表均为竞争型投入产出表(张芳,2011),未统一规范非竞争型投入产出表结构。尽管如此,很多学者在研究的基础上提出相对成熟的投入产出表基本结构。本书参考2002年我国非竞争型投入产出表基本结构(齐舒畅等,2008),考虑区域间调入调出关系,拟构建淮河流域非竞争型投入产出表,其基本结构如表3-14所示。

商品及服务进出口数据的分离处理是编制非竞争型投入产出表的基础,也是编制的难点。由于本书并不试图解决进出口政策或关税制定问题,为简化编制流程,减少工作量,在进出口关系处理时一般采用以下假设:①将流域出口至国外的商品及服务以及由流域内调出至流域外的本国商品及服务定义为出口,在模型中按出口处理;②将国外进口至

---

❶ ORANIG 和 TERM 模型及数据结构参见 http://www.buseco.monash.edu.au/。

表 3-13　淮河流域 2009 年投入产出

单位：亿元

行业	农业	煤炭	石油	其他采掘	食品	纺织	造纸	化学	建材	冶金	机械	电子	电力	其他工业	建筑	运输	批发零售	其他服务	中间使用	最终使用	进口+流入	总产出
农业	1 805	23	1	1	2 517	1 101	109	299	7	6	3	0.02	1	246	61	59	23	375	6 634	2 256	693	8 198
煤炭	10	511	198	9	9	10	20	172	238	202	29	1	636	30	14	3	1	23	2 116	182	162	2 136
石油	61	29	644	57	13	16	6	453	162	344	112	13	73	11	124	513	20	152	2 804	191	1 178	1 817
其他采掘	0.38	2	1	207	1	0.03	0.02	106	187	978	28	1	1	3	120	1	0.07	2	1 637	91	733	996
食品	635	0	5	1	1 093	51	5	220	78	20	62	14	3	68	16	94	37	559	2 959	3 119	316	5 762
纺织	20	28	10	4	10	1 972	43	135	43	44	76	10	8	134	67	24	22	126	2 777	2 424	278	4 923
造纸	3	6	4	3	47	34	475	68	65	23	75	35	5	15	19	14	26	308	1 225	311	54	1 482
化学	467	38	83	62	73	223	133	2 650	192	145	580	259	10	104	245	48	22	527	5 860	1 359	244	6 975
建材	32	36	22	52	27	4	10	49	1 065	253	166	90	13	19	1 252	5	0.02	46	3 141	1 350	285	4 206
冶金	10	52	21	14	20	11	26	84	70	2 776	2 550	204	14	50	1 053	12	1	78	7 045	2 517	1 601	7 961
机械	49	115	45	53	22	43	23	112	137	315	2 402	143	128	22	453	151	61	380	4 651	9 364	3 163	10 852
电子	4	16	11	4	3	6	13	37	10	20	304	1 762	28	2	44	11	11	316	2 601	3 673	2 460	3 814
电力	48	131	65	57	40	57	32	281	190	319	200	41	433	40	66	32	59	202	2 291	358	439	2 211
其他工业	15	38	15	9	7	13	56	39	41	130	194	22	9	374	170	8	10	126	1 277	587	183	1 682
建筑	17	10	5	1	3	1	1	5	3	6	9	1	4	1	43	49	32	107	298	7 830	1 375	6 752
运输	55	66	66	48	90	63	34	183	191	200	286	64	61	51	448	329	226	303	2 763	3 443	2 984	3 222
批发零售	149	28	57	28	202	93	49	176	235	199	428	87	49	37	195	67	11	318	2 408	3 738	3 002	3 144
其他服务	102	147	67	51	66	112	45	284	142	276	548	230	179	61	342	335	414	1 936	5 337	8 533	1 132	12 737
中间投入	3 484	1 275	1 319	659	4 243	3 810	1 080	5 352	3 055	6 255	8 051	2 975	1 655	1 268	4 732	2 754	975	5 884	57 827	51 326	20 282	88 870
增加值	4 714	861	498	336	1 518	1 113	402	1 624	1 151	1 706	2 801	839	556	414	2 020	468	2 169	6 854	31 043			
总投入	8 198	2 136	1 817	996	5 762	4 923	1 482	6 975	4 206	7 961	10 852	3 814	2 211	1 682	6 752	3 222	3 144	12 737	88 870			

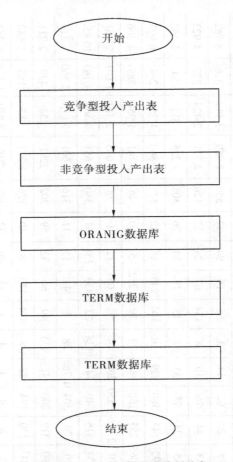

图 3-2　TERMW 数据库编制流程

流域内的商品及服务以及由流域外调入至流域内的本国商品及服务定义为进口,在模型中按进口处理。

表 3-14　淮河流域非竞争型投入产出表基本结构

			产出					
投入			中间使用	最终使用		出口	进口	总产出
			部门	消费支出	资本总额			
中间投入	国产品	部门	$X_{j,i}^{\mathrm{d}}$	$F_{C,i}^{\mathrm{d}}$	$F_{I,i}^{\mathrm{d}}$	$F_{E,i}$	0 0 0	X_1 X_2 $\vdots$ X_n
	进口品	部门	$X_{j,i}^{\mathrm{m}}$	$\mathrm{F}_{C,i}^{\mathrm{m}}$	$F_{I,i}^{m}$	0 0 0	$F_{M,i}$	
	增加值		$V_1,\cdots,V_n$					
	总投入		$X_1,\cdots,X_n$					

3.3.1.2　数据处理

制作非竞争型投入产出表的主要工作是编制进口产品使用结构矩阵,主要方法是商品流量法和专家咨询法,同时结合现有调查资料。具体步骤如下:首先,根据中国 2002 年进口商品使用结构,对 2009 年淮河流域进口商品进行中间需求、消费、投资等划分,获得商品的使用结构;其次,对中间需求部分,按照本地商品的投入和使用结构分解进口品;同时,采用商品流量法和专家咨询法,结合 2010 年淮河流域四省统计年鉴,调整各种进口商品及服务在中间使用部门及最终使用部门中的分配去向;最后,基于 RAS 修正法,协调平衡后得出淮河流域非竞争型投入产出表。

根据上述处理方法,在表 3-13 基础上,获得 2009 年淮河流域非竞争型投入产出表(见表 3-15)。值得说明的是,研究中进出口不是严格意义上的进出口,因此构建的投入产出表并不是严格意义上的非竞争型投入产出表,但不影响其在水资源领域的应用。

3.3.2　由非竞争型投入产出表到 ORANIG 数据库

非竞争型投入产出表将不同来源的商品加以区分,按照中间需求和最终使用分解至各行业和用户,但 CGE 模型往往还需要更加细致的数据,例如消费商品价值量往往包括商品的基本价值、商品流通过程中产生的运输或销售费用以及政府征收的流通税等。

3.3.2.1　ORANIG 数据结构

1. 基本表式和结构

ORANIG 的投入产出形式数据结构见表 3-16。ORANIG 数据结构与非竞争性投入产出表的数据结构基本一致,不同之处在于对非竞争型投入产出表的中间投入处理。

ORANIG 数据库的宾栏为需求账户,包括中间需求和最终需求,其中最终需求又包括居民消费、政府消费、固定资产投资、库存变动以及出口。

在非竞争性投入产出表基础上,进一步将中间投入部分划分为基本商品流(Basic Flows)、边际费用(Margins)和流通税(Taxes),形成 ORANIG 数据结构的基本主栏指标。其中,基本商品流为商品生产和消费环节中商品的使用量;边际费用为商品生产过程中的用于运输等在内的费用;流通税为商品在流通环节中所产生的税费支出。

此外,ORANIG 数据结构的主栏指标还包括劳动者报酬(Labour)、固定资产折旧(Capital)、土地报酬(Land)和生产税及补贴净额(Production Tax),各指标含义与非竞争型投入产出表一致。

2. 主要指标解释

宾栏为不同用户的需求结构,包括生产、资本形成、居民消费、政府消费、出口或调出、增加库存变动。商品既可来源于本地生产,又可来源于调入和进口,但进口商品将不用于出口,即商品的转口贸易。

有些产品部门是国民经济生产中的重要组成部分,不仅在于满足生产部门的中间需求和其他用户的最终需求,还在商品的流通领域发挥重要作用,这类产品主要包括零售和运输等部门产品和服务,为此模型中将其从基本流量中拆分出来,形成边际费用。流通税是指商品流通过程中对消费者征收的一种税种。

从主栏来看,包括各类产品的复合品以及初始投入。初始投入与我国投入产出表统

表 3-15　淮河流域 2009 年非竞争型投入产出表

单位:亿元

投入 \ 产出	中间使用																		消费+资本	出口	进口	总产出
	农业	煤炭	石油	其他采掘	食品	纺织	造纸	化学	建材	冶金	机械	电子	电力	其他工业	建筑	运输	批发零售	其他服务	消费+资本	出口	进口	总产出
农业	1 615	21	1	1	2 272	962	100	270	7	5	3	0	1	220	60	59	18	341	389	1 855		8 198
煤炭	9	468	185	8	9	9	19	156	237	183	27	1	585	27	14	3	1	22	67	108		2 136
石油	38	18	310	32	7	9	3	255	98	208	68	8	44	7	81	343	14	101	83	91		1 817
其他采掘	0	1	1	120	0	0	0	67	137	488	15	0	1	2	88	1	0	1	3	71		996
食品	635	0	5	1	1 003	51	5	203	70	18	57	14	3	62	16	87	35	518	1 724	1 255		5 762
纺织	18	29	10	4	9	1 828	42	130	40	41	70	9	9	125	61	23	19	126	634	1 696		4 923
造纸	3	6	4	3	38	33	467	66	61	22	73	34	5	13	18	11	18	304	65	239		1 482
化学	458	38	78	60	72	214	128	2 626	191	143	530	251	9	95	241	43	20	492	296	991		6 975
建材	31	34	22	48	26	4	10	47	980	239	160	85	12	17	1 141	4	0	42	192	1 115		4 206
冶金	9	45	19	11	19	10	24	73	68	2 279	2 157	175	13	37	801	10	1	67	390	1 754		7 961
机械	48	111	44	53	21	40	22	110	136	306	2 343	136	127	18	430	127	51	361	3 974	2 393		10 852
电子	3	10	9	3	2	3	5	29	7	15	115	474	23	1	27	7	6	140	190	2 746		3 814
电力	38	105	53	47	32	44	26	224	163	254	161	33	348	32	56	24	43	183	138	208		2 211
其他工业	15	37	15	8	6	11	56	35	39	126	186	20	8	366	143	6	8	104	298	196		1 682
建筑	16	10	5	1	3	1	2	5	3	6	9	1	4	1	43	44	17	107	5 731	747		6 752
运输	5	4	4	3	5	5	2	12	10	12	21	5	4	3	23	18	7	41	151	2 889		3 222
批发零售	2	0	1	0	2	1	0	2	2	2	4	1	1	0	2	1	0	3	24	3 096		3 144
其他服务	99	143	64	48	64	106	43	271	133	265	527	214	163	56	334	317	410	1 899	7 365	218		12 737

(左侧纵向标注:国产品)

续表 3-15

投入	农业	煤炭	石油	其他采掘	食品	纺织	造纸	化学	建材	冶金	机械	电子	电力	其他工业	建筑	运输	批发零售	其他服务	消费+资本	出口	进口	总产出
农业	191	2	0	0	246	139	9	29	0	1	0	0	0	26	1	0	5	34	10		693	
煤炭	1	41	12	1	0	2	1	16	1	19	2	0	51	3	0	0	0	1	11		162	
石油	23	11	334	25	6	7	3	199	64	136	44	5	29	4	43	169	6	51	19		1 178	
其他采掘	0	1	0	86	1	0	0	39	49	491	13	1	1	1	32	0	0	1	20		733	
食品	0	0	0	0	90	0	0	18	8	2	5	1	0	6	0	7	2	41	137		316	
纺织	2	0	0	0	1	144	1	5	3	1	6	1	0	9	6	1	3	0	94		278	
造纸	0	0	0	0	9	1	8	2	4	1	2	0	0	2	1	3	8	4	7		54	
化学	9	0	5	2	1	9	5	23	1	2	50	6	1	9	4	5	2	35	76		244	
建材	2	2	0	4	1	0	0	3	85	15	6	6	1	2	111	1	0	4	43		285	
冶金	1	7	2	3	1	1	0	11	3	496	392	29	1	13	252	3	0	11	374		1 601	
机械	1	5	1	0	1	3	1	2	2	9	59	7	1	4	23	25	9	19	2 995		3 163	
电子	1	6	2	1	1	3	8	8	3	5	189	1 289	5	1	17	4	5	176	736		2 460	
电力	10	26	12	10	8	13	7	57	27	65	39	9	85	8	10	8	17	19	11		439	
其他工业	0	1	0	1	0	2	0	4	0	4	8	0	1	8	27	2	2	22	95		183	
建筑	1	0	0	0	0	0	0	0	1	0	0	0	0	0	0	5	15	1	1 352		1 375	
运输	50	62	62	45	85	58	32	171	181	188	265	59	58	48	425	311	219	262	402		2 984	
批发零售	148	28	56	28	200	92	49	174	233	197	424	86	49	37	193	66	11	315	618		3 002	
其他服务	3	4	3	3	2	6	2	13	9	11	22	16	16	5	9	19	4	37	950		1 132	
增加值	4 714	861	498	336	1 518	1 113	402	1 624	1 151	1 706	2 801	839	556	414	2 020	1 468	1 696	854				
总投入	8 198	2 136	1 817	996	5 762	4 923	1 482	6 975	4 206	7 961	10 852	3 814	2 111	1 682	6 752	3 222	3 144	12 737				

产出：中间使用

进口品

计概念类似,包括劳动和资本收益。此外,鉴于部分部门生产与土地关系密切,模型在初始投入中考虑了土地收益。其他的初始投入还包括生产税净额,即对生产行为征收的税费以及对产品的补贴。

表 3-16 中包含了各种数据矩阵,例如,V2MAR 是一个四维矩阵,描述了来源为 S 的商品 C 用于部门 I 的资本形成过程中所产生的边际费用。

一般情况下,模型假设同一部门可进行多种商品的生产,MAKE 矩阵就是描述这一关系的矩阵。当生产部门与商品为一一对应关系时其为对角矩阵,值为商品的总产出。此外,针对商品类型征收的进口关税是以 V0TAR 矩阵表示的。

表 3-16 ORANIG 数据结构

		Absorption Matrix					
		1	2	3	4	5	6
		Producers	Investors	Household	Export	Other	Change in Inventories
	Size	← I →	← I →	← 1 →	← 1 →	← 1 →	← 1 →
Basic Flows	C×S	V1BAS	V2BAS	V3BAS	V4BAS	V5BAS	V6BAS
Margins	C×S×M	V1MAR	V2MAR	V3MAR	V4MAR	V5MAR	n/a
Taxes	C×S	V1TAX	V2TAX	V3TAX	V4TAX	V5TAX	n/a
Labour	O	V1LAB					
Capital	1	V1CAP					
Land	1	V1LND					
Production Tax	1	V1PTX					

C=18: 商品数
I=18: 行业数

S=2: 本地生产和调入（进口）
O=1: 劳动者类型分类

M=2: 作为边际服务的商品数

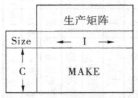

生产矩阵	
Size	← I →
C	MAKE

进口关税	
Size	← 1 →
C	V0TAR

注: C和I为产品和生产部门划分;S为商品来源分类;O为劳动者技能分类;M为边际服务分类。

3.3.2.2　数据处理

1. 主栏数据处理

通过对 ORANIG 数据结构的介绍可知,ORANIG 的数据结构与我国投入产出表在指标划分上存在差异。例如,我国初始投入包括劳动者报酬、生产税净额、固定资产折旧和营业盈余 4 部分,ORANIG 包括劳动者报酬、固定资产折旧、土地报酬、生产税及补贴净额。在具体数据库构建过程中,往往将我国投入产出表中的营业盈余和劳动者报酬合并,借助调查等手段,将其分解为劳动者报酬和土地报酬两部分。

2. 宾栏数据处理

中国投入产出表与 ORANIG 在宾栏上基本一致,包括中间使用、居民消费、政府消费、资本形成、出口和库存变化等。但在资本形成的处理上二者有微小的差别,我国资本形成往往是一维向量,而 ORANIG 为包含商品和部门的二维矩阵。由于资本形成的商品需求数据一般较难获取,本书借鉴已有研究成果,以 2002 年中国资本形成与商品组合的比例关系,构建了淮河流域资本形成与商品投入的二维矩阵(见表 3-17)。

ORANIG 数据内容与构建的淮河流域非竞争型投入产出表在内容上完全一致,不同之处仅在于部分数据拆分上。鉴于 ORANIG 数据量巨大,受篇幅限制,在此并不列出 ORANIG 数据库的具体信息。

3.3.3　由 ORANIG 到 TERM 数据库

到目前为止,所构建的 ORANIG 数据库为流域数据库。按照 TERMW 模型要求,需要结合地区信息,将其分解形成区域间数据集,这其中最关键的技术是区域间商品贸易矩阵的确定。

TERM 数据库构建的思路为:首先,在地区数据分解的基础上,计算区域商品总需求和总供给,二者的差值即为该区域的贸易量;其次,根据引力模型估算区间贸易流量关系,得出区域间商品的贸易矩阵;最后,采用 RAS 修正方法,对区域间商品贸易矩阵进行协调平衡,得出 TERM 矩阵。

数据库构建的主要步骤如下:

(1)地区数据分解。

(2)区域间贸易矩阵计算。

(3)数据协调平衡。

3.3.3.1　地区数据分解

(1)构建 R001、R002、R003、R004、R005 以及 R006 地区参数。根据分区经济总量及部门数据,构建 R001、R002、R003、R004、R005 以及 R006 地区参数,分别表征生产、投资、居民消费、出口、政府消费以及库存的地区分布参数,存在 $\sum_r R001 (i, r) = 1$ 的关系。

(2)基本商品流矩阵的地区分解。根据上述地区参数,结合流域 ORANIG 数据库,进行基本贸易流的地区分解。

(3)边际费用的地区分解。流域 ORANIG 数据库中运费矩阵为商品、商品来源和边际服务类型的三维矩阵,需将其分解为包含地区维在内的四维矩阵。一般而言,区域间商

表 3-17　淮河流域 2009 年资本形成矩阵

单位：百万元

行业	资本形成																		合计
	农业	煤炭	石油	其他采掘	食品	纺织	造纸	化学	建材	冶金	机械	电子	电力	其他工业	建筑	运输	批发零售	其他服务	
农业	124	0	0	0	0	0	0	0	0	0	0	0	0	0	0	0	0	0	124
煤炭	0	0	0	0	0	0	0	0	0	0	0	0	0	0	0	0	0	0	0
石油	0	0	0	0	0	0	0	0	0	0	0	0	0	0	0	0	0	0	0
其他采掘	0	0	0	0	0	0	0	0	0	0	0	0	0	0	0	0	0	0	0
食品	81	0	0	0	0	0	0	0	0	0	0	0	0	0	0	0	0	0	81
纺织	0	0	0	0	0	0	0	0	0	0	0	0	0	0	0	0	0	0	0
造纸	0	0	0	0	0	0	0	0	0	0	0	0	0	0	0	0	0	0	0
化学	0	0	0	0	0	0	0	0	0	0	0	0	0	0	0	0	0	0	0
建材	0	0	0	0	0	0	0	0	0	0	0	0	0	0	0	0	0	0	0
冶金	0	6	17	4	24	19	7	65	17	115	112	32	162	10	2	6	0	25	622
机械	12	51	137	42	198	119	82	485	134	1 565	1 733	403	846	90	28	379	26	304	6 633
电子	0	4	19	1	6	3	6	32	6	23	15	41	47	6	2	52	1	449	711
电力	0	0	0	0	0	0	0	0	0	0	0	0	0	0	0	0	0	0	0
其他工业	1	3	2	1	4	6	3	10	5	6	7	5	7	23	1	4	6	125	218
建筑	194	49	281	19	80	50	29	181	55	159	127	79	557	91	91	1 015	120	3 797	6 976
运输	1	2	4	0	4	3	2	9	3	8	7	6	16	2	1	10	1	30	106
批发零售	1	4	8	1	9	7	5	20	6	19	15	13	34	4	2	30	3	70	251
其他服务	7	10	5	3	6	5	2	8	2	4	15	6	4	4	68	8	30	532	719
合计	421	128	473	71	330	213	134	810	227	1 900	2 031	584	1 673	228	194	1 504	187	5 331	16 441

注：本表依据 2002 年中国资本形成矩阵确定。

品的边际费用主要由以下三点决定:区域间商品的基本商品流、区域间的平均运输距离和修正参数。其中,修正参数是一个受边际服务类型和边际服务产地影响的系数,例如当研究区包含独立的小岛时,则其主要的边际服务费用则是以水路运输为主的边际商品服务。

(4)MAKE 矩阵的地区分解。以流域 MAKE 矩阵为基础,扣除库存数据,得到修正后的 MAKE 矩阵,结合总产出地区分解参数,进行 MAKE 矩阵的地区分解。

(5)IMPORT 矩阵的地区分解。根据进口统计资料,将流域进口商品分解至流域各单元。本次数据库构建过程中进口商品是包含了流域外调入和国外进口两类商品。

(6)构建 USE 矩阵。将基本商品流和边际费用合并,得到运输矩阵(DELIVERED)。

通过上述处理,可以获得各个地区分商品来源的供给量和需求量,计算二者的差值,即为区域间的商品贸易量。

3.3.3.2　区域间贸易矩阵计算

在完成区域间商品贸易量的计算后,接下来的工作是确定区域间贸易流向,进而将区域间商品贸易量进行分解。

TERM 数据库采用 Trade (c,s,r,d) 来描述区域间商品贸易量,基本含义为 r 地区与 d 地区间不同来源商品的贸易量,其中 r 为商品调出区,d 为商品调入区;当 s 为进口商品,则 Trade (c,s,r,d) 为进口商品的转口贸易,本书取 0。

现有统计制度很难获取区域间商品贸易的数据,因此从既能满足模型计算的一般要求,又能使数据处理具有可操作性出发,提出 Trade 矩阵的估算方法。

1. Sourceshr(c,s,r,d) 参数估算

为描述不同来源商品自 r 地区流入 d 地区的比例系数 [Sourceshr (c,s,r,d)],满足 $\sum\limits_{r}$ Sourceshr $(c,s,r,d)=1$,其值一般通过区域间引力模型给出,计算公式为

$$Sourceshr(c,s,r,d) = \lambda(c,s,d) \cdot Q(c,s,r)/[Dist(r,d)^2] \qquad (3\text{-}1)$$

式中:$\lambda(c,s,d)$ 满足 $\sum\limits_{r}$Sourceshr $(c,s,r,d)=1$;$Q(c,s,r)$ 为区域商品供给量;Dist (r,d) 为 r 与 d 间的贸易距离,为经济意义上的距离,一般与区域间的输送能力有关。

一般情况下,Dist (r,r) 很难准确地给出,特别是当区域面积较大时,这种误差会使得精度大大减弱。为此,引入一个更加合理的计算式:

(1)定义区域需求自给系数 Ownshr (c,s,d):

$$\begin{cases} Ownshr(c,s,d) = Sourceshr(c,s,r,d) \\ Ownshr(c,s,d) = Min[1, Suppratio(c,s,d)] \cdot [1-(0.2\hat{\ }Distfac(c,s))] \\ Suppratio(c,s,d) = Q(c,s,d)/D(c,s,d) \end{cases} \quad (3\text{-}2)$$

式中:$D(c,s,d)$ 为 d 地区商品需求量;Distfac (c,s) 为重力公式的距离参数,描述商品的贸易难易程度,通常取值 1 或 2。

(2)对于 $(r<>d)$ 地区:

$$Sourceshr(c,s,r,d) = [Q(c,s,r)\hat{\ }0.5]/[Dist(r,d)\hat{\ }Distfac(c,s)] \cdot$$
$$Defreg(c,s,r) \cdot \lambda(c,s,d) \qquad (3\text{-}3)$$

式中:$\lambda(c,s,d)$ 满足 $\sum\limits_{r}$Sourceshr $(c,s,r,d)=1$;当 Suppratio $(c,s,d)<1$ 时,Defreg$(c,s,r)=0.1$;当 Suppratio$(c,s,d)\geqslant 1$ 时,Defreg $(c,s,r)=1$。

（3）对于（$r=d$）地区，根据澳大利亚模型参数经验，Sourceshr（c,s,r,d）取值为0.5~0.85。

2. Trade（c,s,r,d）估算

基于 Sourceshr（c,s,r,d），结合地区需求量［$D(c,s,d)$］，则可推算出 Trade（c,s,r,d）值，满足：

$$\sum_r \text{Trade}(c,s,r,d) = D(c,s,d) \tag{3-4}$$

同理，

$$\sum_d \text{Trade}(c,s,r,d) = Q(c,s,r) \tag{3-5}$$

经上述计算，获得 Trade（c,s,r,d）矩阵，运用投入产出表的 RAS 修正方法，修正 Trade（c,s,r,d）矩阵，获得闭合的矩阵。

3. Tradmar（c,s,m,r,d）估算方法

Tradmar（c,s,m,r,d）是 Trade（c,s,r,d）过程中由边际服务商品 m 产生的费用，以分解的地区边际费用矩阵为控制，根据 Sourceshr（c,s,r,d）和 Marwgt（m,p）计算获得。其中，Marwgt（m,p）为边际服务商品类型以及边际服务商品产地的二维矩阵。

3.3.3.3 数据协调平衡

在前述数据调整过程中，往往使得现有数据结构不协调，造成横向或纵向不相等，以计算的 DELIVRD 和 USE 作为控制要素，进行 RAS 修正，得出协调一致的 TEADE 矩阵。

根据上述方法，经计算、协调平衡，获得淮河流域区域间 TERM 数据库。由于数据较多，本书仅列出 Trade（c,s,r,d）中不分商品类别和类型的商品总量调入调出情况（见表 3-18）；分商品类别和类型的调入调出表见附录 E。

表 3-18　淮河流域 2009 年商品总量调入调出情况　　　　　　　单位：亿元

调出地	调入地				
	河南	安徽	江苏	山东	合计
河南	29 702	854	1 360	1 316	33 232
安徽	821	10 265	808	414	12 308
江苏	1 833	1 173	34 923	964	38 892
山东	1 427	861	1 140	21 291	24 719
合计	33 782	13 152	38 232	23 986	109 152

表 3-18 主栏为流出地集合，宾栏为流入地集合。假设 X_{ij} 为表中数值，i 表示行，j 表示列，则 X_{ij} 为由 i 地区生产供 j 地区使用的价值量，X_{ii} 表示 i 地区生产且用于本地区消耗的价值量。

理论而言，本节所构建的商品总量调入调出关系已经扣除转口贸易量，则地区间的商品流向应以单向流动为主，尤其具体到某一种特定商品（例如玉米）时。但附录 E 中数据表明，各类不同商品均存在地区间双向贸易关系，造成这类问题的主要原因：CGE 模型构建并非以特定商品为研究对象，而是抽象化的生产部门及其"产出商品"，这类"产出商

品"往往是多种商品的统称,"产出商品"的贸易关系并非是所有商品的贸易行为,而是其总体表现,这在一定程度上造成了地区间商品的双向流动。例如,表 E-1 表明,2009 年安徽省向江苏省输送 141 亿元农业产品,同期江苏省向安徽省输送 7.6 亿元农业产品,表面上看,安徽省向江苏省净输出 133 亿元的农产品,但事实上,由于两者在贸易的内容上并不相同,在资料处理时并不能合并。

3.3.4　由 TERM 到 TERMW 数据库

自此,所构建的 TERM 数据库已经满足区域间一般均衡模型的分析要求。接下来将对水模块所需要的水资源利用数据进行详细说明。TERMW 模型中关于水资源的数据主要包括两类,一类是各地区的分行业用水量数据;另一类是各地区分行业水资源价值量。

3.3.4.1　数据来源

本书数据主要包括 2009 年中国水资源公报、2009 年淮河区水资源公报和 2008 年经济普查年鉴数据。

3.3.4.2　行业用水量

各地区行业用水量采用定额法结合用水总量控制进行测算,具体步骤包括:

(1)根据 2008 年经济普查年鉴中各省规模以上工业分行业用水量以及行业增加值信息,推算各省规模以上工业的行业用水定额。

(2)在 2009 年流域省用水总量约束下,采用定额法计算,并修正获得流域省行业用水量。

(3)基于上述处理,得出淮河流域四省不同行业的用水量,见表 3-19。

表 3-19　淮河流域 2009 年行业用水情况

行业	用水量/亿 m³					水资源价值/亿元				
	河南	安徽	江苏	山东	流域合计	河南	安徽	江苏	山东	流域合计
农业	74	80.55	206.43	58.61	419.59	888.1	684.8	1 651.4	761.7	3 986.0
煤炭	3.32	1.23	0.06	0.34	4.95	210.1	43.7	2.4	21.5	277.7
石油	0.78	0.26	0.15	0.38	1.57	38.7	11.7	4.9	22.7	78.1
其他采掘	1.34	0.68	0.1	0.84	2.96	65.8	26.1	3.5	54.5	149.9
食品	2.02	1.41	0.2	0.68	4.31	111.0	62.2	6.2	42.1	221.4
纺织	0.57	0.65	1.25	0.46	2.93	31.2	26.7	55.2	26.8	139.9
造纸	2.32	0.53	0.27	0.7	3.82	106.8	26.3	12.4	46.3	191.8
化学	3.07	2.07	1.71	1.49	8.34	176.2	91.2	83.3	78.5	429.2
建材	1.31	1.58	0.17	0.22	3.28	84.1	70.3	6.4	15.3	176.1
冶金	3.32	2.86	0.82	0.48	7.48	211.1	98.8	34.2	28.5	372.6
机械	0.79	0.9	0.41	0.33	2.43	42.6	39.0	15.4	19.0	116.0
电子	0.08	0.07	0.45	0.07	0.67	3.9	3.2	21.7	3.8	32.6
电力	3.75	17.74	19.59	1.46	42.54	86.2	328.2	331.1	38.7	784.3

续表 3-19

行业	用水量/亿 m³					水资源价值/亿元				
	河南	安徽	江苏	山东	流域合计	河南	安徽	江苏	山东	流域合计
其他工业	0.68	0.12	0.12	0.1	1.02	32.0	4.5	4.5	6.1	47.1
建筑	0.89	0.49	0.59	0.41	2.38	54.6	22.8	23.1	27.0	127.5
运输	0.04	0.06	0.53	0.13	0.76	3.8	4.7	36.9	14.1	59.3
批发零售	0.07	0.1	0.51	0.17	0.85	5.8	6.5	39.2	18.6	70.1
其他服务	1.08	1.16	2.73	0.46	5.43	103.9	81.7	190.8	46.1	422.5
合计	99.43	112.46	236.09	67.33	515.31	2 255.8	1 632.2	2 522.7	1 271.3	7 681.9

3.3.4.3 分行业水资源价值量

水资源价值估算是水资源核算问题研究的重点和难点,贾玲在水资源价值理论和估算方法分析的基础上,提出将水资源纳入国民经济体系,采用市场均衡价格,即水资源的影子价格,进行分行业水资源价值的估算是可行的方法之一。基于这一思想,本书从水资源的影子价格出发,计算了 2009 年淮河流域各省(区)分行业的水资源价值量,见表 3-19。

3.4 本章小结

相比于第 2 章模型构建,本章介绍的内容是模型构建过程中的基础工作。根据 TER-MW 模块数据结构要求,编制 TERMW 数据库,为 TERMW 模块运行提供数据基础。数据库编制的关键技术包括投入产出表延长处理、进口产品使用结构矩阵计算、投资系数矩阵构建、区域间贸易矩阵计算、行业用水量及水资源价值测算等。

第 4 章　多区域可计算一般均衡模型参数设定与校验

　　模型是对现实存在的系统的简化和抽象,模型校验是为了验证建造模型与现实系统的吻合度,检验模型所获得信息与行为是否反映了实际系统的特征和变化规律,验证通过模型的分析研究能否正确认识和理解待解决的问题。根据 CWSE-E 模型各组成模块的功能和特性,可以分为优化和模拟 2 个模块。优化模块是在一定的边界条件下得到的一组非劣解集,可见,优化过程并不存在校验,但可以通过指标的分析,评价模型结果的合理性与可行性,即结果的后效性分析;模拟模块主要是指在模型参数率定的基础上,分析指标的变化情况,因此在模型应用之前,需进行模型校验,分析模型的适用程度。

　　根据上述模型校验原理,本章首先简要说明模型运行基础;接着详细说明模型运行的重要边界条件;然后对模型相关模块进行参数计算和敏感性分析;最后对相关模块进行校准与验证,以确定其适用性。具体章节安排如下:4.1 节介绍了模型的空间和时间单元划分,并确定了模型的水文系列;4.2 节详细介绍了包括流域水资源承载状况、外流域调水方案和水库调度规则等;4.3 节计算模型的参数,重点对与水相关的参数进行敏感性分析;4.4 节为模型校验部分,评估模型的适用性,以确定模型的适用程度;4.5 节为本章小结。

4.1　模型基本设置

4.1.1　模型空间设定

　　为细致模拟流域内各区水循环与水资源利用情形,定量分析水资源与社会经济协调发展情况,采用省套三级区为水量模拟分析的基本单元(见表 4-1)。根据本书提出的水资源节点网络图绘制方法,按照淮河流域上中下游的水循环关系,建立描述空间拓扑关系的节点图,如图 4-1 所示。

表 4-1　淮河流域省套三级区基本单元

节点类型	三级区编码	三级区	省	所属二级区
计算单元	E0101AH	王家坝以上北岸	安徽	淮河上游区
	E0101HN	王家坝以上北岸	河南	淮河上游区
	E0102HN	王家坝以上南岸	河南	淮河上游区
	E0201AH	王蚌区间北岸	安徽	淮河中游区
	E0201HN	王蚌区间北岸	河南	淮河中游区
	E0202AH	王蚌区间南岸	安徽	淮河中游区
	E0202HN	王蚌区间南岸	河南	淮河中游区

续表 4-1

节点类型	三级区编码	三级区	省	所属二级区
计算单元	E0203AH	蚌洪区间北岸	安徽	淮河中游区
	E0203HN	蚌洪区间北岸	河南	淮河中游区
	E0203JS	蚌洪区间北岸	江苏	淮河中游区
	E0204AH	蚌洪区间南岸	安徽	淮河中游区
	E0204JS	蚌洪区间南岸	江苏	淮河中游区
	E0301AH	高天区	安徽	淮河下游区
	E0301JS	高天区	江苏	淮河下游区
	E0302JS	里下河区	江苏	淮河下游区
	E0402AH	南四湖区	安徽	沂沭泗河区
	E0402HN	南四湖区	河南	沂沭泗河区
	E0402JS	南四湖区	江苏	沂沭泗河区
	E0402SD	南四湖区	山东	沂沭泗河区
	E0403JS	中运河区	江苏	沂沭泗河区
	E0403SD	中运河区	山东	沂沭泗河区
	E0404JS	沂沭河区	江苏	沂沭泗河区
	E0404SD	沂沭河区	山东	沂沭泗河区
	E0405JS	日赣区	江苏	沂沭泗河区
	E0405SD	日赣区	山东	沂沭泗河区
水文控制站	E0101BT			
	E01WJBA			
	E0201ZK			
	E0201XW			
	E0202BB			
	E02ZHDU			
	E0404LY			
	E0404DG			
入海、入江站	E04YISS			
	EZDRH00			
	EZDRJ00			
	E03JSRH			
淮、沂沭泗控制站	EZDRNSH			

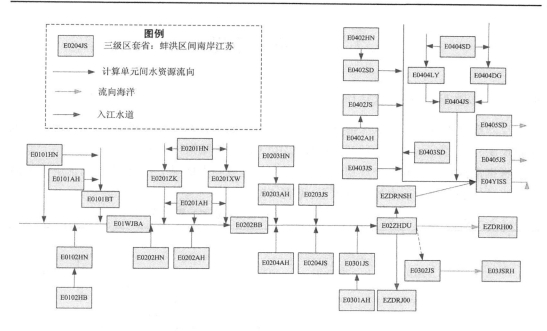

图 4-1　模型概化的流域节点拓扑结构

4.1.2　模型时间设定

规划期:现状水平年为 2009 年,预测年份为 2010 年、2015 年、2020 年、2025 年和 2030 年。政策分析期:限于篇幅,本书仅对 2009 年开展政策分析研究。

4.1.3　水文系列选取

模型水文系列采用评价的 1956—2000 年 45 年系列的淮河流域天然径流量,主要控制站天然径流量特征值见表 4-2。

表 4-2　淮河流域主要控制站天然径流量特征值

控制站	集水面积/km²	多年平均		不同频率年径流量/亿 m³				径流量/亿 m³	
		径流量/亿 m³	径流深/mm	$P=20\%$	$P=50\%$	$P=75\%$	$P=95\%$	最大	最小
王家坝	30 630	102	332.4	145	91.1	59.2	28.4	239	22.7
鲁台子	88 630	255	287.8	350	235	164	89.6	526	77.7
蚌埠	121 330	305	251.3	430	275	182	90.3	649	68.2
中渡	158 160	367	232.1	518	331	219	109	829	66.5

注:本表来源于《淮河区水资源开发利用现状调查评价》。

4.2 模型重要边界设定

4.2.1 流域水资源承载状况

反映淮河水资源承载状况指标,其一为淮河当地水资源可开发利用量,主要通过可供水量反映;其二为污染物入河控制量,拟采用 COD 和氨氮指标描述。

根据淮河片水资源综合规划成果,在没有外流域调水情况下,多年平均情形下的淮河流域当地地表水和地下水的配置水量,见表 4-3。

表 4-3 淮河流域多年平均当地水资源配置水量   单位:亿 m³

分区	地表水		地下水		合计	
	2020 年	2030 年	2020 年	2030 年	2020 年	2030 年
河南	67.6	67.8	53.5	59.3	121.1	127.1
安徽	100.5	101.9	23.0	23.5	123.5	125.4
江苏	137.7	145	3.1	1.3	140.8	146.3
山东	22.0	15.9	69.0	64.5	91.0	80.4
淮河流域	327.8	330.6	148.6	148.6	476.4	479.2

2009 年淮河流域多年平均情形下的地表水供水量为 309.39 亿 m³,2020 年和 2030 年分别为 327.8 亿 m³ 和 330.6 亿 m³。现状地下水供水量 147.62 亿 m³,2020 年和 2030 年分别为 148.6 亿 m³ 和 148.6 亿 m³。也即,淮河水资源可供水量,2020 年和 2030 年分别为 476.4 亿 m³ 和 479.2 亿 m³。

淮河片水资源综合规划测算淮河流域 COD 纳污能力为 45.98 万 t,氨氮纳污能力为 3.28 万 t,根据淮河片水资源综合规划成果要求,全流域 2020 年和 2030 年 COD 入河控制量分别为 59.06 万 t 和 38.24 万 t,氨氮入河控制量分别为 5.01 万 t 和 2.66 万 t。根据 2009 年《淮河片水资源公报》等资料分析,2009 年淮河流域 COD 和氨氮入河量分别为 55.08 万 t 和 6.99 万 t,见表 4-4。

4.2.2 外流域调水量配置方案

根据淮河片水资源综合规划成果,淮河片 2020 年、2030 年外调水工程及调水量见表 4-5。淮河片 2001—2009 年多年平均外调水量 62.52 亿 m³,2020 年规划配置水量 143.9 亿 m³,2030 年规划配置水量达 178.67 亿 m³。2020 年、2030 年淮河片共有主要调水工程 6 项,其中,调入工程 5 项,调出工程 1 项。

表 4-4　淮河流域 COD 和氨氮入河控制量　　　　　单位:万 t

分区		纳污能力		规划年入河控制量			
				2020 年		2030 年	
		COD	氨氮	COD	氨氮	COD	氨氮
二级区	淮河上游	4.57	0.39	4.66	0.49	3.6	0.3
	淮河中游	24.31	1.76	32.4	2.87	20.56	1.52
	淮河下游	7.74	0.56	9.88	0.78	6.71	0.45
	沂沭泗区	9.36	0.57	12.12	0.87	7.36	0.39
淮河流域	河南	12.82	0.86	21.0	1.84	10.75	0.70
	安徽	14.27	1.13	14.1	1.37	11.94	0.99
	江苏	13.60	1.03	16.52	1.22	11.19	0.76
	山东	5.29	0.26	7.44	0.58	4.36	0.21
	小计	45.98	3.28	59.06	5.01	38.24	2.66

表 4-5　淮河流域规划外调水工程及调水量　　　　　单位:亿 m³

受水区	水平年	南水北调东线	南水北调中线	引江济淮	引黄工程	江苏自流引江	调出工程	调入合计
河南	2020		12.22		13.2			25.42
安徽		3.43		3.8			−0.84	6.39
江苏		47.54				28		75.54
山东		11.55			25.0			36.55
淮河片		62.52	12.22	3.8	38.2	28	−0.84	143.9
河南	2030		21.36		13.2			34.56
安徽		5.30		7.5			−0.84	11.96
江苏		55.86				28		83.86
山东		23.29			25			48.29
淮河片		84.45	21.36	7.5	38.2	28	−0.84	178.67

注:资料来源淮河片水资源综合规划,"−"表示调出水量。

4.2.3　水库调度规则设定

水库对于水资源具有调节作用,使得水资源供给能够更好地与用水工程相协调。由于淮河流域具有河网分布广、湖泊密度大、闸坝多等特点,本书将部分湖泊概化为具有一定调节能力的水库(见表4-6)。

表 4-6　淮河流域湖泊水库主要特征

湖泊名称	行政区	所属三级区套省	正常蓄水位/m	面积 /km²	库容/亿 m³
城西湖	安徽省	E0202AH	21	314	5.6
城东湖	安徽省	E0202AH	20	140	2.8
瓦埠湖	安徽省	E0202AH	18	156	2.2
洪泽湖	江苏省	E0203JS	12.5	1 576	22.31
高邮湖	江苏省	E0301JS	5.7	661	8.82
邵伯湖	江苏省	E0301JS	4.5	120	0.83
南四湖	山东省	E0402SD	—	1 280	16.39
骆马湖	江苏省	E0403JS	23	375	9.01

注:资料来源《淮河流域水环境承载能力研究》(夏军)。

模型中水库调度规则的设定需要兼顾水库的实际调度规则和避免过于复杂使得模型求解困难,将水库调度规则进行如下简化:

(1)根据淮河现有监测资料,得出每个水库(湖泊)逐月的最小出流量,作为各水库(湖泊)以后调度的出流量下限。这一规则实际上考虑了发电、防洪等。

(2)限制水库的汛期水位不得高于汛限水位,非汛期水位不得高于正常蓄水位,同时水库的水位不得低于死水位。这一规则包含了对防汛和供水调度的考虑。

4.3　模型参数计算

4.3.1　CWSE 参数计算及设定

4.3.1.1　节水模式与用水定额

节水模式分为一般节水模式、强化节水模式、超常节水模式等 3 种类型,通过不同的用水定额表征。

一般节水模式:主要是在现状节水水平和相应的节水措施基础上,基本保持现有节水投入力度,并考虑 20 世纪 80 年代以来用水定额和用水量的变化趋势,所确定的节水模式。

强化节水模式:主要是在一般节水的基础上,进一步加大节水投入力度,强化需水管理,抑制需水过快增长,进一步采取提高用水效率和节水水平等各种措施后,并基本保障生态环境用水需求后所确定的节水模式。该模式总体特点是实施更加严格的强化节水措施,着力调整产业结构,加大节水投资力度。

超强节水模式:因水资源供给不能满足经济社会发展对水资源的合理需求,因此采用强制措施进行产业结构调整,甚至不惜在很多地区强制性地关、转、并、停部分企业,实行最严厉的节水制度,千方百计降低单位产值或产品的用水定额,使经济社会呈胁迫式发展。

节水模式的实施效果可以通过节水后的用水定额反映,故模型研究中以不同节水力度下的用水定额表征上述 3 种节水模式。

按照定额法预测一般思路,拟定淮河流域居民生活和生产用水定额。淮河流域城乡居民生活定额预测见表 4-7;非农产业用水定额预测成果见表 4-8~表 4-10;农田灌溉定额预测成果见表 4-11。

表 4-7　淮河流域城乡居民生活定额　　　　　　　单位:L/d

| 分区 | 城镇居民定额 | | | | | | | 农村居民定额 | | | 大牲畜 | 小牲畜 |
| | 现状 | 一般节水 | | 强化节水 | | 超强节水 | | | | | | |
	2009年	2020年	2030年	2020年	2030年	2020年	2030年	2009年	2020年	2030年		
河南	124.1	134.7	140.2	132	137.5	129.4	134.7	53	69.4	84.7	37.9	17.8
安徽	118.5	131.2	140.5	128.6	137.7	126.1	134.9	81.1	89.1	96.1	50	23.1
江苏	121.9	129.9	134.7	127.4	132	124.8	129.4	87.3	95.3	102.4	52.5	24.1
山东	98	110.2	119.3	108	117	105.8	114.7	55	71	86	38	15
淮河流域	118.1	127.4	134.4	124.9	131.8	122.4	129.2	65.6	79.1	90.8	40.5	19.5

4.3.1.2　治污情景及其排放系数

治污模式分为一般治污模式、强化治污模式、超强治污模式等 3 种类型,通过污水处理率、污水处理后的回用率两类指标表征。

一般治污模式:在现状治污水平和相应的污水处理厂建设等措施基础上,基本保持现有治污投入力度,并保证污染物质入河量不增加为约束的治污模式。

强化治污模式:在一般治污模式基础上,以满足淮河水功能区纳污能力和各区域规划的污染物入河控制量为约束,进一步加大水污染治理力度和回用水平。该模式总体特点是实施严格的治污措施和考核目标要求,加大水污染治理的投资力度。

超强治污模式:在强化治污模式基础上,继续加大治污力度,除满足水环境目标要求外,应继续改善水环境质量,并以增加回用水量、提高淮河水资源供给能力为重点。该模式总体特点是实施更加严格环境调控措施,付出更大的水污染治理和回用的代价。

不同模式污水处理率与回用率设定见表 4-12。

表 4-8 一般节水模式下的非农产业万元增加值取水量预测

单位：m³/万元

分区	水平年	煤炭采选业	石油天然气	其他采掘业	食品工业	纺织工业	造纸工业	化学工业	建材工业	冶金工业	机械工业	电子仪表	电力工业	其他工业	建筑业	运输邮电业	住宿餐饮旅游业	其他服务业
河南	2009	61.8	40.0	56.0	27.9	19.4	149.1	87.8	18.6	52.4	11.8	14.4	232.0	40.6	17.1	0.9	1.0	4.9
河南	2020	23.4	27.9	29.4	12.1	11.8	56.6	46.1	14.4	35.5	9.1	14.2	121.7	31.4	14.3	0.7	0.8	3.9
河南	2030	10.3	20.7	17.1	5.2	7.8	24.8	26.8	10.6	23.1	6.7	12.9	70.8	23.0	12.4	0.5	0.6	3.0
安徽	2009	68.4	112.9	258.3	85.6	106.8	192.1	204.8	136.9	138.8	26.6	22.6	1 654.8	34.3	18.6	3.2	3.7	13.0
安徽	2020	43.9	59.3	135.6	55.0	56.1	100.8	127.9	83.1	86.7	14.0	21.3	868.4	28.6	15.2	2.5	3.1	9.3
安徽	2030	30.4	34.4	78.8	38.1	32.6	58.6	86.5	54.9	58.7	8.1	18.6	504.7	22.4	11.6	1.8	2.4	6.3
江苏	2009	16.3	17.9	74.1	9.9	28.0	24.3	26.2	12.9	15.2	3.8	7.6	1 073.6	12.3	7.8	11.5	8.3	11.5
江苏	2020	9.9	13.8	57.3	6.0	17.0	14.8	15.9	10.0	12.6	3.0	7.5	499.7	9.5	6.0	7.8	5.6	7.0
江苏	2030	6.5	10.1	42.0	4.0	11.2	9.8	10.5	7.3	9.9	2.2	6.8	299.8	7.0	4.4	5.1	3.7	4.6
山东	2009	30.9	19.5	147.7	16.2	14.7	65.0	28.5	11.1	14.5	4.8	4.1	139.6	8.7	8.5	3.9	2.8	3.4
山东	2020	18.7	13.2	77.5	9.5	8.7	39.5	12.8	8.8	9.9	3.9	4.0	62.7	7.3	5.8	2.8	2.2	2.0
山东	2030	12.4	8.6	45.1	5.5	5.0	26.1	6.5	6.6	6.4	3.0	3.7	31.8	5.7	3.8	1.9	1.6	1.1

表 4-9　强化节水模式下的非农产业万元增加值取水量预测

单位：m³/万元

分区	水平年	煤炭采选业	石油天然气	其他采掘业	食品工业	纺织工业	造纸工业	化学工业	建材工业	冶金工业	机械工业	电子仪表	电力工业	其他工业	建筑业	运输邮电业	住宿餐饮旅游业	其他服务业
河南	2009	61.8	40.0	56.0	27.9	19.4	149.1	87.8	18.6	52.4	11.8	14.4	232.0	40.6	17.1	0.9	1.0	4.9
	2020	21.3	25.3	26.7	11.0	10.7	51.4	41.9	13.1	32.3	8.3	12.9	110.7	28.5	13.0	0.6	0.8	3.5
	2030	9.4	18.9	15.5	4.7	7.1	22.6	24.4	9.6	21.0	6.1	11.8	64.3	20.9	11.3	0.5	0.6	2.7
安徽	2009	68.4	112.9	258.3	85.6	106.8	192.1	204.8	136.9	138.8	26.6	22.6	1 654.8	34.3	18.6	3.2	3.7	13.0
	2020	39.9	53.9	123.2	50.0	51.0	91.6	116.3	75.6	78.8	12.7	19.3	789.4	26.0	13.8	2.3	2.8	8.4
	2030	27.7	31.3	71.6	34.7	29.6	53.3	78.7	49.9	53.3	7.4	16.9	458.9	20.4	10.6	1.7	2.2	5.8
江苏	2009	16.3	17.9	74.1	9.9	28.0	24.3	26.2	12.9	15.2	3.8	7.6	1 073.6	12.3	7.8	11.5	8.3	11.5
	2020	9.0	12.5	52.1	5.5	15.5	13.4	14.5	9.1	11.5	2.7	6.8	454.3	8.7	5.5	7.1	5.1	6.4
	2030	5.9	9.2	38.2	3.6	10.2	8.9	9.6	6.7	9.0	2.0	6.2	272.6	6.4	4.0	4.6	3.3	4.2
山东	2009	30.9	19.5	147.7	16.2	14.7	65.0	28.5	11.1	14.5	4.8	4.1	139.6	8.7	8.5	3.9	2.8	3.4
	2020	17.0	12.0	70.5	8.7	7.9	35.9	11.6	8.0	9.0	3.5	3.7	57.0	6.6	5.3	2.5	2.0	1.8
	2030	11.2	7.8	41.0	5.0	4.5	23.7	5.9	6.0	5.8	2.7	3.4	28.9	5.2	3.4	1.7	1.4	1.0

表 4-10　超强节水模式下的非农产业万元增加值取水量预测

单位:m³/万元

分区	水平年	煤炭采选业	石油天然气	其他采掘业	食品工业	纺织工业	造纸工业	化学工业	建材工业	冶金工业	机械工业	电子仪表	电力工业	其他工业	建筑业	运输邮电业	住宿餐饮旅游业	其他服务业
河南	2009	61.8	40.0	56.0	27.9	19.4	149.1	87.8	18.6	52.4	11.8	14.4	232.0	40.6	17.1	0.9	1.0	4.9
	2020	19.2	22.8	24.0	9.9	9.6	46.3	37.7	11.8	29.1	7.5	11.6	99.6	25.7	11.7	0.6	0.7	3.2
	2030	8.4	17.0	14.0	4.3	6.4	20.3	21.9	8.6	18.9	5.5	10.6	57.9	18.8	10.1	0.4	0.5	2.4
安徽	2009	68.4	112.9	258.3	85.6	106.8	192.1	204.8	136.9	138.8	26.6	22.6	1 654.8	34.3	18.6	3.2	3.7	13.0
	2020	35.9	48.5	110.9	45.0	45.9	82.5	104.7	68.0	71.0	11.4	17.4	710.5	23.4	12.4	2.0	2.5	7.6
	2030	24.9	28.2	64.5	31.2	26.7	47.9	70.8	44.9	48.0	6.6	15.2	413.0	18.4	9.5	1.5	2.0	5.2
江苏	2009	16.3	17.9	74.1	9.9	28.0	24.3	26.2	12.9	15.2	3.8	7.6	1 073.6	12.3	7.8	11.5	8.3	11.5
	2020	8.1	11.3	46.9	4.9	13.9	12.1	13.0	8.2	10.3	2.4	6.1	408.9	7.8	4.9	6.4	4.6	5.7
	2030	5.3	8.3	34.3	3.3	9.2	8.0	8.6	6.0	8.1	1.8	5.6	245.3	5.7	3.6	4.2	3.0	3.8
山东	2009	30.9	19.5	147.7	16.2	14.7	65.0	28.5	11.1	14.5	4.8	4.1	139.6	8.7	8.5	3.9	2.8	3.4
	2020	15.3	10.8	63.4	7.8	7.1	32.3	10.5	7.2	8.1	3.2	3.3	51.3	6.0	4.7	2.3	1.8	1.6
	2030	10.1	7.0	36.9	4.5	4.1	21.3	5.3	5.4	5.2	2.4	3.0	26.0	4.7	3.1	1.6	1.3	0.9

表 4-11　淮河流域不同节水模式下的农林渔业亩均需水量预测

单位:m³/亩

分类	分区	现状	一般节水		强化节水		超强节水	
		2009年	2020年	2030年	2020年	2030年	2020年	2030年
水田	河南	194.0	188.4	180.7	184.6	177.1	175.8	168.7
	安徽	424.6	405.0	388.9	400.7	384.8	381.7	366.5
	江苏	629.9	599.2	575.5	592.7	569.2	564.4	542.1
	山东	546.3	523.4	502.6	512.9	492.5	488.5	469.1
水浇地	河南	113.9	113.1	110.2	111.9	109.1	106.6	103.9
	安徽	131.8	129.2	126.6	127.9	125.3	121.8	119.4
	江苏	209.6	210.2	206.1	207.0	203.0	197.2	193.3
	山东	202.0	198.0	194.0	196.0	192.1	186.7	183.0
菜地	河南	180.8	178.0	172.6	174.4	169.1	166.1	161.1
	安徽	334.6	319.6	297.7	313.3	291.7	298.3	277.8
	江苏	334.7	320.7	300.4	314.3	294.4	299.3	280.4
	山东	320.0	302.6	287.7	296.5	281.9	282.4	268.5
林地	河南	37.8	37.1	36.0	36.3	35.3	34.6	33.6
	安徽	54.3	53.2	51.6	52.2	50.6	49.7	48.2
	江苏	72.3	70.8	68.7	69.4	67.3	66.1	64.1
	山东	120.0	117.6	114.1	115.2	111.8	109.7	106.5
草地	河南	0	0	0	0	0	0	0
	安徽	0	0	0	0	0	0	0
	江苏	0	0	0	0	0	0	0
	山东	0	0	0	0	0	0	0
鱼塘	河南	488.5	472.4	452.0	462.9	442.9	440.9	421.8
	安徽	277.6	257.8	237.4	252.6	232.6	240.6	221.5
	江苏	530.1	515.4	495.0	505.1	485.1	481.1	462.0
	山东	426.0	409.2	388.8	401.0	381.0	381.9	362.9

表 4-12　　淮河流域治污指标情景设定　　　　　　　　　　　　%

表征指标	一般治污		强化治污		超强治污	
	2020 年	2030 年	2020 年	2030 年	2020 年	2030 年
污水处理率	55	70	65	85	80	95
处理回用率	20	30	30	35	35	40

按照定额法预测一般思路,拟定淮河流域非农行业及城镇居民 COD 和氨氮排放强度。淮河流域非农行业及城镇居民 COD 排放强度预测见表 4-13;淮河流域非农行业及城镇居民氨氮排放强度预测见表 4-14。

4.3.1.3　水投资参数

水投资参数包括节水投资、治污投资和供水投资。其中,节水投资按照分行业节水强度,分别制定节水投资标准;治污投资则通过标准污水处理厂(日污水处理能力 10 万 t)单位投资体现;供水投资则通过制定分水源单方供水投资标准来体现。

由于资料缺乏,本书将主要参考黄河流域水资源承载能力研究中的参数,提出淮河流域节水投资和供水投资参数,见表 4-15 和表 4-16。为了简化计算,污水处理投资按一个标准污水处理厂设定为 5 亿元投资额,包括污水处理厂建设投资以及相关(污水管网收集系统等)配套投资。

4.3.1.4　生态环境健康与需水表征参数

根据淮河流域生态系统的特点和生态环境健康与需水的保护标准,对流域的生态需水研究提出基本生态保护和适宜生态保护两种模式。

基本生态保护模式:在保证流域河流不断流的基础上,充分考虑流域内生物生存生长的需要和维持生态系统稳定,考虑汛期流域河流漫滩对生物生长的影响,提出流域主要断面的生态流量。

适宜生态保护模式:在基本生态保护模式基础上,必须保证流域内生物的生存生长和水生态系统的稳定。该模式总体特点是考虑到严格满足流域生态需水对生态系统保护的意义,加大流域内生态需水的分配。

流域内两种模式下各主要断面的生态需水过程见表 4-17 和表 4-18。

4.3.1.5　其他调控参数

根据第 2 章模型体系及其方程描述式可知,对模型计算结果有较大影响的主要调控参数还包括宏观经济类的投资率与消费率、农业生产方程中的人均粮食产量及亩均粮食产量等。

表4-13　淮河流域非农行业及城镇居民COD排放强度（产值定额）

水平年	分区	煤炭采选业/(kg/万元)	石油天然气/(kg/万元)	其他采掘业/(kg/万元)	食品工业/(kg/万元)	纺织工业/(kg/万元)	造纸工业/(kg/万元)	化学工业/(kg/万元)	建材工业/(kg/万元)	冶金工业/(kg/万元)	机械工业/(kg/万元)	电子仪表/(kg/万元)	电力工业/(kg/万元)	其他工业/(kg/万元)	建筑业/(kg/万元)	运输邮电业/(kg/万元)	住宿餐饮旅游/(kg/万元)	其他服务业/(kg/万元)	城镇生活/g/(人·d)
2009	河南	1.67	0.56	3.10	6.17	4.60	32.27	3.64	0.56	0.60	0.29	0.25	0.52	4.89	4.31	2.93	6.43	2.75	19.61
	安徽	2.55	0.86	4.74	9.44	7.02	49.34	5.57	0.86	0.92	0.45	0.37	0.80	7.47	3.92	3.46	10.14	4.33	20.87
	江苏	1.28	0.44	2.40	4.77	3.55	24.96	2.81	0.43	0.47	0.23	0.19	0.41	3.78	1.72	1.46	4.25	2.92	37.54
	山东	1.84	0.62	3.43	6.83	5.09	35.73	4.03	0.62	0.66	0.32	0.27	0.58	5.41	2.47	1.80	3.50	2.61	21.99
	淮河流域	1.79	0.58	3.25	6.51	4.34	32.21	3.51	0.58	0.59	0.29	0.21	0.55	4.87	2.71	2.27	5.40	2.99	25.97
2020	河南	0.66	0.28	0.87	1.54	1.61	6.35	1.02	0.25	0.29	0.18	0.17	0.29	1.37	2.59	1.76	2.82	1.65	16.32
	安徽	1.55	0.52	2.32	4.38	3.64	17.33	1.96	0.52	0.56	0.27	0.23	0.44	2.94	2.38	2.10	4.45	2.63	17.36
	江苏	0.63	0.24	1.05	1.88	1.74	3.86	1.38	0.24	0.25	0.12	0.11	0.22	1.85	0.94	0.80	1.67	1.59	31.23
	山东	0.90	0.34	1.51	2.40	2.00	4.88	1.77	0.31	0.34	0.16	0.15	0.32	2.38	0.97	0.89	1.46	1.43	18.29
	淮河流域	0.80	0.31	1.12	2.12	1.87	5.84	1.46	0.28	0.31	0.12	0.12	0.30	1.92	1.47	1.29	2.30	1.72	21.06
2030	河南	0.29	0.15	0.28	0.44	0.65	1.45	0.33	0.12	0.16	0.12	0.13	0.18	0.44	1.66	1.12	1.40	1.06	14.58
	安徽	1.06	0.36	1.28	2.30	2.12	6.94	0.78	0.36	0.38	0.19	0.16	0.27	1.31	1.63	1.44	2.21	1.80	15.50
	江苏	0.35	0.15	0.52	0.84	0.96	0.69	0.76	0.15	0.16	0.08	0.08	0.14	1.02	0.58	0.49	0.75	0.98	27.89
	山东	0.50	0.21	0.75	0.96	0.89	0.78	0.88	0.17	0.20	0.09	0.09	0.20	1.18	0.43	0.49	0.69	0.88	16.34
	淮河流域	0.42	0.19	0.47	0.83	0.93	1.36	0.72	0.15	0.19	0.10	0.08	0.19	0.90	0.90	0.81	1.11	1.09	18.73

表4-14 淮河流域非农行业及城镇居民氨氮排放强度（产值定额）

水平年	分区	煤炭采选业/(kg/万元)	石油天然气/(kg/万元)	其他采掘业/(kg/万元)	食品工业/(kg/万元)	纺织工业/(kg/万元)	造纸工业/(kg/万元)	化学工业/(kg/万元)	建材工业/(kg/万元)	冶金工业/(kg/万元)	机械工业/(kg/万元)	电子仪表/(kg/万元)	电力工业/(kg/万元)	其他工业/(kg/万元)	建筑业/(kg/万元)	运输邮电业/(kg/万元)	住宿餐饮旅游业/(kg/万元)	其他服务业/(kg/万元)	城镇生活/g/(人·d)
2009	河南	0.058	0.034	0.086	0.163	0.176	0.556	0.371	0.019	0.041	0.014	0.013	0.011	0.436	0.432	0.293	0.643	0.275	1.96
	安徽	0.467	0.274	0.697	1.304	1.408	4.468	2.986	0.156	0.333	0.111	0.104	0.089	3.497	0.425	0.374	1.100	0.468	2.26
	江苏	0.026	0.014	0.038	0.069	0.075	0.240	0.159	0.009	0.017	0.006	0.006	0.006	0.188	0.167	0.142	0.414	0.284	3.65
	山东	0.122	0.076	0.183	0.336	0.366	1.160	0.779	0.046	0.092	0.031	0.031	0.031	0.916	0.233	0.170	0.330	0.246	2.07
	淮河流域	0.117	0.061	0.147	0.311	0.233	0.890	0.544	0.035	0.068	0.027	0.012	0.029	0.718	0.269	0.227	0.541	0.299	2.58
2020	河南	0.023	0.017	0.024	0.041	0.062	0.110	0.104	0.009	0.020	0.009	0.008	0.006	0.122	0.259	0.176	0.282	0.165	1.54
	安徽	0.164	0.121	0.173	0.289	0.394	0.779	0.661	0.065	0.154	0.068	0.070	0.049	0.978	0.259	0.228	0.483	0.285	1.78
	江苏	0.010	0.007	0.011	0.017	0.027	0.047	0.045	0.004	0.009	0.004	0.004	0.003	0.053	0.102	0.087	0.182	0.172	2.87
	山东	0.043	0.033	0.046	0.066	0.115	0.202	0.194	0.018	0.040	0.017	0.020	0.015	0.203	0.114	0.084	0.130	0.128	1.63
	淮河流域	0.040	0.030	0.040	0.070	0.070	0.160	0.140	0.010	0.030	0.020	0.010	0.020	0.190	0.160	0.130	0.230	0.180	1.97
2030	河南	0.010	0.009	0.007	0.012	0.025	0.025	0.033	0.004	0.011	0.006	0.006	0.004	0.039	0.166	0.113	0.140	0.105	1.31
	安徽	0.065	0.060	0.049	0.074	0.126	0.158	0.169	0.031	0.081	0.046	0.053	0.030	0.314	0.177	0.156	0.240	0.194	1.51
	江苏	0.005	0.004	0.003	0.005	0.011	0.011	0.014	0.002	0.005	0.003	0.003	0.002	0.017	0.069	0.059	0.091	0.117	2.44
	山东	0.017	0.016	0.013	0.015	0.041	0.041	0.055	0.008	0.020	0.010	0.015	0.009	0.052	0.063	0.047	0.058	0.074	1.38
	淮河流域	0.020	0.010	0.010	0.020	0.030	0.030	0.040	0.010	0.020	0.010	0.010	0.010	0.060	0.100	0.090	0.110	0.120	1.67

表 4-15　淮河流域单方节水投资情景设定　　　单位：元/m³

用户	一般节水模式		强化节水模式		超强节水模式	
	2020 年	2030 年	2020 年	2030 年	2020 年	2030 年
非农业	12.5	17.5	15	22.5	20	30
农业	7.5	12	9.5	15	11.5	18
生活	5.5	10	7	12.5	8.5	15

表 4-16　淮河流域单方供水投资情景设定　　　单位：元/m³

水平年	当地地表水	地下水	外调水	中水回用
2020 年	12.5	7.5	20	15
2030 年	17.5	10	30	20

表 4-17　基本生态保护模式下淮河流域各断面的生态需水过程　　单位：亿 m³

站点	生态需水月过程											
	1 月	2 月	3 月	4 月	5 月	6 月	7 月	8 月	9 月	10 月	11 月	12 月
周口站	0.38	0.34	0.38	1.55	1.60	1.55	3.41	3.41	3.41	0.38	0.37	0.38
班台站	0.13	0.12	0.13	0.84	0.87	0.84	1.79	1.79	1.79	0.13	0.13	0.13
蚌埠站	0.04	0.03	0.04	6.37	6.59	6.37	18.26	18.26	18.26	0.04	0.03	0.04
大官庄站	0.06	0.05	0.06	0.25	0.26	0.25	0.53	0.53	0.53	0.06	0.06	0.06
临沂站	0.23	0.21	0.23	0.37	0.37	0.37	21.16	21.16	21.16	0.23	0.23	0.23
王家坝站	0.09	0.08	0.09	4.26	4.41	4.26	14.36	14.36	14.36	0.09	0.09	0.09
玄武站	0.19	0.17	0.19	0.16	0.17	0.16	0.16	0.16	0.16	0.19	0.18	0.19
中渡站	0	0	0	2.80	2.89	2.80	4.31	4.31	4.31	0	0	0

表 4-18　适宜生态保护模式下淮河流域各断面的生态需水过程　　单位：亿 m³

站点	生态需水月过程											
	1 月	2 月	3 月	4 月	5 月	6 月	7 月	8 月	9 月	10 月	11 月	12 月
周口站	0.38	0.34	0.38	2.34	2.42	2.34	8.57	8.57	8.29	0.38	0.37	0.38
班台站	0.13	0.12	0.13	1.31	1.36	1.31	4.06	4.06	3.93	0.13	0.13	0.13
蚌埠站	0.04	0.03	0.04	10.60	10.95	10.60	56.25	56.25	54.43	0.04	0.03	0.04
大官庄站	0.06	0.05	0.06	0.37	0.39	0.37	1.28	1.28	1.24	0.06	0.06	0.06
临沂站	0.23	0.21	0.23	0.47	0.48	0.47	2.33	2.33	2.33	0.23	0.23	0.23
王家坝站	0.09	0.08	0.09	7.05	7.29	7.05	16.32	16.32	16.32	0.09	0.09	0.09
玄武站	0.19	0.17	0.19	0.15	0.16	0.15	0.14	0.14	0.14	0.19	0.18	0.19
中渡站	0	0	0	4.67	4.82	4.67	1.64	1.64	1.59	0	0	0

　　根据投入产出表数据统计分析,2009 年淮河流域内各省区积累率、投资率、消费率差异较大,总体上这些地区经济建设投资规模十分庞大,积累率、投资率均处于相当高的水平。根据人大财经委贺铿(贺铿,2006)的研究,将我国投资率控制在 30%～35%,消费率控制在 60%～65%,以保证能够有效推动经济持续发展。基于这一研究成果,结合国家及淮河流域各省现状水平,设定 2020 年、2030 年各省积累率、投资率、消费率及贸易程度,见表 4-19。总体趋势是积累率和投资率趋于下降,消费率应维持在 50%以上,2030 年区域调入调出贸易基本平衡。

表 4-19　淮河流域各省宏观经济调控参数上限设定

分区	积累率			投资率			消费率		
	2009 年	2020 年	2030 年	2009 年	2020 年	2030 年	2009 年	2020 年	2030 年
河南	0.596 8	0.541 8	0.491 8	0.583 1	0.529 3	0.480 5	0.521 3	0.547 1	0.564 7
安徽	0.488 3	0.526 3	0.556 3	0.479 0	0.516 3	0.545 7	0.514 7	0.525 2	0.546 6
江苏	0.510 2	0.499 2	0.489 2	0.497 4	0.486 7	0.477 0	0.417 2	0.482 3	0.539 9
山东	0.534 3	0.479 3	0.429 3	0.523 1	0.469 2	0.420 3	0.400 5	0.440 2	0.492 5

　　淮河流域是我国重要的粮食主产区,模型对粮食生产有基本要求(见表 4-20)。2009 年淮河流域人均粮食产量 606 kg,按照 360～400 kg 自给水平要求看,淮河流域粮食产量完全实现了自给。其中,安徽及山东人均粮食产量比较低,而河南、江苏则比较高。本模型体系中粮食产量是目标之一,为此,设定各水平年各省粮食产量有最低要求,在确保淮河流域粮食产量自给的同时能够保障国家粮食安全。

表 4-20　粮食产量基本设定

分区	最低要求的人均粮食产量/kg			亩均粮食产量/kg					
				水田		水浇地		旱地	
	2009 年	2020 年	2030 年	2020 年	2030 年	2020 年	2030 年	2020 年	2030 年
河南	604	666	700	1 515	1 525	730	750	760	770
安徽	585	645	678	1 030	1 050	630	650	660	670
江苏	722	796	836	930	950	530	550	560	570
山东	509	562	590	1 515	1 525	915	925	935	945

4.3.2　TERMW 参数计算

　　第 3 章构建 TERMW 数据库是模型运行的数据基础,为了保证 CGE 模型正常的运行,还需要准备模型运行所需要的各类参数。按照 CGE 模型参数的特点,大致可以分为两类参数:一是份额参数,包括居民消费支出份额、平均税率等;二是弹性参数,包括消费者支出弹性、劳动者的替代弹性、出口价格弹性、Armington 替代弹性等弹性。不同类型的参数,获取的途径和方法各不相同,一般来讲,份额参数多是以模型构建的一致性数据集为基础,采用校准法❶求得;弹性参数则根据参数类型不同,计算方法有所不同,在 CGE 模型中,生产函数弹性参数主要由 Bayssian 方法和 GME 方法求得,需求函数弹性系数由居民效用函数推导获得,而效用函数常由计量经济方法获得(徐卓顺,2009)。

TERMW 模块中弹性较多,通常有三类参数需要外生确定:一是生产要素之间的替代弹性,二是贸易函数中的弹性,三是居民需求函数的弹性。根据赵永(王浩等,2003)对一般均衡模型弹性系数研究成果,结合 TERMW 模块特点,整理 TERMW 模块中弹性系数分类,见表 4-21。

表 4-21　TERMW 模块弹性系数分类

弹性集	弹性类型	弹性名称	含义
生产	总产出	SIGMOUT	国内商品总产出层上的弹性值
	要素替代	SIGMA1PRIM	生产函数中基本投入要素之间的替代弹性
	水资源替代弹性	SIG	基本要素中水资源与其他要素之间的替代弹性
贸易	Armington 弹性	SIGMDOMIMP	商品消费的进口品与国产品之间的替代弹性
	CET 弹性	EXPELAS	国内商品的出口与内销之间的转换弹性
	区域间商品替代弹性	SIGMADOMDOM	国内商品的不同区域间替代弹性
	区域间服务替代弹性	SIGMAMAR	边际服务的不同区域间替代弹性
消费	Frisch 参数	FRISCH	LES 中定义为总收入及基本需求外的比值
	需求的支出弹性	EPS	居民需求函数中对商品需求的支出弹性

根据各弹性系数的含义,结合 MONASH 大学参与开发的 122 部门模型 China Version of ORANI-G model❷ 的参数,整理得出 TERMW 模块中弹性系数赋值(见表 4-22)和 EPS 参数赋值(见表 4-23)。

表 4-22　TERMW 模块弹性系数赋值

行业	SIGMOUT	SIGMA1PRIM	SIG	SIGMDOMIMP	EXPELAS	SIGMADOMDOM
农业	0.50	0.50	0.08	1.00	4.00	1.00
煤炭	0.50	0.50	0.05	1.00	4.00	4.00
石油	0.50	0.50	0.05	1.00	4.00	4.00
其他采掘	0.50	0.50	0.05	0.90	4.00	4.00
食品	0.50	0.50	0.05	1.50	4.00	4.00
纺织	0.50	0.50	0.05	1.50	4.00	4.00

❶　校准法源自自然科学中测量设备的校验,其原理是利用模型运行的一致性数据库,通过模型内部已知数据反推出不容易被计量方法估计出来的参数。

❷　来源于 http://www.buseco.monash.edu.au/cops/。

续表 4-22

行业	SIGMOUT	SIGMA1PRIM	SIG	SIGMDOMIMP	EXPELAS	SIGMADOMDOM
造纸	0.50	0.50	0.05	1.50	4.00	4.00
化学	0.50	0.50	0.05	1.00	4.00	4.00
建材	0.50	0.50	0.05	1.00	4.00	4.00
冶金	0.50	0.50	0.05	1.00	4.00	4.00
机械	0.50	0.50	0.05	1.00	4.00	4.00
电子	0.50	0.50	0.05	1.00	4.00	4.00
电力	0.50	0.50	0.08	1.00	4.00	4.00
其他工业	0.50	0.50	0.05	1.00	4.00	4.00
建筑	0.50	0.50	0.03	1.00	4.00	1.00
运输	0.50	0.50	0.03	1.00	4.00	1.00
批发零售	0.50	0.50	0.03	1.00	4.00	1.00
其他服务	0.50	0.50	0.03	1.00	4.00	1.00

注：表中数值为绝对值，并未区分 CET 参数和 CES 参数的符号。

表 4-23　EPS 参数赋值

行业	河南	安徽	江苏	山东
农业	0.689 1	0.686 9	0.691 9	0.692 4
煤炭	0.919 1	0.916 1	0.922 8	0.923 5
石油	0.930 5	0.927 5	0.934 2	0.934 9
其他采掘	0.989 4	0.986 1	0.993 3	0.994 1
食品	0.755 7	0.753 2	0.758 7	0.759 2
纺织	0.874 8	0.872 0	0.878 3	0.879 0
造纸	0.989 4	0.986 1	0.993 3	0.994 1
化学	0.989 4	0.986 1	0.993 3	0.994 1
建材	0.989 4	0.986 1	0.993 3	0.994 1
冶金	0.989 4	0.986 1	0.993 3	0.994 1
机械	0.979 1	0.975 9	0.983	0.983 7
电子	0.989 4	0.986 1	0.993 3	0.994 1
电力	0.919 1	0.916 1	0.922 8	0.923 5
其他工业	0.981 2	0.978 0	0.985 1	0.985 9
建筑	0.919 1	0.916 1	0.922 8	0.923 5
运输	0.937 6	0.934 5	0.941 3	0.942 0
批发零售	1.171 6	1.167 8	1.176 3	1.177 2
其他服务	1.278 0	1.270 5	1.286 6	1.288 5

其他参数分类说明如下：

（1）SIGMAMAR。

区域间服务替代弹性是描述边际服务在不同区域间的替代弹性,本次建模边际商品为运输和批发零售两个行业产品,根据 TERM 建模经验,运输行业的 SIGMAMAR 取值为 0.1,批发零售行业的 SIGMAMAR 取值为 0.2。

（2）FRISCH。

FRISCH,在 LES(线性支出系统需求函数模型)中定义为总收入与总收入减去基本需求之和的比值。相关研究资料(见表 4-24)显示,当居民的收入增加时,FRISCH 参数的绝对值有减小的趋势。当人均收入从 100 美元增加到 3 000 美元(1970 年价格)时,FRISCH 参数从 -7.5 提高到 -2.0[转引自赵博等(越博和倪红珍,2009)]。2009 年,淮河流域人均可支配收入 2 000 美元(当年价),略低于中等收入水平,按照淮河流域四省人均可支配收入情况,得出淮河流域四省 FRISCH 参数值,见表 4-25。

表 4-24　FRISCH 参数取值情况

FRISCH 参考值	经济状况定性描述
-10	经济困难的
-4	比较穷困的
-2	中等收入水平的
-0.7	经济状况好的
-0.1	富裕的

注:本表数据来源于赵永、王劲峰著《经济分析 CGE 模型与应用》。

表 4-25　淮河流域 FRISCH 参数率定

参数	河南	安徽	江苏	山东
FRISCH	-2.5	-2.5	-2.5	-2.5

4.3.3　敏感性分析

CWSE-E 模型参数较多,参数估计的准确程度直接影响到模型结果的好坏。参数敏感性分析就是旨在研究模型的最优解对参数变化的敏感程度,即最优解能够允许其参数变化的范围(Dixon 等,1992)。为了解模型参数的变化对模型模拟结果的影响,需要对参数进行敏感性分析,以便为模型参数率定和模型校验提供方向。

根据 2.1.1 部分线性规划模型及其局限性分析可知,进行线性规划模型的参数敏感性分析意义不大。而对于 CGE 模型,根据建模经验,并不是所有参数均需要进行敏感性分析,一般只对各种替代弹性参数进行敏感性分析。鉴于本书的重点是水资源政策问题,而非产业政策或税收制度等,本模型的敏感性分析重点是与水有关的部分参数。

由 CGE 模型参数可知,SIG 参数为水资源与其他资源的替代性弹性参数,描述国民经济生产过程中水资源与其他资源之间的替代关系。根据澳大利亚模型构建经验，农产品和高用水工业❶部门取值为 0.08，一般用水工业部门取值为 0.05，建筑业和服务业用水取值为 0.03。

　　根据构建的 CWSE-E，以减少河南省和安徽省 2% 的供水为例，分析不同 SIG 水平的结果变化情况。敏感性分析的步骤包括：①以 SIG 参数的变化率为随机变量 x，生成服从 $[-100\%, 100\%]$ 的均匀分布系列；②针对每一个 x，还原计算对应的 SIG 值，计算 CGE 模型结果；③对模型结果进行统计分析，提出敏感性分析结论。表 4-26 为 $x=0$ 时淮河流域宏观经济指标及标准差。

表 4-26　供水变化的敏感性分析（流域指标）　　　　　　　　　　　%

指标	值	指标	值
居民消费	−0.002	CPI	−0.037
	0.001		**0.017**
部门投资	−0.094	实际 GDP	−0.003
	0.044		**0.001**
政府消费	0	劳动报酬	0
	0		**0**
出口合计	0.034	平均工资	−0.178
	0.017		**0.085**
进口量	−0.045	资本存量	0
	0.020		**0**

　　注：$x=0$ 指 SIG 按如下方式取值（农产品和高用水工业部门用水取 0.08，一般用水工业部门用水取 0.05，建筑业和服务业用水取 0.03）；粗斜体值为对应的标准差指标。

　　表 4-26 表明，在河南省和安徽省减少 2% 的供水量冲击下，当 SIG 按（$x=0$）取值时，淮河流域部门投资将减少 0.094%；在 SIG 值变化率服从 $[-100\%, 100\%]$ 均匀分布，代入模型计算出淮河流域部门投资减少率，其值的样本标准差为 0.044。

　　表 4-27 为淮河流域分省宏观经济指标及标准差。由表 4-27 可知，减少河南省和安徽省供水量将使两省大部分宏观经济指标呈减少态势，且由于经济的关联性，江苏省和山东省少部分指标也呈轻微减少趋势。

　　表 4-28 为淮河流域分省部门产出指标及标准差。结果表明，受供水减少影响，河南省和安徽省部门产出指标呈现整体减少现象，受影响部门多、影响强度大是其基本特征；受区域间贸易往来影响，江苏省和山东省机械和建筑业等少数部门的部门产出也较先前减少，但仍可看出，河南省和安徽省供水减少对江苏省和山东省的经济影响十分微小。

---

　　❶　根据汪党献等提出的国民经济行业用水特性分析理论，对淮河流域 13 个工业部门进行评价，得出现在条件下淮河流域电力工业为高用水工业部门，则其他工业部门为一般用水工业部门。

表 4-27　供水变化的敏感性分析（地区指标）　　　　　%

指标	河南		安徽		江苏		山东	
	$x=0$	标准差	$x=0$	标准差	$x=0$	标准差	$x=0$	标准差
居民消费	-0.009	0.002	-0.043	0.018	0.011	0.003	0.014	0.005
部门投资	0.029	0.018	-0.467	0.207	-0.037	0.021	0.004	0.001
出口合计	0.134	0.061	-0.050	0.024	-0.011	0.004	0.061	0.030
进口合计	0.002	0.003	-0.312	0.138	-0.009	0.004	-0.023	0.010
实际 GDP	-0.017	0.004	-0.086	0.037	0.021	0.007	0.027	0.010
劳动报酬	-0.062	0.019	-0.085	0.035	0.056	0.019	0.070	0.026
平均工资	-0.256	0.106	-0.284	0.125	-0.108	0.058	-0.091	0.049
资本存量	0	0	0	0	0	0	0	0
CPI	-0.018	0.009	-0.050	0.023	-0.043	0.018	-0.048	0.020

表 4-28　供水变化的敏感性分析（产出指标）　　　　　%

行业	河南		安徽		江苏		山东	
	$x=0$	标准差	$x=0$	标准差	$x=0$	标准差	$x=0$	标准差
农业	-0.140	0.045	0.014	0.011	0.222	0.080	0.187	0.069
煤炭	-0.007	0.003	0.011	0.004	0.029	0.012	0.024	0.009
石油	0.013	0.007	0.021	0.010	0.038	0.017	0.034	0.015
其他采掘	0.062	0.028	0.045	0.020	0.068	0.030	0.073	0.032
食品	-0.051	0.020	-0.062	0.026	-0.014	0.007	-0.014	0.007
纺织	0.004	0.003	-0.013	0.005	0.037	0.015	0.034	0.014
造纸	-0.005	0.001	0.010	0.006	0.045	0.021	0.043	0.019
化学	0.015	0.008	0.010	0.005	0.059	0.026	0.060	0.027
建材	0.117	0.053	0.102	0.046	0.100	0.045	0.110	0.050
冶金	0.100	0.045	0.040	0.018	0.062	0.027	0.056	0.025
机械	-0.092	0.040	-0.131	0.057	-0.115	0.050	-0.061	0.027
电子	0.074	0.034	0.104	0.047	0.127	0.057	0.113	0.051
电力	-0.001	0	-0.029	0.013	0.013	0.005	0.014	0.006
其他工业	-0.078	0.034	-0.089	0.040	-0.066	0.030	-0.045	0.021

续表 4-28 %

行业	河南		安徽		江苏		山东	
	$x = 0$	标准差	$x = 0$	标准差	$x = 0$	标准差	$x = 0$	标准差
建筑	-0.166	0.072	-0.246	0.109	-0.116	0.054	-0.058	0.028
运输	-0.004	0.000	-0.054	0.023	0.006	0.002	0.007	0.003
批发零售	0.008	0.006	-0.070	0.031	0.002	0	0.004	0.001
其他服务	-0.008	0.003	-0.085	0.038	-0.010	0.005	-0.001	0.001

4.4 模型校验

模型是对现实存在的系统的简化和抽象,模型校验是为了检验构建的模型与现实的一致程度,检验模型结果是否反映了系统的客观规律与特征,从而对模型的可靠性作出进一步的评价(张颖,2009)。根据 CWSE-E 模型各组成模块的功能和特性,可以分为优化和模拟两个模块。优化模块主要是在一定的边界条件下得到的一种非劣解集,可见优化过程并不存在校验,但可以通过指标的分析,评价模型结果的合理性与可行性,即结果的后效性分析;模拟模块主要是指在模型参数率定的基础上,分析指标的变化情况,因此在模型应用之前,需进行模型校验,分析模型的适用程度。

4.4.1 优化模型后效性评估

优化模型校验是一个尚未解决的技术难题,当前并未见公认的理论方法体系。后效性评估作为模型校验的一种常用手段被引入优化模型校验中,其本质是通过对优化模型结果的分析,逆向评估模型的适用性(王浩等,2003)。

影响优化模型校验的原因包括两方面:①优化模型往往是一系列边界条件下的系统状态响应,模型结果不仅取决于模型对系统的描述程度,还取决于边界条件的真实程度;②优化模型的优化机制会改变经济发展的方式和方向,使得系统呈现结构性转变,而这种发展方向和状态是很难通过常规方法观察或记录的,也就无从进行验证和评价。

根据上述影响优化模型校验的原因分析,拟采用两种针对性处理,以最小化优化模型校验的外在影响。一是尽量选取与实际情况较为接近的边界条件;二是尽量减少优化机制的作用。宏观经济系统的适应性调整需要一定时间,在此期间内的系统响应并不会发生巨大变化,鉴于此,拟选取模型运行的优化初始年进行模型校验。

后效性评估的目标包括:

(1)流域宏观经济指标与实际统计值较为接近。

(2)典型断面月径流过程与实际统计值较为接近。

(3)水资源利用关系基本正确。

为实现目标（1），拟选取 GDP、总人口、灌溉面积、总供水等指标，通过对比模型计算值与实际统计值，评估模型的适用程度。为实现目标（2）和目标（3），拟选取蚌埠站和中渡站进行径流校验，一方面评估各计算单元的水资源利用关系，检验空间拓扑关系；另一方面通过两个断面的径流校验，间接评估优化模型的适用程度，主要原因为：优化机制下的产业布局和经济结构决定了水资源配置格局，从而在空间上确定了水资源的供用耗排关系，断面流量正是检验这一关系的主要指标。

表 4-29 列出了 2009 年适度发展方案下，淮河流域相关指标的模型计算值与统计值对比。由表 4-29 可知，相关指标差值并不显著，差幅甚至不足 0.5%，有些甚至仅为 0.1%，表明优化模块的参数选取是合适的，模型能够基本描述系统的宏观关系。图 4-2、图 4-3 为蚌埠站、中渡站的径流校验图。其中，实测平均为 1956—2000 年断面实测月平均流量；计算平均为淮河流域 2009 年水资源开发利用模式下，以 1956—2000 年来水计算的断面过流量月平均值。从断面径流模拟结果看，模型在 1—5 月和 10—12 月精度较高；6—9 月精度较低，且呈现优化计算值高于实测平均值，造成这种现象的原因为：①根据第 5 章研究成果，淮河流域中下游为缺水地区，当前的水资源调度并未完全满足其用水需求，而由于优化机制的存在，使得中下游地区缺水形势得以部分缓解，造成实测流量小于优化计算流量；②枯水季节淮河流域供需矛盾并不紧张，优化机制对于增加供水、抑制用水需求的作用并未得以体现，所以优化计算值与实测值较为接近。

表 4-29　淮河流域 2009 年相关指标计算值与统计值对比

指标	单位	模型计算值	资料统计值	差值	差幅/%
GDP	亿元	31 044	31 072	28	0.1
人口	万人	16 690	16 720	31	0.2
灌溉面积	万亩	14 416	14 467	51	0.4
粮食产量	万 t	10 115	10 136	21	0.2
总供水	亿 m³	573	571	-2	-0.3

总体而言，CWSE-E 模型的优化机制基本能够描述社会经济-水资源-生态环境系统的宏观关系，宏观参数基本合适，概化的拓扑关系正确。尽管断面节点径流校验结果不是十分理想，但从水循环模拟角度，这个计算结果仍是可以接受的。

4.4.2　TERMW 模块验证

TERMW 验证的目的是分析模型的稳定程度，而 4.3.3 部分敏感性分析则主要是检验模型参数的稳定程度，二者并不相同。由于 TERMW 往往是各个行为主体优化下的行为方程，在本书中将其线性化处理，于是模型求解过程转化为线性方程组求值问题。

一般而言，CGE 模型在构建过程中往往会出现变量个数多于方程个数。为满足求解的可能，往往需要将部分内生变量外生化，使得内生变量数目与方程数目相等，这种内外

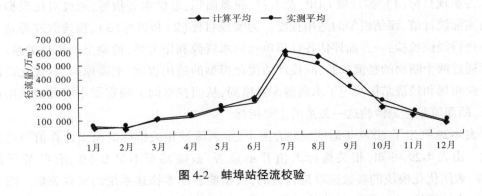

图 4-2　蚌埠站径流校验

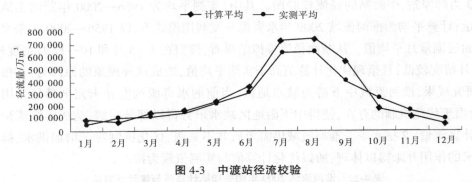

图 4-3　中渡站径流校验

生变量的选择称为闭合规则。闭合规则既反映了对所要解决问题的理解,又为模型验证提供了可能。根据 CGE 模型原理,当一种闭合规则下的内生化变量值为另一种闭合规则下的外生化变量取值时,在其他变量维持不变的情况下,模型计算结果应差别不大。基于上述理论,通过两种闭合规则下的指标对比,分析模型的稳定程度。

在 TERMW 模型中,xcap 是表征固定资产存量的变量,与其相对应的变量为投资报酬率变量 gret。在其他闭合规则不变的前提下,定义 xcap 外生、gret 内生,并设置 xcap 取值−1%的冲击为情景 1(S1);定义 xcap 内生、gret 外生,并将 S1 情景的 gret 赋值给情景 2(S2)。

模型校验步骤如下:首先,计算 S1 情景的淮河流域四省分行业增加值以及 gret 变量的值 X;其次,改变闭合规则,将 xcap 内生、gret 变量外生处理,且将 X 值赋给 gret,计算 S2 情景的淮河流域四省分行业增加值;最后,对比两种情景下的行业增加值差值,计算差幅。表 4-30 列出了两种闭合条件下的 2009 年淮河流域四省行业增加值对比,由表 4-30 可知,两种闭合情景下,各行业模型的计算值误差并不大,二者的最大差幅仅仍不足 0.36%;就 GDP 指标而言,二者的差幅则低于 0.03%,表明所构建的模型基本可靠。

表 4-30　两种闭合条件下的 2009 年淮河流域四省行业增加值对比

行业	河南			安徽			江苏			山东			流域合计		
	S1/亿元	S2/亿元	差幅/%	S1/亿元	S2/亿元	差幅/%	S1/亿元	S2/亿元	差幅/%	S1/亿元	S2/亿元	差幅/%	S1/亿元	S2/亿元	差幅/%
农业	1 630.2	1 630.0	0.01	858.9	858.7	0.02	1 302.9	1 302.5	0.02	878.3	878.2	0.01	4 670.23	4 669.39	0.02
煤炭	532.1	532.0	0.03	177.6	177.5	0.03	34.6	34.6	0.03	107.7	107.7	0.03	852.05	851.79	0.03
石油	194.4	194.4	0.03	22.9	22.9	0.04	85.0	85.0	0.04	191.6	191.5	0.03	493.91	493.75	0.03
其他采掘	237.3	237.2	0.04	26.2	26.1	0.04	13.7	13.7	0.07	56.4	56.3	0.04	333.45	333.32	0.04
食品	716.4	716.2	0.03	162.9	162.7	0.07	204.3	204.3	0.01	419.5	419.4	0.03	1 503.07	1 502.64	0.03
纺织	291.4	291.3	0.02	60.5	60.4	0.08	442.3	442.0	0.07	308.3	308.1	0.05	1 102.43	1 101.85	0.05
造纸	151.8	152.4	0.36	27.8	27.8	0.07	111.7	111.9	0.21	107.1	107.3	0.19	398.44	399.45	0.25
化学	345.6	345.5	0.01	99.8	99.8	0.04	643.8	643.5	0.04	515.3	515.1	0.02	1 604.44	1 603.97	0.03
建材	696.9	696.6	0.04	114.0	114.0	0.04	130.9	130.8	0.03	197.7	197.6	0.04	1 139.43	1 139.00	0.04
冶金	628.6	628.4	0.04	204.0	203.9	0.04	533.7	533.4	0.04	324.1	324.0	0.03	1 690.32	1 689.68	0.04
机械	666.3	666.1	0.03	332.7	332.5	0.04	1 078.9	1 078.4	0.04	687.2	687.0	0.03	2 765.05	2 764.02	0.04
电子	54.5	54.5	0.02	29.1	29.0	0.05	585.8	585.5	0.05	160.0	160.0	0.05	829.38	828.99	0.05
电力	159.9	159.9	0.03	106.2	106.1	0.04	180.7	180.6	0.03	103.8	103.8	0.02	550.55	550.39	0.03
其他工业	166.9	166.9	0.02	35.0	35.0	0.03	94.3	94.2	0.03	117.1	117.0	0.03	413.27	413.17	0.02
建筑	520.0	519.9	0.02	266.2	266.0	0.04	759.9	759.6	0.04	478.6	478.5	0.02	2 024.57	2 024.01	0.03
运输	462.7	462.6	0.02	199.7	199.7	0.04	454.6	454.5	0.03	339.1	339.0	0.02	1 456.18	1 455.81	0.03
批发零售	662.0	661.9	0.02	270.0	269.8	0.04	614.2	614.0	0.04	604.5	604.3	0.02	2 150.56	2 149.98	0.03
其他服务	2 223.2	2 223.0	0.01	893.0	892.8	0.02	2 363.7	2 363.4	0.01	1 352.2	1 352.1	0.01	6 832.10	6 831.25	0.01
合计	10 340.1	10 338.6	0.01	3 886.2	3 884.9	0.03	9 634.8	9 632.0	0.03	6 948.4	6 947.0	0.02	30 809.4	30 802.5	0.02

注：差幅计算公式为情景 1 指标与情景 2 指标的差值的绝对值除以情景 1。

4.5　本章小结

　　运行水资源与社会经济协调发展模型,首先需要进行模型时间、空间和水文系列等设定,确定模型运行的基础;其次需要设定模型运行的重要边界条件,为优化模型提供优化求解的空间;最后还需要计算模型运行的一些参数,包括份额参数、弹性参数等。

　　参数计算的准确程度直接影响到模型结果的好坏,需要对模型参数进行敏感性分析,以了解模型的最优解对参数变化的敏感程度,例如本书通过构建均匀分布函数,计算了SIG参数不同取值时的各类指标变化情况,并采用标准差指标研究了各类指标对SIG参数的敏感程度。在此基础上,本书结合优化模型和一般均衡模型的建模特点,对CWSE-E模型的适应程度进行探索性研究,表明所构建的模型基本可行。

第 5 章　淮河流域水资源与社会经济协调发展研究

在进行水资源政策分析时,首先需要进行流域问题诊断,识别流域主要水资源问题,进而有针对性地提出水资源政策。本章结合第 2 章构建的水资源与社会经济协调发展分析模型,以及第 4 章的模型设置和边界设定,开展情景方案研究,旨在识别出淮河流域水资源与社会经济协调发展过程中的水资源问题。

本章安排如下:5.1 节介绍淮河流域水资源与社会经济协调发展研究的思路与方法。5.2 节重点分析基本生态保护要求下的淮河流域经济社会发展指标情况,并从节水、治污角度分析不同水资源管理措施的影响,为综合提出科学、高效的水资源管理手段提供依据;5.3 节对推荐方案进行不同生态保护要求影响分析,即分析不同生态保护目标下社会经济发展状况、水资源开发利用水平,为合理确定生态保护目标和缓解淮河流域水资源短缺和治理水环境恶化提供参考;5.4 节是在 5.3 节分析的基础上,提出对淮河流域水资源与社会经济协调发展的初步认识;5.5 节为本章小结。

5.1　研究思路与方法

采取"以供定需"的技术思路,以 CWSE 模块为分析平台,以节水力度、治污和再生水利用力度为调控关键因子,以基于淮河流域配置水量为供水约束,以各区域 COD 入河控制量为环境控制因子,以控制断面月下泄流量为生态制约要素,在经济发展、社会进步、环境健康、水资源开发利用优化的多目标准则下,进行长系列月过程优化与模拟,结合模型计算多指标成果,进行下述分析:①不同节水和治污措施对淮河流域宏观经济效果、水资源开发利用方式、生态环境健康发展等影响;②不同生态环境保护目标对淮河流域经济社会发展、水资源供需状况、地区缺水等影响。

淮河流域水资源污染严重、水环境恶化。为细致刻画水生态环境保护对淮河流域经济社会影响,本书将根据不同生态环境保护目标,设定两套生态环境保护方案。

5.2　基于基本生态保护目标情景分析

5.2.1　方案设置与必选

根据第 4 章确定的生态保护目标以及重要控制断面下泄流量,结合节水减污两种水资源管理手段,分别设置 3 套节水方案和 3 套治污方案,由此组成水资源与经济社会协调发展研究的 9 套情景方案,方案编码见表 5-1。

表 5-1　基于基本生态保护目标情景方案编码

节水模式	节水编码	治污模式	治污编码	情景方案编码
一般节水	1	一般治污	1	节水编码+治污编码
强化节水	2	强化治污	2	如:22代表强化节水强化治污
超强节水	3	超强治污	3	……

由于模型体系庞大,系统描述变量多,为便于成果表达,选取主要特征指标对情景方案成果进行比选和评价(见表 5-2)。因数据量大,情景方案比选仅在淮河流域总量层面进行,推荐情景将列出各省特征指标数据。

在满足淮河流域基本生态环境保护目标约束下,到 2030 年,淮河流域 GDP 总量有望达到 15 万亿~17.6 万亿元,年均增长率 7.8%~8.6%,灌溉面积由现状的 14 416 万亩增加到 16 507 万~16 568 万亩,粮食总产量从目前的 10 115 万 t 增加到 11 639 万~11 692 万 t。

2009—2030 年需要累计投入的节水投资为 1 216.3 亿~1 774.9 亿元。实现的节水量分别为 81.6 亿~120.7 亿 m³。值得说明的是,上述节水量指因规划期节水定额较 2009 年节水定额下降而节约的水资源量。

2030 年在不同发展和节水减污情景下,全流域需要削减的 COD 总量为 295 万~377 万 t,需新建日处理能力 10 万 t 的标准污水处理厂 273~334 座,治污投资 459 亿~555 亿元。

为实现前述经济社会发展指标,2030 年全流域预期供水量为 606.6 亿~654.3 亿 m³,比现状增加 34 亿~81.7 亿 m³。

表 5-2　基于基本生态保护目标的淮河流域发展指标情景预测

节水模式		一般节水	强化节水	超强节水	一般节水	强化节水	超强节水	一般节水	强化节水	超强节水
治污模式		一般治污	一般治污	一般治污	强化治污	强化治污	强化治污	超强治污	超强治污	超强治污
方案代码		11	21	31	12	22	32	13	23	33
GDP/亿元	2009 年	31 044	31 044	31 044	31 044	31 044	31 044	31 044	31 044	31 044
	2020 年	71 183	71 220	71 575	74 008	74 219	74 449	74 220	74 372	74 491
	2030 年	150 139	150 857	152 304	168 448	169 102	170 485	174 229	175 024	175 652
发展速度/%	2009—2020 年	7.84	7.84	7.89	8.22	8.25	8.28	8.25	8.27	8.28
	2021—2030 年	7.75	7.79	7.84	8.57	8.58	8.64	8.91	8.94	8.96
	2009—2030 年	7.79	7.82	7.87	8.39	8.41	8.45	8.56	8.58	8.60

续表 5-2

节水模式		一般节水	强化节水	超强节水	一般节水	强化节水	超强节水	一般节水	强化节水	超强节水
治污模式		一般治污	一般治污	一般治污	强化治污	强化治污	强化治污	超强治污	超强治污	超强治污
方案代码		11	21	31	12	22	32	13	23	33
灌溉总面积/万亩	2009 年	14 416	14 416	14 416	14 416	14 416	14 416	14 416	14 416	14 416
	2020 年	15 630.5	15 629.6	15 734.6	15 625.6	15 624.8	15 730	15 620.7	15 620	15 725.4
	2030 年	16 512	16 511	16 567	16 507	16 568	16 563	16 503	16 564	16 558
粮食总产量/万 t	2009 年	10 115	10 115	10 115	10 115	10 115	10 115	10 115	10 115	10 115
	2020 年	10 868	10 868	10 981	10 865	10 865	10 978	10 862	10 862	10 975
	2030 年	11 643	11 643	11 692	11 641	11 692	11 690	11 639	11 690	11 687
COD 削减量/万 t	2020 年	198.8	199	200.3	219.3	220.2	221.5	232.5	233.4	233.1
	2030 年	294.6	295.5	299.1	346.8	344.3	348.6	374.9	376.7	375.2
节水投资/亿元	2020 年	545.3	659.7	887.6	545.3	659.7	887.6	545.3	659.7	887.6
	2030 年	1 216.3	1 406	1 774.9	1 216.3	1 406	1 774.9	1 216.3	1 406	1 774.9
节水量/亿 m³	2020 年	60.1	73.3	98.4	60.1	73.3	98.4	60.1	73.3	98.4
	2030 年	81.6	95.2	120.7	81.6	95.2	120.7	81.6	95.2	120.7
供水投资/亿元	2020 年	4 185	4 185	4 185	4 187	4 187	4 187	4 190	4 190	4 190
	2030 年	7 040	7 040	7 040	7 044	7 043	7 043	7 049	7 049	7 048
供水量/亿 m³	2009 年	572.6	572.6	572.6	572.6	572.6	572.6	572.6	572.6	572.6
	2020 年	615.9	603.4	578	618.1	605.9	580	618.3	605.8	580
	2030 年	643.6	632.5	606.6	650.9	639.4	612.3	654.3	642.6	614.7
污水排放量/万 t	2009 年	85.9	85.9	85.9	85.9	85.9	85.9	85.9	85.9	85.9
	2020 年	103.8	101	96.7	105	102.3	97.7	105.2	102.2	97.8
	2030 年	122.3	120.3	116.4	126.6	124.1	119.3	128.5	125.8	120.6
治污投资/亿元	2020 年	351	341.3	327	371.8	362.1	346	389.1	377.8	361.5
	2030 年	482.5	474.4	458.8	523.9	513.3	493.6	554.9	543	520.2
标准处理厂/座	2020 年	205	199	191	218	213	203	230	223	214
	2030 年	287	283	273	314	307	296	334	327	313

5.2.2　节水情景分析

　　一般治污情景下,2030 年全流域一般节水、强化节水和超强节水模式的 GDP 分别约为 7.11 万亿元、7.12 万亿元和 7.15 万亿元,2030 年分别约为 15.01 万亿元、15.08 万亿元和 15.23 万亿元(见表 5-2)。各情景 21 年经济发展速度分别为 7.79%、7.82% 和 7.87%,可见提高节水力度将提升流域水资源承载能力。

根据模型计算结果,2030 年全流域一般治污情景的一般节水、强化节水和超强节水模式对应的污水排放量分别为 122.3 万 t、120.3 万 t 和 116.4 万 t。表明节水力度越大,流域污水排放总量越小,即加大节水力度能有效减少污水排放。

根据模型计算结果,一般治污情景下,2030 年全流域一般节水和超强节水模式的三次产业结构分别为 6.0∶54.3∶39.7 和 5.9∶53.5∶40.6。两者比较发现,在水资源供给不足和保障国家粮食安全生产所要求的基本农田灌溉面积双重约束下,淮河流域向节水型、高效型产业结构调整。可见,节水有利于流域产业结构升级。因此,为适应水资源的紧缺形势,淮河流域必须大力调整产业结构,建设节水型国民经济发展体系。

综上分析可知:①节水将有效提升流域水资源承载能力,表明淮河流域水资源为紧约束;②节水不仅能够减少用水端的水资源有效需求,还能减少污水排放,缓解水环境危机,从而变相增加水资源可利用量供给水平;③节水能够促进淮河流域经济发展和工业结构优化,对产业结构优化作用明显。

5.2.3　治污情景分析

根据模型边界设定,在满足淮河各区域 COD 入河控制量要求前提下,根据表 5-2,到 2030 年:

一般治污方案情景下,流域 GDP 最大(31 方案)和最小(11 方案)分别为 15.2 万亿元和 15.0 万亿元;两者相差 2 200 亿元。2009—2030 年 21 年间 GDP 平均增速分别为 7.87% 和 7.79%。

强化治污方案情景下,流域 GDP 最大(32 方案)和最小(12 方案)分别为 17.0 万亿元和 16.8 万亿元;两者相差 2 037 亿元。2009—2030 年 21 年间 GDP 平均增速分别为 8.45% 和 8.39%。

超强治污方案情景下,流域 GDP 最大(33 方案)和最小(13 方案)分别为 17.56 万亿元和 17.42 万亿元;两者相差 1 423 亿元。2009—2030 年 21 年间 GDP 平均增速分别为 8.60% 和 8.56%。

可以看出,随着治污力度的加强,淮河流域节水治污的效益逐渐减少,从一般治污方案的 2 200 亿元,降至超强治污方案下的 1 423 亿元。

从方案对比看,相同节水模式下,加强治污处理力度对增加流域经济总量效果显著。如 2030 年强化节水模式下,超强治污(23 方案)和强化治污(22 方案)与一般治污(21 方案)相比,流域 GDP 总和分别增加 2.4 万亿元和 1.8 万亿元,增加幅度达 16% 和 12%,宏观经济效果十分明显。

从治污投资看,治污投资随着治污力度的加大而增加。例如 2030 年,12 方案和 13 方案分别比 11 方案增加 41.4 亿元和 72.4 亿元,而增加的 GDP 分别为 1.83 万亿元和 2.41 万亿元;而 22 方案和 23 方案分别比 21 方案增加 38.9 亿元和 68.6 亿元,而增加的 GDP 分别为 1.8 万亿元和 2.4 万亿元,流域供水总量分别增加 6.9 亿 m³ 和 10.1 亿 m³,表明通过加大污水处理力度,辅以高中水回用水平能够有效推动淮河流域经济发展,增加流域水资源供给量,污水处理及回用水投资回报率十分明显。

研究结果表明:水污染治理既可以改善水环境,又能促进经济发展、增加流域供水水平,就提升流域水资源承载能力而言,治污与污水处理回用投资具有较高的宏观经济效果。

5.2.4　节水、治污对比分析

通过相同节水模式下治污情景分析和相同治污模式下节水情景分析来对比淮河流域节水与治污两种水资源管理手段的影响。

强化治污方案情景下,流域 GDP 最大(32 方案)和最小(12 方案)分别为 17.0 万亿元和 16.8 万亿元,两者相差 2 037 亿元,21 年间 GDP 平均增速分别为 8.45%和 8.39%,说明淮河流域通过深化节水力度,可增加流域 GDP 2 037 亿元。

强化节水方案情景下,流域 GDP 最大(23 方案)和最小(21 方案)分别为 17.5 万亿元和 15.1 万亿元,两者相差 2.42 万亿元,21 年间 GDP 平均增速分别为 8.58%和 7.82%,表明淮河流域通过加大污水处理力度和中水回用水平,可增加流域 GDP 2.42 万亿元。

由此可见,对于水资源短缺与水环境问题突出的淮河流域,加强节水、提高污水处理水平和回用均具有明显的宏观经济效果;比较而言,提高污水处理水平和回用有着更加显著的效果,即淮河流域水环境问题较水资源短缺问题更为突出。

5.2.5　综合情景分析

根据《淮河区水资源综合规划》成果,2030 年淮河流域用水总量指标应不超过 641 亿 m³。基于这一约束条件,考虑现实可行原则,就基本生态保护要求而言,推荐采用强化节水、强化治污模式下的情景方案,推荐方案下流域所辖省主要经济社会发展指标见表 5-3,水资源开发利用状况指标见表 5-4。

基于"以水定发展"的发展思路,2030 年淮河流域 GDP 预期可达到 16.9 万亿元,计算期内的 21 年经济发展速度为 8.41%;产业结构调整明显,三次产业比重由 2009 年的 15.2∶51.0∶33.8 调整到 2030 年的 5.3∶54.0∶40.7。在水资源短缺制约及经济发展基础地位双重作用下,淮河流域能源工业发展呈现如下特点:能源工业占 GDP 的比重由 2009 年 6.2%降至 2020 年的 5.8%和 2030 年的 5.2%,能源工业增加值合计从 2009 年的 1 924 亿元提高至 2020 年的 4 300 亿元和 2030 年的 8 800 亿元。2030 年全流域灌溉面积为 16 568 万亩,比 2009 年新增 2 152 万亩;2030 年粮食产量可达 11 692 万 t,人均粮食产量 611 kg,比现状 606 kg 略有提高;到 2030 年包括供水(主要为再生水)、节水和治污投资规模为 8 962.7 亿元(见表 5-4),年均节水投资 62 亿元;到 2030 年全流域需新建 307 座日处理能力 10 万 t 的标准污水处理厂。

2030 年全流域预期供水量为 639.4 亿 m³,比 2009 年新增约 67 亿 m³。在新增约 67 亿 m³ 的供水量中,以回用水为主的其他供水增加 14 亿 m³。从 2030 年的需水量构成看,农业需水量比 2009 年增加近 5 亿 m³,城乡居民生活增加 30 亿 m³,非农产业增加 26 亿 m³,生态增加 6.5 亿 m³。需要说明的是,全流域能源工业需水量由 2009 年的 49.1 亿 m³ 降到 2030 年的 39.5 亿 m³,减少近 10 亿 m³。

表 5-3　基于基本生态保护目标的淮河流域发展指标(推荐情景,22方案)

分区	年份	GDP /亿元	GDP空间结构	发展速度/%	人均GDP /万元	第一产业比例/%	第二产业比例/%	第三产业比例/%	消费率/%	积累率/%	能源比重/%	总灌面积/万亩	粮食产量/万t	人均粮食/kg
淮河流域	2009	31 044	100	8.25	1.86	15.2	51.0	33.8	46.07	54.19	6.2	14 416	10 115	606
	2020	74 219	100	8.58	4.03	9.5	53.4	37.0	48.03	49.73	5.8	15 625	10 865	590
	2030	169 102	100	8.41	8.83	5.3	54.0	40.7	51.84	46.75	5.2	16 568	11 692	611
河南	2009	10 426	33.6	7.06	1.76	15.8	51.9	32.3	52.12	59.66	8.6	4 965	3 584	604
	2020	22 087	29.8	8.05	3.5	11.3	54.5	34.2	54.24	53.19	9.1	5 645	4 032	639
	2030	47 905	28.3	7.53	7.26	6.6	57.9	35.5	60.10	48.08	8.5	6 044	4 415	669
安徽	2009	3 916	12.6	7.47	1.12	22.4	42.8	34.7	51.47	48.81	7.9	2 713	2 048	585
	2020	8 652	11.7	8.44	2.26	14.7	46.4	38.9	48.72	51.68	9.1	2 713	2 150	561
	2030	19 446	11.5	7.93	4.88	7.8	48.8	43.4	47.75	54.58	10.8	3 126	2 398	602
江苏	2009	9 698	31.2	9.20	2.61	13.5	50.9	35.6	41.72	51.01	3.1	4 357	2 682	722
	2020	25 534	34.4	9.04	5.41	7.8	52.3	39.9	46.35	48.67	3.2	4 660	2 886	612
	2030	60 651	35.9	9.12	12.16	4.4	52.9	42.7	49.43	47.78	2.7	4 660	2 995	601
山东	2009	7 004	22.6	8.93	1.98	12.6	54.4	33.0	40.05	53.44	5.8	2 381	1 801	509
	2020	17 947	24.1	8.64	5.03	7.4	57.1	35.4	42.46	46.02	3.7	2 607	1 797	504
	2030	41 100	24.3	8.79	11.51	4.0	53.4	42.6	47.71	39.99	2.5	2 738	1 884	528

注:由于人口及城镇化水平为外生成果,表中未列出。

表 5-4　基于基本生态保护目标的淮河流域水资源利用状况（推荐情景，22 方案）

分区	年份	河道外需水量/亿 m³						河道外供水量/亿 m³			河道外耗水量/亿 m³	废污水排放量/亿 m³	COD/万 t		节水投资/亿元	节水量/亿 m³	标准污水厂/座
		合计	居民城乡生活	农业	非农产业	其中能源	生态	地表	地下	其他			排放总量	削减总量			
淮河流域	2009	572.7	50.2	420.7	95.7	49.1	6.1	293.6	277.7	1.4	392.4	85.9	290.4				
	2020	605.8	68.3	426	102	43.1	9.5	450.6	148.6	6.6	420.5	102.3	301.8	220.2	5 208.7	73.3	213
	2030	639.4	79.7	425.5	121.6	39.5	12.6	475.4	148.6	15.4	440.6	124.1	388.9	344.3	8 962.7	95.2	307
河南	2009	119.2	15.9	74.3	25.4	7.8	3.6	1.7	117.1	0.4	70.1	25	93.5				
	2020	134.9	22.3	81.8	27.2	7.3	3.6	79.5	53.5	1.9	80.8	30.6	81.1	58.1	1 380.2	16	62
	2030	149.4	26.9	84.3	34.4	7.2	3.8	85.5	59.3	4.6	88.2	38.9	92.1	80	2 343.1	20.3	96
安徽	2009	124.9	11.8	80.5	31.9	19.2	0.7	35.3	89.4	0.2	78.3	26.8	40.4				
	2020	126.8	15	77.2	33	18.3	1.6	102.2	23	1.6	80.3	29.9	46.2	33.4	467.7	19.9	61
	2030	138.2	17.4	79.8	38.5	19.8	2.5	110.9	23.5	3.8	87.4	35.8	61.6	50.4	1 007.6	26.3	84
江苏	2009	251.7	14	207.1	29.7	19.8	0.9	241.7	10	0	191.2	27.5	83.1				
	2020	258.8	19.4	204.3	31.7	16	3.4	254.3	3.1	1.4	200	31.8	104.3	77.4	2 264.5	28	69
	2030	261.1	21.9	197.5	36.2	11.4	5.5	256.1	1.3	3.7	201.5	37	159.2	145.4	3 661.5	37.7	96
山东	2009	76.6	8.4	58.7	8.7	2.2	0.8	14.5	61.2	0.9	52.8	6.6	73.4				
	2020	85.2	11.6	62.7	10.1	1.5	0.8	14.5	69	1.7	59.4	10	70.2	51.2	1 096.4	9.5	20
	2030	90.8	13.5	64	12.4	1.1	0.9	23.1	64.5	3.2	63.5	12.4	76	68.5	1 950.6	10.9	31

5.3　不同生态保护目标情景方案分析

为甄别生态保护对流域宏观经济发展与水资源开发利用影响,根据第4章两种生态保护目标,提出两种情景方案,定量识别生态保护目标对宏观经济与社会发展指标、水资源开发利用指标的影响。

不同生态保护目标下的节水与治污效果规律类似,鉴于上5.2节已经分析了淮河流域节水与治污等水资源管理手段对水资源开发利用与经济社会发展的影响,本节将着力分析强化节水及强化治污情景方案下,两种生态保护目标宏观经济效果与水资源利用情况。

5.3.1　方案设置

不同生态保护目标规定了不同的断面流量及过程,分析模型在系统多目标优化要求下,进行长系列优化模拟,计算出不同的河道外供水量与相应的经济社会发展水平。本质上讲,生态保护情景是通过影响河道外供水量进而决定流域宏观经济、生态环境发展以及相应的水资源开发利用方式。本书以宏观经济效果和水资源开发利用为切入点,重点分析不同生态环境保护目标要求对其影响。基于基本生态保护(简称基本生态)和适宜生态保护(简称适宜生态)目标情景下的淮河流域发展指标如表5-5所示,对应的水资源开发利用状况分析见表5-6。

5.3.2　宏观经济效果分析

从宏观经济效果(见表5-5)看,适宜生态情景下淮河流域2030年GDP约为16.5万亿元,基本生态情景下淮河流域2030年GDP约为16.9万亿元,两者相差约4 000亿元,不足GDP总量的2.5%。表明加大生态环境保护力度从某种程度上制约了经济的发展,但总体制约作用并不明显。

从产业结构调整看,到2030年,淮河流域三次产业结构在适宜生态情景和基本生态情景下分别为5.5:52.5:42.0和5.3:54.0:40.7,第三产业比重提升了1.3个百分点。表明受河道内生态环境需水要求增加影响,河道外供水量相应减少,在供水量有限条件下,淮河流域经济系统通过产业结构调整,保障了经济的平稳增长。

在不同的生态保护要求下,淮河流域总灌溉面积、粮食产量和能源比重呈现相似的规律:基本生态情景下指标值优于适宜生态情景。如适宜生态情景下,淮河流域2030年总灌溉面积、粮食产量和能源比重下,分别为16 507万亩、11 641万t和4.8%,基本生态情景下分别为16 568万亩、11 692万t和5.2%,两者相差为61万亩、51万t和0.4%。

综上分析,适宜生态情景下,淮河流域经济社会发展将会受到一定程度的制约,但制约程度并不明显。

表 5-5 两种生态保护目标情景下的淮河流域发展指标

情景方案	年份	GDP/亿元	人均GDP/万元	发展速度/%	第一产业比例/%	第二产业比例/%	第三产业比例/%	消费率/%	积累率/%	能源比重/%	总灌溉面积/万亩	粮食产量/万t	人均粮食/kg
基本生态	2009	31 044	1.9	8.3	15.2	51.0	33.8	46.1	54.2	6.2	14 416	10 115	606
	2020	74 219	4.0	8.6	9.5	53.4	37.0	48.0	49.7	5.8	15 625	10 865	590
	2030	169 102	8.8	8.4	5.3	54.0	40.7	51.8	46.8	5.2	16 568	11 692	611
适宜生态	2009	31 044	1.9	8.1	15.2	51.0	33.8	46.1	54.2	6.2	14 416	10 115	606
	2020	73 351	4.0	8.5	9.7	52.8	37.6	47.7	49.8	5.8	15 625	10 865	590
	2030	165 117	8.6	8.3	5.5	52.5	42.0	52.0	46.7	4.8	16 507	11 641	608

表 5-6 两种生态保护目标情景下的淮河流域水资源利用状况

分区	年份	河道外需水量/亿m³						河道外供水量/亿m³			河道外耗水量/亿m³	废污水排放量/亿m³	COD/万t		节水投资/亿元
		合计	城乡生活	农业	非农产业	其中能源	生态	地表	地下	其他			排放总量	削减总量	
基本生态	2009	572.7	50.2	420.7	95.7	49.1	6.1	293.6	277.7	1.4	392.4	85.9	290.4		
	2020	605.8	68.3	426	102	43.1	9.5	450.6	148.6	6.6	420.5	102.3	301.8	220.2	5 209
	2030	639.4	79.7	425.5	121.6	39.5	12.6	475.4	148.6	15.4	440.6	124.1	388.9	344.3	8 963
适宜生态	2009	572.7	50.2	420.7	95.7	49.1	6.1	293.6	277.7	1.4	392.4	85.9	290.4		
	2020	604.1	68.3	426	100.3	42.7	9.5	449	148.6	6.5	420	101.1	297.8	217.3	5 205
	2030	632.4	79.7	425.4	114.7	36.7	12.6	469	148.6	14.8	438.8	118.7	387.3	343.1	8 940

5.3.3　水资源开发利用状况分析

对比两种生态保护情景下流域供用水总量情况(见表5-6),2030年水平下,适宜生态情景的流域总用水量比基本生态情景减少7亿 m³。结果表明在适宜生态保护目标下,流域河道外供水较基本生态情景减少7亿 m³,占淮河流域水资源总量不足1%,实现了生态系统的健康发展(增加生态系统保护目标)。

从用水角度看,适宜生态情景方案对淮河流域用水量影响主要体现在非农行业用水,尤其是能源行业。例如,2030年适宜生态情景方案非农行业用水量较基本生态情景方案减少6.9亿 m³,其中能源行业减少2.8亿 m³,比重高达40.5%。

从供水角度看,适宜生态情景方案对淮河流域用水量影响主要体现在地表水资源取用量。由于总用水量减少,流域回用水量也相应减少,但减少量并不明显。如适宜生态情景方案下,淮河流域2030年供水量较基本生态情景方案减少7亿 m³,其中地表水减少6.4亿 m³,回用水减少0.6亿 m³。

分析可知,提高生态保护要求将减少河道外供水量,但减少比例是十分有限的(不足水资源总量的1%),就增加河道内用水需求的生态效益而言,该情景方案应为推荐方案。

5.3.4　生态保护缺水分析●

提高生态保护目标将增加河道内生态用水,从而影响和改变河道外生产、生活和生态供水水平与规律。通过对长系列模拟结果进行供需缺水比较,识别淮河流域三级区套省的缺水类型与缺水程度。需要说明的是,受资料所限,本次计算单元水平衡模拟是基于流域内自身水资源条件,未考虑流域外调水量,因此计算单元缺水量有夸大嫌疑。

5.3.4.1　模拟单元缺水分析

根据模型计算成果,2020年多年平均来水条件下缺水量为22.58亿~40.6亿 m³;2030年为28.1亿~49.4亿 m³,但在考虑外流域调水后(2020年134.6亿 m³,2030年159.6亿 m³),淮河流域用水需求基本能得到满足。

尽管按照现有的水资源配置成果,淮河流域总体并不缺水,但由于来水的时空差异,用水方式的多样性及来水和用水过程的不同步性,淮河流域在个别年份以及个别月出现缺水现象。本书选取缺水月比例和年平均缺水深度来进行综合分析,即分别从缺水时数和缺水程度角度进行缺水识别。将模拟期计算单元多年平均缺水量与需水量比值定义为计算单元年平均缺水深度;将模拟期计算单元缺水月合计数与模拟月合计数(本书采用45年长系列月模拟)比值定义为计算单元缺水月比例。2020年和2030年淮河流域不同生态保护目标年平均缺水深度如图5-1、图5-2所示,2020年和2030年淮河流域不同生态保护目标缺水月比例如图5-3、图5-4所示。

根据图5-1、图5-2,在基本生态保护目标下,淮河流域2020年、2030年25个模拟单元中,江苏省所在三级区缺水相对严重,其他地区年平均缺水深度多在10%以下,可以认

● 这里的缺水量并不是指各水平年流域供需缺口量,而是各水平年的水资源需求量与长系列来水条件下的流域供水量之间的缺口。供需缺口主要是因为在进行长系列调节时,流域的供水量为本地区来水调节供水量,并未考虑外调水部分,引起了缺口。

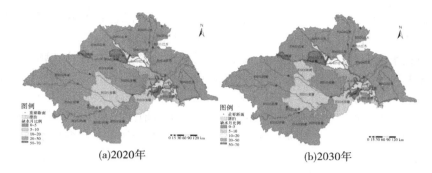

(a)2020年　　　　　　　　　　　(b)2030年

图 5-1　2020 年、2030 年模拟单元年平均缺水深度（基本生态）

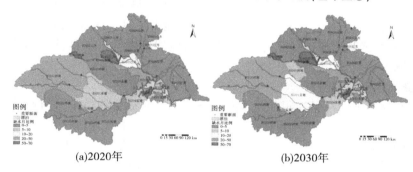

(a)2020年　　　　　　　　　　　(b)2030年

图 5-2　2020 年、2030 年模拟单元年平均缺水深度（适宜生态）

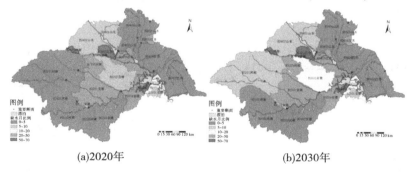

(a)2020年　　　　　　　　　　　(b)2030年

图 5-3　2020 年、2030 年模拟单元缺水月比例（基本生态）

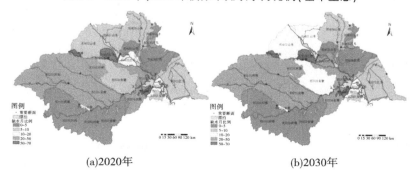

(a)2020年　　　　　　　　　　　(b)2030年

图 5-4　2020 年、2030 年模拟单元缺水月比例（适宜生态）

为基本不缺水;由于用水需求量上升,2030 年年平均缺水深度较 2020 年严重,主要受影响的单元为蚌洪区间北岸河南区。与基本生态保护情景相比,适宜生态情景下,淮河流域模拟单元中缺水区明显增加,缺水深度加重,新增缺水地区主要为淮河中游北岸地区。

如图 5-3、图 5-4 所示,就缺水月比例指标而言,基本生态保护情景要优于适宜生态保护情景,2020 年单元缺水程度要好于 2030 年,淮河中游缺水月比例较高。

综合缺水月比例指标与缺水深度指标,淮河流域中游地区缺水深度较小,但缺水月比例较高,属于常规性缺水地区,表明水资源调蓄能力不足以及天然来水偏少是该地区主要缺水原因;淮河流域下游,尤其是江苏地区,缺水深度较大,缺水月比例较小,属于干旱年缺水地区,表明其受水资源来水变化影响较大,水资源调蓄能力不足是该地区主要缺水原因。

因此,对于淮河中游缺水地区,一方面,要加快外流域调水进程,抗御常规性缺水风险;另一方面,采用工程手段,增加区域内水库调蓄能力。对于淮河下游地区,加大水资源调度和调控能力,增强流域抗旱能力,通过规划实施外流域调水工程,缓解流域干旱年水资源短缺问题。

5.3.4.2　断面生态流量分析

本书是在河流纳污总量控制和河道内生态环境断面过水约束下,进行水资源功效最大化模拟,为此模型计算河道内重要断面下泄量必定高于生态环境保护目标。分析不同保护目标下的计算成果与目标成果,可为生态保护目标的调整提供技术支持。2030 年适宜生态保护情景下,淮河流域六控制站月平均下泄流量分析见图 5-5。

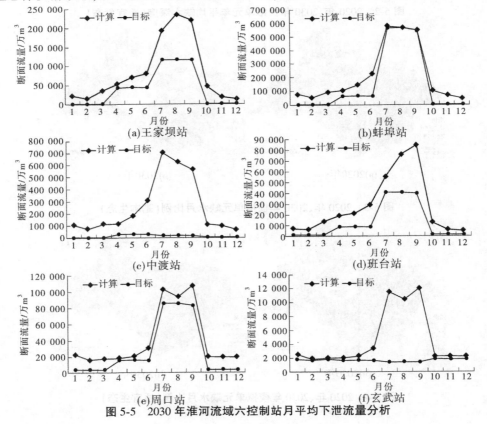

图 5-5　2030 年淮河流域六控制站月平均下泄流量分析

从王家坝、蚌埠、中渡模拟出流量与生态保护要求下泄流量对比看出,淮河流域上游和淮河流域下游地区有进一步提高生态保护要求的空间;除汛期外,蚌埠站亦可适当提高生态保护目标。从班台、周口和玄武三站模拟出流量与生态保护要求下泄流量看,周口站月平均下泄流量基本上接近生态保护目标,表明周口站上游地区河道外、河道内用水需求竞争激烈,河道外进一步增加供水量的可能性较小。

蚌埠站和周口站位于淮河流域中游地区,根据模拟结果,两站月平均下泄流量与生态保护要求下泄量基本接近,表明经济社会用水对河道内生态用水量的挤占倾向性较强,间接说明该类地区的水资源紧张情势,这与本章前述分析结论(淮河流域中游属于水资源紧缺地区,为常规性缺水类型区)相符。

淮河流域 2020 年、2030 年六控制站年径流量对比如表 5-7 所示。模型计算断面下泄流量远高于生态保护目标要求,超出幅度:2020 年为 141% ~ 2 323%,2030 年为 138% ~ 2 270%。该成果可为淮河流域制定行之有效、针对性强的水资源保护政策提供依据。

表 5-7　淮河流域 2020 年、2030 年六控制站年径流量对比

控制站	2020 年径流			2030 年径流		
	计算值/亿 m³	目标值/亿 m³	比值/%	计算值/亿 m³	目标值/亿 m³	比值/%
王家坝	100.5	48.3	208	99.5	48.3	206
蚌埠	262.4	186.5	141	257.6	186.5	138
中渡	310.5	13.4	2 323	303.5	13.4	2 270
班台	34.2	15.4	222	33.7	15.4	219
周口	49.7	32.4	154	48.9	32.4	151
玄武	5.5	2.0	275	5.4	2.0	270

5.4　对淮河流域水资源与社会经济协调发展初步认识

从宏观经济效果、粮食安全生产、生态安全和环境友好等方面进行承载能力分析,有以下几点认识:

(1)淮河流域中下游干旱年水资源短缺现象明显。

根据模型成果,淮河流域中游地区缺水深度较小,但缺水月比例较高,属于常规性缺水地区,分析认为水资源调蓄能力不足以及天然来水偏少是该地区主要缺水原因;淮河流域下游,缺水深度较大,缺水月比例较小,属于干旱年缺水地区,分析认为天然来水变化大,水资源年际调蓄能力不足是该地区主要缺水原因。

(2)加强节水、治污和再生水利用,可有效提高淮河流域水资源承载力。

根据模型成果,一般节水、一般治污模式下,淮河流域 2030 年 GDP 为 15 万亿元,强化节水、强化治污模式下,GDP 达到 16.9 万亿元,而超强节水、超强治污模式下,GDP 为 17.5 万亿元。由此可见,节水和治污对淮河流域 GDP 规模有显著作用,加大节水、治污和再生水利用力度能有效提高淮河流域水资源承载能力。除了能有效增加 GDP 规模,加

强节水治污力度,还能扩大农田灌溉面积、增加粮食产量,表明其对流域承载能力的提高是全面的。

(3)治污效益好于节水效益,淮河流域水污染问题突出。

淮河流域同时面临水资源短缺与水环境污染问题,加大节水力度、提高污水处理与回用水平均具有明显的宏观经济效果,但加大污水处理与再生水回用水平效果更加明显。根据模型计算成果,强化治污方案下,流域 GDP 最大(32 方案)和最小(12 方案)相差2 037 亿元;强化节水方案下,流域 GDP 最大(23 方案)和最小(21 方案)相差 2.4 万元;表明污水治理效果十分明显,间接反映淮河流域水环境污染问题较水资源短缺问题更为突出。

5.5　本章小结

本章运用 CWSE 模块,开展了淮河流域水资源与社会经济协调发展情景研究。研究内容包括:①定量评估了节水措施、治污措施和生态保护要求对淮河流域水资源利用和社会经济发展的综合影响;②提出了淮河流域水资源与社会经济协调发展推荐方案。研究提出,水资源短缺及水环境污染成为淮河流域水资源与社会经济协调发展中面临的突出特点。

第6章　淮河流域水资源问题的相关政策分析

本章结合第2章构建的水资源与社会经济协调发展分析模型,以及第3章的TERMW数据处理,针对第5章研究提出的淮河流域水资源短缺问题,基于虚拟水贸易和水权市场两个视角,开展政策仿真研究,定量评估水资源政策的宏观经济和水资源利用效果,为政策建议提供定量化的技术支撑。开展政策仿真研究的一般步骤包括:第一,从水资源问题出发,拟定相关水资源政策,并定量化政策情景;第二,根据水资源与社会经济协调发展的推荐方案,构建一致性数据集,为政策模型运行提供数据支持;第三,运用模型进行仿真,评估各类政策的效果。为简化工作量,本书仅对2009年开展政策仿真研究。

本章安排如下:6.1节从水资源问题出发,提出本章的研究内容;6.2节根据区域间投入产出表,提出淮河流域区域间经济贸易量及虚拟水贸易量,从减少水资源短缺地区虚拟水流出视角出发,评估不同贸易方式的虚拟水效果,为虚拟水贸易研究提供技术支撑;6.3节在剖析水权市场对经济发展和水资源优化利用机制的基础上,评估"无水权市场"和"有水权市场"两种模式下的宏观经济和水资源利用效果,采用"有-无"对比方法,定量评估水权市场在促进经济发展、产业结构调整和水资源高效利用方面的效果;6.4节根据定量评估成果,从虚拟水和水权市场两个角度提出政策建议;6.5节为本章小结。

6.1　概　述

6.1.1　引言

第5章模型结果表明:在各规划水平年,淮河流域在水资源二级区套省级行政区的计算单元内不存在供需缺口;但若以水资源三级区套省为计算单元,进行水资源供、用、耗、排模拟,则部分地区存在不同程度的缺水。从缺水类型看,淮河流域中游地区(如安徽)呈现缺水深度小、缺水月比例系数大的特征,表明该区为常规性缺水地区;淮河流域下游地区(如江苏)则呈现相反规律:缺水深度大、缺水月比例系数小,表明该区为非正常年份缺水。

对于常规性缺水地区,增加区域外调水或减少区域内水资源需求是解决水资源短缺的有效途径。由于现阶段水资源配置格局基本明晰,大规模的流域外调水可能性较小,且进行流域内大规模的水资源配置调整可能性亦不大,减少水资源需求成为缓解水资源供需矛盾最现实可行的方法。虚拟水贸易不仅能有效增加调入区"虚拟水"的供给,合理的虚拟水贸易结构还能减少区域的水资源需求,可以有效地解决常规性水资源短缺问题,因此本章借助虚拟水概念,从减少缺水地区用水需求出发,拟定政策情景方案,并分析不同情景的宏观经济效果和水资源利用影响。

此外,由于第5章的缺水分析是宏观层次上优化的产物,模型并不能进一步分析水资源短缺情况发生时经济系统所受到的影响,就应用的完整性而言,需要对不同缺水水平的经济和水资源利用效果进行评估。为此,本章利用分区域水资源政策分析的一般均衡模块,评估供水减少条件下的淮河流域经济和水资源利用效果。值得注意的是,有无水权市场对于流域水资源利用和宏观经济发展影响较大,因此本章将分析对比两种模式(有水权市场和无水权市场)下的流域供水量减少所引起的经济和水资源利用变化,评估水权市场在经济发展、产业调整和水资源高效利用方面的作用,为水权市场建设提供依据。

鉴于此,本章从虚拟水贸易和水权市场角度出发,以缓解淮河流域局部地区水资源短缺和提高流域水资源利用效率和效益为目标,定量评估贸易结构调整和供水量变化的宏观经济与水资源利用效果,为水资源政策制定提供决策依据。

6.1.2　基本说明

(1)为简化工作量,本章政策分析的年份为 2009 年。

(2)本章政策分析模型为分区域水资源政策分析的一般均衡模块(TERMW)。

(3)2009 年 TERMW 的数据处理工作在第 3 章已经完成。

6.2　虚拟水贸易政策分析

虚拟水战略是指缺水国家和地区通过贸易的方式从富水国家或地区购买水密集型农产品,来获得水资源的安全(程国栋,2003)。本章借助虚拟水概念,计算部门产出的虚拟水含量,基于虚拟水战略的宏观指导思想,通过进出口产品结构调整实现国民经济结构的合理优化,以期获得水资源的可持续发展。其研究步骤如下:首先,从虚拟水研究的一般思路出发,提出淮河流域虚拟水贸易研究框架;其次,以 2009 年指标为基础,定量描述淮河流域现状虚拟水贸易格局;最后,从调整省际间贸易结构和控制缺水地区出口规模来拟定方案,并给出不同方案的宏观经济和水资源效果,为政策制定提供决策依据。

6.2.1　研究框架

6.2.1.1　基本思路

国民经济用水在区域用水中占有较大比重,用水量与经济结构有着显著的关系,通过调整国民经济结构实现水资源的节约是通行的做法。由于需求结构决定着地区经济的发展模式和方向,进行需求结构调整也成为国民经济结构调整的主要手段,而其中进出口结构调整则是最具操作性的方法。虚拟水战略研究实质是以虚拟水战略目标为导向,通过调整产品贸易结构,实现国民经济结构用水优化,以期获得水资源的可持续发展。

本节以淮河流域水资源问题为导向,尝试开展两方面研究:①淮河流域省际间虚拟水贸易调整对于淮河流域水资源短缺的影响;②淮河流域进出口贸易调整对于淮河流域水资源短缺的影响。

淮河流域虚拟水贸易研究基本分析思路为:结合淮河流域经济贸易的进出口以及调入调出关系,结合相关投入产出分析系数,定量计算流域内外以及流域内省际间虚拟水流向及流量;从水资源安全目标驱动出发,统筹考虑国家其他相关规划要求,通过调整进出口产品结构以获得合理的虚拟水贸易格局,缓解淮河流域局部缺水状况。

6.2.1.2　分析流程

淮河流域虚拟水贸易研究旨在通过设置表征水资源管理的情景方案开展政策模拟研究。淮河流域虚拟水贸易分析流程如图 6-1 所示。

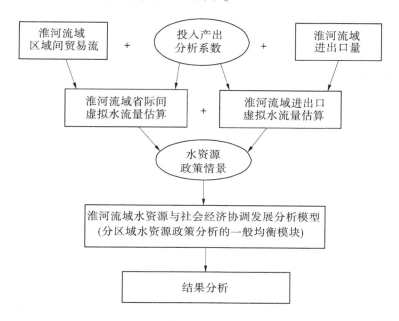

图 6-1　淮河流域虚拟水贸易分析流程

淮河流域虚拟水贸易分析主要步骤如下:

(1)依据淮河流域投入产出表,计算淮河流域分行业分地区直接用水系数、完全用水系数等投入产出分析系数。

(2)以流域和流域省进出口贸易为基础,结合投入产出分析系数,测算淮河流域虚拟水平衡量。

(3)以淮河流域省际间贸易矩阵为基础,结合投入产出分析系数,测算淮河流域区域间虚拟水贸易流向及流量。

(4)根据(2)和(3)计算结果,结合待解决的水资源问题,拟定水资源政策情景。

(5)基于分区域水资源政策分析的一般均衡模块,开展政策情景模拟分析。

(6)对政策情景进行分析,主要包括宏观经济和水资源利用两方面。

6.2.1.3　虚拟水流量估算步骤

根据目前基于投入产出技术的虚拟水贸易研究,采用使用地虚拟水定义,提出区域间虚拟水贸易的计量方法,计算步骤如下:

(1)计算直接消耗系数矩阵:

$$A = \left[a_{ij} \right], a_{ij} = x_{ij}/x_j$$

式中:a_{ij} 为 j 部门生产单位产品所直接消耗的 i 部门产品的数量;x_j 为 j 部门的总产出;x_{ij}

为 i 部门投入至 j 部门的量。

（2）计算 Lenontief 逆矩阵：

$$(I - A)^{-1} = [\alpha_{ij}]$$

式中：α_{ij} 为最终需求增加 1 单位所引起的 i 部门国内总产出变化。

（3）计算直接用水系数矩阵：

$$Q = [q_j], q_j = w_j / x_j$$

式中：q_j 为 j 部门单位产出所需要的水资源投入量，w_j 为 j 部门用水量。

（4）计算完全用水系数矩阵：

$$W = [\omega_j], \omega_j = q_j \cdot \alpha_j$$

式中：ω_j 为增加 1 单位 j 部门最终需求所需要的直接和间接用水量，即虚拟水含量。

计算间接用水系数矩阵：

$$J = [\omega_j - q_j] = [j_j]$$

（5）计算虚拟水流量：

$$V_j = \omega_j \times \text{Trade}_j$$

则：

总调出（出口）虚拟水量：$SE = [se_j]$ $(se_j = \omega_j \times e_j)$

计算总调入（进口）虚拟水量：$SM = [sm_j]$ $(sm_j = \omega_j \times m_j)$

计算净调出（出口）虚拟水量：$S = [s_j]$ $(s_j = se_j - sm_j)$

式中：Trade_j 为 j 部门的经济贸易量；se_j 为 j 部门的虚拟水调出（出口）量；e_j 为 j 部门调出（出口）量；sm_j 为 j 部门的虚拟水调入（进口）量；m_j 为 j 部门调入（进口）量；s_j 为 j 部门净调出（调出）虚拟水量。

6.2.2 虚拟水贸易分析

6.2.2.1 淮河流域经济贸易状况

1. 淮河流域进出口分析

本书以淮河流域为研究对象，在进出口关系处理时一般采用以下假设：①将流域出口至国外的商品和服务以及由流域内调出至流域外的本国商品及服务定义为出口，在模型中按出口处理；②将国外进口至流域内的商品和服务以及由流域外调入至流域内的本国商品及服务定义为进口，在模型中按进口处理。根据 2009 年淮河流域投入产出表及流域四省投入产出表（见表 3-13 和表 D-5 ~ 表 D-8），整理得出淮河流域进出口统计（见表 6-1）。

如表 6-1 所示，2009 年淮河流域出口至流域外的商品和服务总额为 21 668 亿元，从流域外进口至本流域的商品和服务总额为 20 282 亿元，净出口为 1 386 亿元，说明淮河流域基本维持贸易平衡。从分区来看，江苏省和山东省为净输出省份，河南省为净输入省份，安徽省贸易基本平衡。从分行业来看，淮河流域输出行业主要集中在农业、纺织、化学、建材和电子等；从横向分布来看，淮河流域上游省份（河南、安徽）输出行业主要集中在低附加值、高耗水部门，下游省份（江苏、山东）主要集中在电子、机械以及服务业。

表 6-1　淮河流域进出口统计

单位：亿元

行业	河南			安徽			江苏			山东			淮河流域		
	出口	进口	净出口	出口	进口	净出口	出口	进口	净出口	出口	进口	净出口	出口	进口	净出口
农业	581	142	439	489	189	300	694	348	346	91	14	77	1 855	693	1 162
煤炭	65	20	45	42	21	21	1	110	-109	0	11	-11	108	162	-54
石油	25	382	-357	2	179	-177	13	439	-426	51	178	-127	91	1 178	-1 087
其他采掘	35	288	-253	15	114	-99	14	225	-211	7	106	-99	71	733	-662
食品	389	12	377	304	2	302	387	278	109	175	24	151	1 255	316	939
纺织	489	12	477	450	2	448	487	246	241	270	18	252	1 696	278	1 418
造纸	88	21	67	70	5	65	75	4	71	6	24	-18	239	54	185
化学	214	12	202	264	32	232	129	108	21	384	92	292	991	244	747
建材	356	105	251	145	72	73	485	79	406	129	29	100	1 115	285	830
冶金	256	425	-169	58	475	-417	326	468	-142	1 114	233	881	1 754	1 601	153
机械	453	1 658	-1 205	289	529	-240	1 371	481	890	280	495	-215	2 393	3 163	-770
电子	54	311	-257	62	358	-296	1 859	1 398	461	771	393	378	2 746	2 460	286
电力	0	23	-23	93	145	-52	34	245	-211	81	26	55	208	439	-231
其他工业	95	82	13	15	50	-35	2	43	-41	84	8	76	196	183	13
建筑	25	231	-206	0	378	-378	349	371	-22	373	395	-22	747	1 375	-628
运输	598	1 520	-922	958	489	469	851	789	62	482	186	296	2 889	2 984	-95
批发零售	759	1 892	-1 133	489	859	-370	939	5	934	909	246	663	3 096	3 002	94
其他服务	70	204	-134	12	102	-90	120	654	-534	16	172	-156	218	1 132	-914
合计	4 552	7 340	-2 788	3 757	4 001	-244	8 136	6 291	1 845	5 223	2 650	2 573	21 668	20 282	1 386

注：表中出口指流域出口至国外的商品和服务以及由流域内调出至流域外的本国商品和服务总称；进口指国外进口至流域内的商品和服务以及由流域外调入至流域内的本国商品和服务总称；净出口＝出口－进口。

2. 淮河流域省际间贸易流量分析

根据 3.3.3 部分区域间贸易矩阵计算成果,整理得出各部门和汇总部门的省际间贸易流量成果。

1)分部门省际间贸易流量

按调出区进行分部门省际间贸易流量成果整理,见附录 F(表 F-1~表 F-4)。根据调出、调入的相对关系,整理出淮河流域四省分部门净调出量(见表 6-2)。

表 6-2 结果显示,2009 年淮河流域河南省和安徽省为贸易净调入区,调入总额为 1 391 亿元;江苏省和山东省为贸易净调出区,调出总额为 1 391 亿元。从分部门调入调出看,河南省以农业、煤炭、食品、纺织等基础产业调出为主,调入领域主要集中在三产和机械、冶金等重工业;安徽省以石油、化学以及建筑业调入为主,调出部门优势并不明显;江苏省以农业和轻工业调入为主,调出领域包括冶金、机械等重工业以及服务业;山东省在石油、化工等领域具有明显的发展优势,在农业和一般服务业等领域对其他地区有一定的依赖性。

表 6-2　2009 年淮河四省 18 部门净调出计算　　单位:亿元

行业	调出区				
	河南	安徽	江苏	山东	合计
农业	536	158	−478	−216	0
煤炭	352	−13	−268	−71	0
石油	−30	−120	−186	336	0
其他采掘	149	−42	−133	26	0
食品	491	21	−500	−12	0
纺织	315	−46	−314	45	0
造纸	8	−37	−90	119	0
化学	−60	−270	44	286	0
建材	−126	127	79	−80	0
冶金	−335	−128	341	122	0
机械	−705	−104	661	148	0
电子	−293	−46	−28	367	0
电力	−58	55	3	0	0
其他工业	88	−34	−88	34	0
建筑	11	−402	519	−128	0
运输	−67	36	30	1	0
批发零售	−754	68	686	0	0
其他服务	−71	−65	381	−245	0
合计	−549	−842	659	732	0

2）汇总部门省际间贸易流量

按国产品和进口品的分类方式,整理出 2009 年淮河流域省际间(国产品)调入调出计算表(见表 6-3)和 2009 年淮河流域省际间(进口品)调入调出计算表(见表 6-4)。

由表 6-3 可以看出:

(1)2009 年淮河流域扣除进口品后的国产品商品总额约为 8.9 万亿元,其中自产自销量❶为 7.6 万亿元,比重高达 85%,流域内省际间商品贸易量达到 1 296 万亿,比重为 15%。

(2)流域内省际间存在双向贸易关系,同一地区既可以是商品的输出地,也接受地区外的商品输入,例如 2009 年江苏省向山东省输送价值 964 亿元的商品和服务总额,同期山东省又向江苏省提供 1 140 亿元的商品和服务总额。

(3)尽管流域四省均存在流入流出关系,但各省的流入流出情况却各不相同,例如江苏、山东和河南用于自给的量占省产出的比重分别为 89%、86% 和 85%,高于安徽省的 73%。

表 6-3　淮河流域 2009 年省际间(国产品)调入调出计算　　　　单位:亿元

调出地	调入地				
	河南	安徽	江苏	山东	合计
河南	23 898	852	1 360	1 312	27 422
安徽	819	7 976	808	413	10 016
江苏	1 833	1 173	27 587	964	31 557
山东	1 423	860	1 140	16 453	19 876
合计	27 973	10 861	30 895	19 142	88 871

由表 6-4 可以看出:

(1)一般情况下,进口商品服从进口地消费原则,进口商品进行再贸易的可能性较小,本书假定进口商品全部用于进口地生产和消费。

(2)2009 年淮河流域进口品贸易总量为 2.0 万亿元,其中河南省和江苏省较多,分别达到 5 810 亿元和 7 336 亿元。

表 6-4　淮河流域 2009 年各省间(进口品)调入调出计算　　　　单位:亿元

调出地	调入地				
	河南	安徽	江苏	山东	合计
河南	5 810	0	0	0	5 810
安徽	0	2 292	0	0	2 292
江苏	0	0	7 336	0	7 336
山东	0	0	0	4 843	4 843
合计	5 810	2 292	7 336	4 843	20 281

注:本表中的进口品指国外进口至流域内的商品及服务以及由流域外调入至流域内的本国商品及服务总称。

---

❶　自产自销定义为本地区生产的商品用于本地区消费的量。

6.2.2.2 淮河流域进出口虚拟水流量估算

由淮河流域四省投入产出表(见表 D-5~表 D-8),根据 6.2.1.3 部分虚拟水流量估算方法,计算出 2009 年淮河流域四省用水系数矩阵(见表 6-5)。结合淮河流域四省进出口资料,计算出淮河流域 2009 年虚拟水贸易量(见表 6-6)。

据表 6.5 绘制淮河流域 2009 年部门用水系数对比图(见图 6-2),由此可以看出,淮河流域农业每增加 1 万元产值,将占用 718.3 m^3 的水资源量,其中农业自身生产过程中直接占用 511.8 m^3,同时由于经济系统的放大效应,使得系统其他部门占用约 206.5 m^3。完全用水系数指标表明,进行部门水资源需求分析时不能仅考虑其对水资源的直接占用,需要从系统的角度出发,考虑其对生产背后引发的潜在水资源占用量,即虚拟水含量。例如,食品工业每新增 1 万元产值,经济系统需新增 411.1 m^3 的用水量,即 1 万元食品的贸易将引发 411.1 m^3 的虚拟水流动。

表 6-5   淮河流域 2009 年用水系数矩阵

行业	直接用水系数					完全用水系数				
	河南	安徽	江苏	山东	流域	河南	安徽	江苏	山东	流域
农业	258.5	534.1	945.2	356.8	511.8	364.4	730.0	1 318.7	519.6	718.3
煤炭	22.9	48.0	10.7	9.2	23.1	68.7	104.9	97.8	71.0	106.7
石油	13.1	26.8	4.1	5.0	8.6	55.5	112.8	97.2	54.3	87.4
其他采掘	20.5	98.8	18.8	38.0	29.7	58.0	226.9	190.0	95.7	111.9
食品	7.6	26.9	2.8	3.7	7.5	197.3	392.9	807.3	323.7	411.1
纺织	5.4	30.3	5.4	3.5	6.0	161.6	301.5	595.5	212.5	315.3
造纸	46.7	57.3	6.1	15.5	25.8	135.3	199.9	346.0	132.1	193.0
化学	22.3	57.4	5.7	6.7	12.0	104.2	215.7	259.5	93.1	157.7
建材	5.2	43.2	3.5	2.7	7.8	49.7	172.8	158.9	63.9	99.0
冶金	12.6	37.8	2.6	3.4	9.4	58.3	166.1	157.1	57.3	100.1
机械	3.1	7.2	1.0	1.1	2.2	48.2	111.4	122.3	52.1	81.6
电子	4.4	7.7	1.5	1.2	1.7	43.2	91.6	124.9	39.5	74.1
电力	61.6	412.0	284.3	30.3	192.4	117.5	520.0	504.4	84.2	307.6
其他工业	12.4	9.5	2.2	2.2	6.1	116.5	272.6	484.6	157.8	238.9
建筑	5.8	7.0	2.0	2.7	3.5	44.6	107.7	147.6	55.3	84.4
运输	0.4	1.3	5.7	1.5	2.4	31.4	66.0	136.3	62.6	74.2
批发零售	0.7	2.7	7.5	1.6	2.7	24.1	46.2	25.0	41.0	44.6
其他服务	2.6	6.9	5.8	2.1	4.3	48.2	111.3	159.4	49.0	88.5

表 6-6 计算结果显示,2009 年淮河流域通过商品贸易净出口虚拟水量达到约 140 亿 m^3,其中农业产品的虚拟水贸易量为 87.53 亿 m^3,占贸易总量的 2/3,由此可见,农业是淮

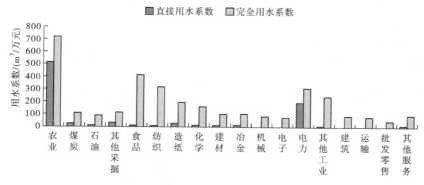

图 6-2　淮河流域 2009 年部门用水系数对比

河流域虚拟水贸易的主体❶。从虚拟水贸易区域分布看,淮河流域所辖省份均为虚拟水输出区,其中江苏省虚拟水输出量最大,达到 65.10 亿 m³,其次为安徽省,达到 31.18亿 m³。

对比表 6-1 和表 6-6,淮河流域商品进出口贸易与虚拟水贸易有着类似的规律(均为净输出区),但其效果却不尽相同。淮河流域商品净输出量占总投入比重不足 2%,淮河流域虚拟水净输出量占总用水比重接近 30%,可见淮河流域现行贸易模式是以出口低附加值、高耗水商品为主要特征。

6.2.2.3　淮河流域省际间虚拟水流量估算

1.淮河流域省际间虚拟水平衡

根据淮河流域各省完全用水系数矩阵(见表 6-5)和省际间贸易矩阵(见表 F-1～表 F-4),计算 2009 年淮河流域四省 18 部门净调出虚拟水量❷(见附录 F,表 F-5～表 F-8)。为便于分析,按照第一产业、第二产业和第三产业的国民经济产业分类,整理出淮河流域四省净调出虚拟水量,见表 6-7。

分析结果表明,2009 年淮河流域河南省和安徽省为虚拟水净调出区,净调出水量分别为 6.81 亿 m³ 和 10.70 亿 m³,江苏省和山东省为虚拟水净调入区,净调入水量分别为3.06 亿 m³ 和 14.45 亿 m³。就产业来看,第一产业是虚拟水贸易的基础,且往往决定区域之间的虚拟水贸易方向;第二产业是虚拟水贸易的主体,决定区域间虚拟水贸易的规模;第三产业是虚拟水贸易的调节,由于用水系数较小,对虚拟水贸易格局影响不大。

2.淮河流域虚拟水贸易格局

综合考虑淮河流域进出口虚拟水流量和流域内省际间虚拟水流量关系,列表统计出淮河流域虚拟水净流量矩阵(见表 6-8),淮河流域省际间虚拟水量贸易格局见图 6-3。

---

❶　一般而言,本书计算的虚拟水量偏大,主要原因是:本书中虚拟水含量指的是为进行本地区生产所需要的水资源量,其前提是生产技术条件不变,但实际情况往往是,水资源与其他投入间具有替代性,当水资源成为生产的紧约束时,对水资源的需求将部分转为对其他投入的需求,目前本书中的虚拟水计算方法是游离于模型之外的,并不能反映真实情况下的生产技术条件。

❷　尽管省际间贸易矩阵中包含了进口商品量,但由于本书假定进口商品服从进口地消费原则,省际间虚拟水调入调出量计算并不受其影响,因此虚拟水含量计算时仍采用流域内各省完全用水系数矩阵。

表6-6 淮河流域2009年虚拟水贸易量

单位:亿 m³

行业	河南			安徽			江苏			山东			淮河流域		
	出口	进口	净出口	出口	进口	净出口	出口	进口	净出口	出口	进口	净出口	出口	进口	净出口
农业	21.17	5.17	16.00	35.70	13.80	21.90	91.52	45.89	45.63	4.73	0.73	4.00	153.12	65.59	87.53
煤炭	0.45	0.14	0.31	0.44	0.22	0.22	0.01	1.08	-1.07	0.00	0.08	-0.08	0.90	1.52	-0.62
石油	0.14	2.12	-1.98	0.02	2.02	-2.00	0.13	4.27	-4.14	0.28	0.97	-0.69	0.57	9.38	-8.81
其他采掘	0.20	1.67	-1.47	0.34	2.59	-2.25	0.27	4.28	-4.01	0.07	1.01	-0.94	0.88	9.55	-8.67
食品	7.68	0.24	7.44	11.95	0.08	11.87	31.24	22.44	8.80	5.66	0.78	4.88	56.53	23.54	32.99
纺织	7.90	0.19	7.71	13.58	0.06	13.52	29.00	14.65	14.35	5.74	0.38	5.36	56.22	15.28	40.94
造纸	1.19	0.28	0.91	1.40	0.10	1.30	2.59	0.14	2.45	0.08	0.32	-0.24	5.26	0.84	4.42
化学	2.23	0.13	2.10	5.70	0.69	5.01	3.35	2.80	0.55	3.58	0.86	2.72	14.86	4.48	10.38
建材	1.77	0.52	1.25	2.51	1.24	1.27	7.71	1.26	6.45	0.82	0.19	0.63	12.81	3.21	9.60
冶金	1.49	2.48	-0.99	0.96	7.89	-6.93	5.12	7.35	-2.23	6.38	1.33	5.05	13.95	19.05	-5.10
机械	2.18	7.99	-5.81	3.22	5.89	-2.67	16.76	5.88	10.88	1.46	2.58	-1.12	23.62	22.34	1.28
电子	0.23	1.34	-1.11	0.57	3.28	-2.71	23.21	17.46	5.75	3.05	1.55	1.50	27.06	23.63	3.43
电力	0	0.27	-0.27	4.84	7.54	-2.70	1.71	12.36	-10.65	0.68	0.22	0.46	7.23	20.39	-13.16
其他工业	1.11	0.96	0.15	0.41	1.36	-0.95	0.10	2.08	-1.98	1.33	0.13	1.20	2.95	4.53	-1.58
建筑	0.11	1.03	-0.92	0.00	4.07	-4.07	5.15	5.48	-0.33	2.06	2.18	-0.12	7.32	12.76	-5.44
运输	1.88	4.77	-2.89	6.32	3.23	3.09	11.60	10.76	0.84	3.02	1.16	1.86	22.82	19.92	2.90
批发零售	1.83	4.56	-2.73	2.26	3.97	-1.71	2.34	0.01	2.33	3.73	1.01	2.72	10.16	9.55	0.61
其他服务	0.34	0.98	-0.64	0.13	1.14	-1.01	1.91	10.43	-8.52	0.08	0.84	-0.76	2.46	13.39	-10.93
合计	51.90	34.84	17.06	90.35	59.17	31.18	233.72	168.62	65.10	42.75	16.32	26.43	418.72	278.95	139.77

注:此处虚拟水贸易量指以淮河流域为对象,进口(含流域外调入)和出口(含调出流域外本国其他地区)商品中包含的虚拟水量;河南、安徽、江苏和山东四省虚拟水含量是根据虚拟水含量计算公式计算得,淮河流域虚拟水含量则是采用四省合计值,而非采用公式计算。

表 6-7　淮河流域 2009 年四省三次产业虚拟水量　　　　单位:亿 m³

产业	河南			安徽			江苏			山东		
	调出	调入	净调出	调出	调入	净调出	调出	调入	净调出	调出	调入	净调出
第一产业	19.86	0.90	18.96	16.73	3.36	13.37	1.79	23.17	-21.38	0.75	11.70	-10.95
第二产业	29.76	35.16	-5.40	27.29	30.35	-3.06	46.07	38.43	7.64	30.05	29.23	0.82
第三产业	2.14	8.89	-6.75	3.84	3.45	0.39	12.69	2.01	10.68	1.71	6.03	-4.32
合计	51.76	44.95	6.81	47.86	37.16	10.70	60.55	63.61	-3.06	32.51	46.96	-14.45

　　2009 年,淮河流域向流域外其他地区净输出虚拟水量 139.77 亿 m³,淮河流域四省均为虚拟水净输出区,其中江苏省 62.04 亿 m³,安徽省 41.88 亿 m³,河南省 23.87 亿 m³,山东省 11.98 亿 m³。

　　在淮河流域四省间,虚拟水的流向是:河南省和安徽省为虚拟水净调出区,江苏省和山东省为虚拟水净调入区。其中,安徽省虚拟水调出量最大,向河南省、江苏省和山东省分别调出 0.76 亿 m³、5.26 亿 m³ 和 4.68 亿 m³ 的虚拟水;山东省为虚拟水净调入区,由河南省、安徽省和江苏省分别调入 4.42 亿 m³、4.68 亿 m³ 和 5.35 亿 m³ 的虚拟水。

表 6-8　淮河流域虚拟水净流量矩阵　　　　单位:亿 m³

调入	调出				净调出量	至流域外量	总调出量
	河南	安徽	江苏	山东			
河南	—	-0.76	3.15	4.42	6.81	17.06	23.87
安徽	0.76	—	5.26	4.68	10.70	31.18	41.88
江苏	-3.15	-5.26	—	5.35	-3.06	65.10	62.04
山东	-4.42	-4.68	-5.35		-14.45	26.43	11.98
淮河流域					0	139.77	139.77

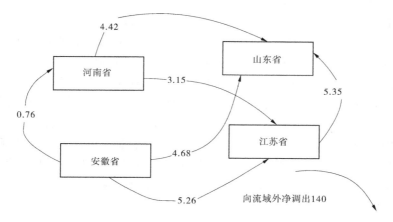

图 6-3　淮河流域虚拟水量贸易格局　(单位:亿 m³)

净调出指标很好地描述了区域间虚拟水贸易的方向和流量,揭示了虚拟水贸易格局,但该指标是表征虚拟水调出量和调入量的差值,难以反映虚拟水贸易的实际规模。为分析虚拟水贸易在流域水资源开发利用中的地位,通过计算虚拟水流动量及结构获得(见表6-9)。结果显示,2009 年淮河流域省际间虚拟水总贸易量为 192.68 亿 m³,占流域总用水量的比重为 37.4%;四省虚拟水利用的比重各不相同:山东省最高,其调入、调出比重分别为 69.8%、48.3%。

表 6-9　淮河流域 2009 年虚拟水规模及结构计算

指标		河南	安徽	江苏	山东	淮河流域
用水总量/亿 m³		99.4	112.5	236.1	67.3	515.3
调出	水量/亿 m³	51.76	47.86	60.55	32.51	192.68
	占比/%	52.1	42.5	25.6	48.3	37.4
调入	水量/亿 m³	44.95	37.16	63.61	46.96	192.68
	占比/%	45.2	33	26.9	69.8	37.4

6.2.3　虚拟水情景分析

由 6.2.2.2 部分现状淮河流域进出口虚拟水流量分析可知,现状淮河流域以高耗水、低附加值的商品出口为主,且虚拟水净出口区主要集中在用水紧张的安徽和江苏地区。从缓解淮河流域中下游地区水资源短缺、提高水资源利用效率视角出发,结合淮河流域在国家发展中的定位,以减少缺水区高耗水商品出口为手段,提出虚拟水贸易政策情景。

虚拟水贸易对于缓解部分缺水地区水资源紧缺状况确实有效,但并不适用于所有国家或地区,考虑一国内部不同地区间的虚拟水贸易对虚拟水理论纳入政策体系更具有实际意义(刘哲和李秉龙,2010)。为此,尝试开展两方面研究:①基于省际间贸易的水资源利用评估;②基于进出口贸易的水资源利用评估。

6.2.3.1　基于省际间贸易的水资源利用评估

如果将虚拟水贸易格局与经济贸易格局进行比较可以发现一个有趣的现象:淮河流域上游地区,如河南和安徽,在经济贸易中为商品净调入区,在虚拟水贸易中为净调出区;淮河流域下游地区,如江苏和山东,在经济贸易中为商品净调出区,在虚拟水贸易中为净调入区。这种商品贸易由经济发达区❶向相对不发达地区流动,而以其为载体的虚拟水则以相反的方向流动的发展格局,与可持续发展理念严重背离。造成这种现象的原因主要为:决定经济生产和生产力布局的决定因素除了水资源,还包括其他资源,淮河流域上游地区煤炭资源和土地资源丰富,区域内有大型煤炭基地和粮食主产区,这种以资源开发、加工和粮食种植为主的经济结构决定了其在经济贸易中处于虚拟水净输出地位。从水资源与社会经济协调发展的角度看,商品贸易的流向与虚拟水流向应基本一致,或者差

---

❶ 根据 2009 年社会经济统计资料,四省人均 GDP 分别为:河南 1.8 万元、安徽 1.1 万元、江苏 2.6 万元和山东 2.0 万元。

别不应过大。

尽管目前淮河流域虚拟水流动不尽合理,但其形成与国家定位和经济发展阶段密不可分,贸然切断或减少虚拟水区域间流动,虽然能够缓解局部缺水矛盾,但同时会对整个流域经济社会发展带来不利影响,本节即是在这一指导思想下,拟定合适的情景方案,并尝试评估不同方案的水资源利用效果。

1. 情景方案

根据表 6-7 分析结果,农业在淮河流域省际间虚拟水流动中的地位十分重要,基本决定了虚拟水的流向。本书在保持流域出口结构和规模不变的条件下,分别从调控农业生产规模和流域内农业输出来拟定情景方案,共设置了 2 套情景方案。

情景一(S1):在现有生产技术条件下,减少安徽省农业生产规模(5%);

情景二(S2):在现有生产技术条件下,增加河南省对安徽省的农业贸易量(5%)。

基准情景(B1):为对比分析,模型计算了不做任何政策冲击的系统响应。

本书提出的减少农业生产规模或增加农业贸易量均指的是农业产出价值量。由于农业产出价值量与农产品生产之间存在大量的组合关系,为简化计算,本书根据第 5 章构建的淮河流域水资源与社会经济协调发展模块中的农业生产子模块结果,计算农产品的平均组合及其对应指标,每亿元农业产出价值量对应的指标见表 6-10。

表 6-10　淮河流域各省 1 亿元农业产出构成及指标

省份	按价值量/亿元				粮食产量/t
	种植业	林业	牧业	渔业	
河南	0.612 9	0.024	0.330 1	0.034	3 000
安徽	0.716	0.012	0.230 6	0.041	3 500
江苏	0.686 4	0.024	0.179 6	0.110	2 500
山东	0.565 5	0.053	0.353 9	0.027	2 500

2. 情景一效果分析

情景一(S1):流域总出口规模和结构不变,减少安徽省农业产出规模的 5%。

安徽省 2009 年农业总产出为 1 508 亿元,根据情景一要求和表 6-10 农业产出价值与指标关系,2009 年生产技术条件下,减少 5% 的农业产出意味着减少 75 亿元的农业产出,其中包括 26 万 t 粮食生产。

1) 宏观经济影响

表 6-11 为 S1 情景淮河流域宏观经济指标。由表 6-11 可知,在维持流域总出口规模和结构不变的条件下,减少安徽省农业产出的流域 GDP 变化情况为:由于国内市场和国外市场的竞争作用,将使安徽省出口受阻,从而使安徽省实际 GDP 减少;同时,在流域总出口规模和结构不变的约束下,江苏省、山东省和河南省出口量增加,推动了相关省实际GDP 的增长,四省总体表现为实际 GDP 水平的增加。

表 6-11　S1 情景淮河流域宏观经济指标　　　　　　　　　　　　　%

宏观总量	河南	安徽	江苏	山东	淮河流域
实际 GDP	0.545	-0.218	0.734	0.560	0.517
CPI	0.501	-0.481	0.548	0.469	0.387
就业人员	0.210	-1.752	0.398	0.232	0
实际投资	0.713	1.296	0.717	0.697	0.804
平均工资	0.642	-1.815	0.877	0.668	0.378
资本存量	0.760	1.132	0.896	0.742	0.843
出口价值	0.257	-0.410	0.149	0.459	0
进口价值	0	0	0	0	0

注:表中各指标为相对 B1 情景的变化率。

S1 情景淮河流域四省名义 GDP 对比见表 6-12。从纵向看,安徽省农业产出规模下降 5%造成安徽省名义 GDP 下降 0.2%,其中第一产业下降 4.67%,第二产业增加 1.88%,第三产业增加 0.38%,表明由于商品生产过程中的技术联系和投入产品的替代效果,经济系统可以缓解部门产出减少带来的影响。从横向看,安徽省农业产出规模减少促进了其他省的农业发展,其中江苏省增加了 0.45%,山东省增加了 0.12%;由于安徽省第二产业的带动作用,淮河流域其他地区第二产业也较现状有所提高;可以得出,区域间经济联系缓和了部门产出变化带来的影响。

表 6-12　S1 情景淮河流域四省名义 GDP 对比

产业	B1/亿元					S1/%				
	河南	安徽	江苏	山东	淮河流域	河南	安徽	江苏	山东	淮河流域
第一产业	1 645	834	1 315	884	4 678	0.07	-4.67	0.45	0.12	-0.76
第二产业	5 453	1 709	4 980	3 835	15 977	0.72	1.88	0.83	0.69	0.87
工业	4 929	1 444	4 219	3 353	13 944	0.74	2.05	0.85	0.71	0.90
建筑业	524	266	761	482	2 033	0.52	0.97	0.71	0.50	0.64
第三产业	3 379	1 367	3 466	2 320	10 532	0.32	0.38	0.47	0.39	0.40
合计	10 477	3 910	9 761	7 040	31 187	0.49	-0.18	0.65	0.52	0.46

注:B1 情景为产业增加值;S1 情景为政策实施后相对于 B1 情景的变化率。

S1 情景淮河流域四省产业结构对比见表 6-13。安徽省农业产出规模减少,造成安徽省第一产业比重下降,其他产业比重上升;就流域来看,安徽省农业产出规模减小,降低了全流域农业和第三产业占 GDP 的比重,提高了流域第二产业的比重,表明其对流域产业结构优化具有一定的促进作用。

表 6-13　S1 情景淮河流域四省产业结构对比　　　　　　　　　　%

产业	B1					S1				
	河南	安徽	江苏	山东	淮河流域	河南	安徽	江苏	山东	淮河流域
第一产业	15.77	22.41	13.50	12.61	15.18	-0.07	-1.08	-0.03	-0.05	-0.18
第二产业	51.93	42.83	50.93	54.39	51.02	0.12	0.89	0.09	0.09	0.21
工业	46.93	36.12	43.14	47.54	44.52	0.12	0.80	0.08	0.09	0.19
建筑业	5.00	6.72	7.79	6.85	6.51	0	0.07	0.01	0	0.01
第三产业	32.31	34.76	35.57	33.00	33.79	-0.06	0.20	-0.06	-0.04	-0.02
合计	100.00	100.00	100.00	100.00	100.00	0	0	0	0	0

注:B1 情景为产业结构;S1 情景为政策实施后相对于 B1 情景的变化率。

2) 水资源效果分析

(1) 部门用水量及其变化。

表 6-14 列出了 2009 年淮河流域四省 18 部门用水量及变化情况。结果显示,在安徽省农业产出规模减少 5% 的情景下:①淮河流域农业用水量减少 0.72%,其中安徽省下降 6.45%,江苏省、山东省和河南省分别增加 0.83%、0.37% 和 0.33%;②大部分非农部门用水量较基准用水量有所增加,也存在部分部门用水量减少现象,例如江苏省的食品行业;③与基准用水量相比,全流域减少了 0.40%,其中安徽省经济部门用水量减少了 4.21%,江苏省、山东省和河南省分别增加 0.82%、0.40% 和 0.46%。

表 6-14　S1 情景 18 部门用水量对比

行业	B1/亿 m³					S1/%				
	河南	安徽	江苏	山东	淮河流域	河南	安徽	江苏	山东	淮河流域
农业	74.00	80.55	206.43	58.61	419.59	0.33	-6.45	0.83	0.37	-0.72
煤炭	3.32	1.23	0.06	0.34	4.95	1.48	2.02	1.22	1.27	1.41
石油	0.78	0.26	0.15	0.38	1.57	0.80	1.36	0.76	0.73	0.64
其他采掘	1.34	0.68	0.10	0.84	2.96	1.06	1.38	0.94	1.00	1.01
食品	2.02	1.41	0.20	0.68	4.31	0.14	4.98	-1.15	0.23	1.62
纺织	0.57	0.65	1.25	0.46	2.93	1.04	4.54	1.59	1.35	2.39
造纸	2.32	0.53	0.27	0.70	3.82	0.89	2.32	0.87	0.83	1.05
化学	3.07	2.07	1.71	1.49	8.34	0.67	1.53	1.00	0.86	0.96
建材	1.31	1.58	0.17	0.22	3.28	1.13	1.46	0.79	0.97	0.91
冶金	3.32	2.86	0.82	0.48	7.48	1.11	1.42	0.92	0.79	1.20
机械	0.79	0.90	0.41	0.33	2.43	0.83	1.50	1.05	0.80	0.82
电子	0.08	0.07	0.45	0.07	0.67	0.49	1.45	1.28	1.13	1.49

续表6-14

行业	B1/亿 m³					S1/%				
	河南	安徽	江苏	山东	淮河流域	河南	安徽	江苏	山东	淮河流域
电力	3.75	17.74	19.59	1.46	42.54	0.64	1.15	0.67	0.64	0.85
其他工业	0.68	0.12	0.12	0.10	1.02	0.60	2.12	0.61	0.72	0
建筑	0.89	0.49	0.59	0.41	2.38	0.66	1.05	0.86	0.63	1.26
运输	0.04	0.06	0.53	0.13	0.76	0.71	0.41	0.88	0.70	0
批发零售	0.07	0.10	0.51	0.17	0.85	0.79	0.19	0.98	0.76	1.18
其他服务	1.08	1.16	2.73	0.46	5.43	0.23	0.47	0.40	0.29	0.37
合计	99.43	112.46	236.09	67.33	515.31	0.46	-4.21	0.82	0.40	-0.40

注:B1情景为部门用水量;S1情景为政策实施后相对于B1情景的变化率。

（2）虚拟水流动情况。

综合考虑淮河流域进出口虚拟水流量和流域内省际间虚拟水流量关系,列表统计出淮河流域虚拟水净流量矩阵(见表6-15)。与2009年现状虚拟水流动(见表6-8)相比,安徽省虚拟水净调出量减少2.21亿 m³,江苏省、山东省和河南省分别增加1.47亿 m³、0.36亿 m³和0.38亿 m³。

表6-15　S1情景流域省际间虚拟水贸易对比　　　　　单位:亿 m³

调入	调出				净调出量
	河南	安徽	江苏	山东	
河南	—	-0.28(0.48)	3.03(-0.12)	4.44(0.02)	7.19(0.38)
安徽	0.28(-0.48)	—	3.96(-1.3)	4.25(-0.43)	8.49(-2.21)
江苏	-3.03(0.12)	-3.96(1.3)	—	5.4(0.05)	-1.59(1.47)
山东	-4.44(-0.02)	-4.25(0.43)	-5.4(-0.05)	—	-14.09(0.36)

注:表格中数字为S1情景虚拟水贸易量;括号中为S1情景相对于B1情景的变化量。

（3）区域用水量。

根据表6-14和表6-15整理得出淮河流域各省用水总量变化量,见表6-16。同2009年实际用水量相比,减少安徽省5%的农业产出对淮河流域经济系统的影响有:①减少安徽省用水总量4.74亿 m³,减少量占安徽省用水总量的4.2%;②受经济系统联动影响,河南省、江苏省和山东省用水量分别增加0.46亿 m³、1.93亿 m³和0.27亿 m³;③总体而言,淮河流域用水总量减少2.08亿 m³,占流域用水总量的0.4%。

表6-16　S1情景淮河流域四省用水总量变化量　　　　　单位:亿 m³

指标	河南	安徽	江苏	山东	淮河流域
实体水	0.46	-4.74	1.93	0.27	-2.08
虚拟水流量	7.19(0.38)	8.49(-2.21)	-1.59(1.47)	-14.09(0.36)	0

注:表格中数字为S1情景指标;括号中为S1情景相对于B1情景的变化量。

3. 情景二效果分析

情景二(S2)：流域总出口规模和结构不变,增加由河南省运往安徽省农业贸易量的 5%。

由表 E-1 知,2009 年河南省对安徽省的农业贸易量为 61 亿元。根据情景二要求和表 6-10 农业产出价值与指标关系,2009 年生产技术条件下,5%的河南省农业贸易意味着 3 亿元的农业价值量,其中包括 0.9 万 t(0.9＝3×0.3,按生产地计算虚拟水含量,则采用河南省的指标进行计算)粮食生产。

1) 宏观经济影响

表 6-17 为 S2 情景淮河流域宏观经济指标。由表 6-17 可知,从 GDP 角度看,增加河南省向安徽省的农业贸易量扩大了河南省的农业需求,从而使河南省实际 GDP 有所增加;在出口规模不变的情况下,农业的贸易抑制了安徽省本省的农业生产,造成安徽省实际 GDP 有所下降。从出口价值角度看,由于流域总出口规模不变,按照情景二的设置,淮河流域出口的地区格局发生了变化:安徽省通过转口贸易扩大了出口市场份额,河南、江苏、山东则有所减少。由于模型采用"小国假设",即淮河流域的进出口价格由流域外市场决定,淮河流域只是价格的接受者,因此出口价值的变化反映了出口商品实物量的变化。

表 6-17　S2 情景淮河流域宏观经济指标　　　　　　　　　%

宏观总量	河南	安徽	江苏	山东	淮河流域
实际 GDP	0.015	−0.076	0	0.029	0.002
CPI	−0.022	0.001	−0.006	−0.009	−0.011
就业人员	0.013	−0.020	−0.002	−0.005	0
实际投资	0.023	−0.043	−0.002	−0.007	−0.003
平均工资	0.017	−0.025	−0.003	−0.006	0
资本存量	0.022	−0.032	−0.003	−0.008	0
出口价值	−0.014	0.003	−0.004	−0.008	0
进口价值	0	0	0	0	0

注：表中各指标为相对 B1 情景的变化率。

S2 情景淮河流域四省名义 GDP 对比见表 6-18。总体来看,增加河南省向安徽省的农业贸易量对贸易双方的影响较大,对其他地区的影响较小,就流域整体而言,其影响基本可以忽略。

表 6-18　S2 情景淮河流域四省名义 GDP 对比

产业	B1/亿元					S2/%				
	河南	安徽	江苏	山东	淮河流域	河南	安徽	江苏	山东	淮河流域
第一产业	1 644	878	1 309	883	4 714	0.01	−0.03	0	−0.01	0
第二产业	5 414	1 678	4 939	3 809	15 839	0.03	−0.04	0	−0.01	0

续表 6-18

产业	B1/亿元					S2/%				
	河南	安徽	江苏	山东	淮河流域	河南	安徽	江苏	山东	淮河流域
工业	4 892	1 415	4 183	3 329	13 819	0.03	−0.05	0	0	0
建筑业	521	263	756	480	2 020	0.01	−0.02	0	−0.01	0
第三产业	3 368	1 362	3 450	2 311	10 490	0.01	−0.01	0	−0.01	0
合计	10 425	3 917	9 698	7 003	31 043	0.02	−0.03	0	−0.01	0

注:B1 情景为产业增加值;S2 情景为政策实施后相对于 B1 情景的变化率。

S2 情景淮河流域四省产业结构对比见表 6-19。结果表明,进行流域内商品转移对产业结构的影响并不大。

表 6-19　S2 情景淮河流域四省产业结构对比　　　　　　　　　　　　%

产业	B1					S2				
	河南	安徽	江苏	山东	淮河流域	河南	安徽	江苏	山东	淮河流域
第一产业	15.77	22.41	13.50	12.61	15.18	0	0	0	0	0
第二产业	51.93	42.83	50.93	54.39	51.02	0	0	0	0	0
工业	46.93	36.12	43.14	47.54	44.52	0	−0.01	−0.01	0	0
建筑业	5.00	6.72	7.79	6.85	6.51	0	0	0	0	0
第三产业	32.31	34.76	35.57	33.00	33.79	−0.01	0.01	0	0	0
合计	100.00	100.00	100.00	100.00	100.00	0	0	0	0	0

注:B1 情景为产业结构;S2 情景为政策实施后相对于 B1 情景的变化率。

2)水资源效果分析

(1)部门用水量及其变化。

表 6-20 列出了 2009 年淮河流域四省 18 部门用水量及变化情况。结果显示,情景二方案下,①淮河流域农业用水量减少 0.03%,其中农业调出区河南省农业用水量增加 2.69%,调入区安徽省减少 2.32%;②与 2009 年实际用水量相比,全流域用水量减少了 0.04%,各地区用水量变化情况不同,其中农业调出区河南省增加了 2.05%,调入区安徽省减少了 1.78%。

(2)虚拟水流动情况。

综合考虑淮河流域进出口虚拟水流量和流域内省际间虚拟水流量关系,列表统计出淮河流域虚拟水净流量矩阵(见表 6-21)。

与 2009 年现状虚拟水流动(见表 6-8)相比,安徽省虚拟水净调出量减少 0.11 亿 m³,这主要是由河南省对安徽的农业输出量增加引起的。

表 6-20　S2 情景四省 18 部门用水量对比

行业	B1/亿 m³					S2/%				
	河南	安徽	江苏	山东	淮河流域	河南	安徽	江苏	山东	淮河流域
农业	74.00	80.55	206.43	58.61	419.59	2.69	-2.32	-0.08	-0.10	-0.03
煤炭	3.32	1.23	0.06	0.34	4.95	0.15	-0.17	-0.01	-0.01	0.20
石油	0.78	0.26	0.15	0.38	1.57	0.21	-0.26	-0.01	-0.01	0
其他采掘	1.34	0.68	0.10	0.84	2.96	0.11	-0.25	-0.01	-0.01	0
食品	2.02	1.41	0.20	0.68	4.31	0.19	-0.33	-0.03	-0.03	0
纺织	0.57	0.65	1.25	0.46	2.93	0.17	-0.40	-0.01	-0.01	0
造纸	2.32	0.53	0.27	0.70	3.82	0.30	-0.37	-0.01	-0.02	0.26
化学	3.07	2.07	1.71	1.49	8.34	0.31	-0.37	0	-0.01	0
建材	1.31	1.58	0.17	0.22	3.28	0.11	-0.40	-0.01	-0.01	-0.30
冶金	3.32	2.86	0.82	0.48	7.48	0.20	-0.29	0	0	0
机械	0.79	0.90	0.41	0.33	2.43	0.21	-0.23	0	0	0
电子	0.08	0.07	0.45	0.07	0.67	0.38	-0.29	0	0	0
电力	3.75	17.74	19.59	1.46	42.54	0.22	-0.57	0.01	0	-0.21
其他工业	0.68	0.12	0.12	0.10	1.02	0.33	-0.09	-0.01	-0.01	0
建筑	0.89	0.49	0.59	0.41	2.38	0.13	-0.09	0	-0.01	0
运输	0.04	0.06	0.53	0.13	0.76	0.02	-0.02	0	-0.02	0
批发零售	0.07	0.10	0.51	0.17	0.85	0.03	-0.02	0	-0.02	0
其他服务	1.08	1.16	2.73	0.46	5.43	0.03	-0.04	0	0	0
合计	99.43	112.46	236.09	67.33	515.31	2.05	-1.78	-0.07	-0.09	-0.04

注:B1 情景为部门用水量;S2 情景为政策实施后相对于 B1 情景的变化率。

表 6-21　S2 情景流域省际间虚拟水贸易对比　　　　　单位:亿 m³

调入	调出				净调出量
	河南	安徽	江苏	山东	
河南	—	-0.65(0.11)	2.91(-0.24)	4.33(-0.09)	6.59(-0.22)
安徽	0.65(-0.11)	—	5.23(-0.03)	4.68(0)	10.56(-0.14)
江苏	-2.91(0.24)	-5.23(0.03)	—	5.34(-0.01)	-2.8(0.26)
山东	-4.33(0.09)	-4.68(0)	-5.34(0.01)	—	-14.35(0.1)

注:表格中数字为 S2 情景虚拟水贸易量;括号中为 S2 情景相对于 B1 情景的变化量。

（3）区域用水量。

根据表 6-20 和表 6-21 整理得出淮河流域各省用水总量变化量,见表 6-22。增加河南省对安徽省农业贸易的 5%,对淮河流域经济系统的影响有:①河南、安徽之间贸易的增长将拉动河南省的农业需求,同时在总出口规模的约束下安徽、江苏和山东的农业需求受到抑制;②农业需求的变化引起农业用水需求量的变化,使得整个经济系统的用水需求量发生变化,与基准情景(B1)相比,淮河流域用水需求量减少 0.19 亿 m³,各地区情况不一,其中河南增加 2.04 亿 m³,安徽、江苏和山东分别减少 2.00 亿 m³、0.17 亿 m³ 和 0.06 亿 m³。

表 6-22　S2 情景淮河流域四省用水总量变化量　　　　　　单位:亿 m³

指标	河南	安徽	江苏	山东	淮河流域
实体水	2.04	−2.00	−0.17	−0.06	−0.19
虚拟水流量	6.59(−0.22)	10.56(−0.14)	−2.8(0.26)	−14.35(0.1)	0(0)

注:表格中数字为 S2 情景指标;括号中为 S2 情景相对于 B1 情景的变化量。

6.2.3.2　基于进出口贸易的水资源利用评估

根据表 6-1 和表 6-6,2009 年现状水平下,淮河流域上游地区(包括河南省和安徽省)为商品贸易净调入区,在虚拟水贸易上为净调出区。现有的贸易结构降低了河南省和安徽省的水资源利用效率和效益。

从当前研究和淮河流域出发,减少高虚拟水商品的输出是提高安徽水资源利用效益,缓解水资源短缺问题的有效途径。鉴于此,本书从调控产品对外输出数量方面设置了如下情景。

1. 情景方案

情景三(S3):保持淮河流域总出口规模不变,减少安徽省 5% 农业出口需求量。

安徽省 2009 年农业出口为 489 亿元,根据情景方案要求和表 6-10 农业产出价值与指标关系,2009 年生产技术条件下,减少 5% 的农业出口需求意味着减少 24.5 亿元的农业产出,其中减少 8.6 万 t 粮食出口需求。

2. 宏观经济影响分析

1) 总体情况

减少安徽省农业出口,将使得安徽省出口总价值减少 0.872%;在淮河流域总出口规模不变的要求下,河南省、江苏省和山东省出口价值将分别增加 0.013%、0.021% 和 0.183%;受出口影响,各省实际 GDP 也呈现类似的变动,全流域实际 GDP 略微下降。

表 6-23　S3 情景淮河流域宏观经济指标　　　　　　　　　%

宏观总量	河南	安徽	江苏	山东	淮河流域
实际 GDP	0.018	−0.248	0.016	0.027	−0.013
CPI	−0.302	−0.666	−0.297	−0.297	−0.344
就业人员	0.094	−0.642	0.109	0.115	0
实际投资	0.006	0.224	−0.026	0.001	0.030
平均工资	−0.278	−1.195	−0.260	−0.252	−0.396
资本存量	−0.026	0.136	−0.032	−0.013	−0.008
出口价值	0.013	−0.872	0.021	0.183	0
进口价值	0	0	0	0	0

注:表中各指标为相对 B1 情景的变化率。

2）部门情况

S3 情景淮河流域四省名义 GDP 对比见表 6-24。从纵向看,安徽省农业出口下降 5%造成安徽省名义 GDP 下降 0.19%,其中第一产业下降 1.88%,第二产业增加 0.5%,第三产业增加 0.04%,表明由于出口受阻,地区经济将受到一定损害,其中第一产业受损最为严重。从横向看,安徽省农业产出规模减少促进了其他省的农业发展,其中江苏省增加了0.03%,山东省增加了 0.02%;同时,注意到河南省农业减少了 0.01%,这主要是由河南省是安徽省农业调入大省,安徽省农业出口下降阻碍了安徽省本省农业发展,造成安徽省对河南省农业的需求量下降。就全流域而言,第一产业产出有所下降,其他产业则略微上升,流域 GDP 反而呈现略微增长势头。可以得出结论,淮河流域农业出口减少反而促进了全流域的经济增长,表明安徽省农业出口是以损害全流域经济的后果支持了流域以外地区的经济发展。

表 6-24　S3 情景淮河流域四省名义 GDP 对比

产业	B1/亿元					S3/%				
	河南	安徽	江苏	山东	淮河流域	河南	安徽	江苏	山东	淮河流域
第一产业	1 644	878	1 309	883	4 714	-0.01	-1.88	0.03	0.02	-0.34
第二产业	5 414	1 678	4 939	3 809	15 839	0.04	0.50	0.03	0.05	0.09
工业	4 892	1 415	4 183	3 329	13 819	0.04	0.56	0.03	0.05	0.10
建筑业	521	263	756	480	2 020	0.05	0.17	0.04	0.05	0.06
第三产业	3 368	1 362	3 450	2 311	10 490	0.05	0.04	0.04	0.05	0.04
合计	10 425	3 917	9 698	7 003	31 043	0.04	-0.19	0.03	0.05	0.01

注:B1 情景为产业增加值;S3 情景为政策实施后相对于 B1 情景的变化率。

3. 水资源效果分析

表 6-25 列出了 S3 情景淮河流域四省 18 部门用水量对比。结果显示,减少安徽省农业出口规模的影响包括:①受安徽省农业出口减少影响,安徽省农业用水量减少 1.56%,带动整个流域农业用水量减少 0.30%;②在总出口规模不变约束下,江苏省和山东省农业产出增加,农业用水量增加了 0.01%;③受安徽省农业产出减少影响,流域内其他地区和部门的用水量均受到影响,部分表现为用水增加,部分表现为用水减少。

表 6-25　S3 情景淮河流域四省 18 部门用水量对比

行业	B1/亿 m³					S3/%				
	河南	安徽	江苏	山东	淮河流域	河南	安徽	江苏	山东	淮河流域
农业	74.00	80.55	206.43	58.61	419.59	0	-1.56	0.01	0.01	-0.30
煤炭	3.32	1.23	0.06	0.34	4.95	0.05	0.28	0.03	0.03	0
石油	0.78	0.26	0.15	0.38	1.57	0.07	0.29	0.04	0.06	0
其他采掘	1.34	0.68	0.10	0.84	2.96	0.09	0.32	0.10	0.09	0

续表 6-25

行业	B1/亿 m³					S3/%				
	河南	安徽	江苏	山东	淮河流域	河南	安徽	江苏	山东	淮河流域
食品	2.02	1.41	0.20	0.68	4.31	-0.22	1.96	-0.48	-0.23	0.70
纺织	0.57	0.65	1.25	0.46	2.93	-0.05	1.37	-0.09	-0.04	0.34
造纸	2.32	0.53	0.27	0.70	3.82	0.04	0.69	-0.02	0.02	0
化学	3.07	2.07	1.71	1.49	8.34	0.01	0.48	0.01	0.02	0.12
建材	1.31	1.58	0.17	0.22	3.28	0.03	0.40	0.02	0.01	0.30
冶金	3.32	2.86	0.82	0.48	7.48	0.05	0.36	0.08	0.10	0.13
机械	0.79	0.90	0.41	0.33	2.43	0.09	0.35	0.04	0.09	0
电子	0.08	0.07	0.45	0.07	0.67	0.17	0.35	-0.01	0.03	0
电力	3.75	17.74	19.59	1.46	42.54	0.05	0.41	0.04	0.04	0.19
其他工业	0.68	0.12	0.12	0.10	1.02	0.05	0.62	-0.04	0.04	0
建筑	0.89	0.49	0.59	0.41	2.38	0	0.12	-0.02	0	0
运输	0.04	0.06	0.53	0.13	0.76	-0.01	-0.10	0	0.01	0
批发零售	0.07	0.10	0.51	0.17	0.85	-0.01	-0.18	-0.01	0	0
其他服务	1.08	1.16	2.73	0.46	5.43	0.01	0.05	0	0.01	0
合计	99.43	112.46	236.09	67.33	515.31	0	-1.00	0.01	0	-0.21

注：B1 情景为部门用水量；S3 情景为政策实施后相对于 B1 情景的变化率。

6.2.4 基于动态视角的虚拟水流分析

6.2.4.1 动态多区域可计算一般均衡模型构建

1. 动态机制

为了实现 CGE 模型的动态化，分时段设计了 4 种模拟方式：历史模拟、分解模拟、预测模拟和政策模拟（见图 6-4）。

（1）历史模拟，外生模拟历史时期内所有可以观测到数据的变量，根据实际值进行冲击，可以得到以内生变量的值（一般不容易统计观测），用以率定预测模拟的内生变量。

（2）分解模拟，与历史模拟同时段，是历史模拟的一个逆过程，即交换两者内外生变量，可观测变量内生求解，可以对比模拟结果与实际可观测数据是否一致，进行模型结果校核，也方便查看各个变量对某经济变量影响程度的大小。

（3）预测模拟是根据经济发展规划，模拟不加入任何政策扰动或外生冲击情况下的社会经济自然发展趋势。

（4）政策模拟是在预测模拟的基础上，加入一定政策冲击，对比预测模拟与政策模拟的结果，即"有–无"对比分析，得出政策实施产生的效果。在实际模型构建与应用中，可以根据不同时段的研究需求巧妙地选用不同的模式，合理地设置内外生变量来实现不同的研究目标，具有灵活性。

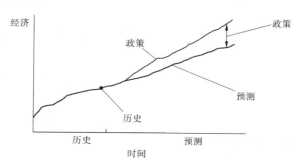

图 6-4　可计算一般均衡模型的动态模拟示意

可计算一般均衡模型实现动态化机制包括三部分：①资本的动态积累；②金融资本（债务）的动态积累；③区域劳动力市场动态调整机制。通过要素市场动态积累可以将不同年度的经济运行联系起来，从而实现可计算一般均衡模型的跨期动态化更新与调整。

1）资本的跨期动态积累

模型中资本的动态积累表现为：第 $t+1$ 年资本存量等于第 t 年资本存量减去折旧加上投资，见式（6-1）。当年的投资只会影响下一年的资本存量。

$$K_j(t+1) = K_j(t) \times (1-D_j) + I_j(t) \tag{6-1}$$

式中：K 为第 j 行业的资本；I 为第 j 行业的投资 I 取决于投资回报率；D 为第 j 行业的资本折旧率。

投资回报率方程见式（6-2）。

$$E_t[ROR_j(t)] = -1 + \frac{E_t[Q_j(t+1)]}{C_j(t)} \times \frac{1}{1+r} + (1-D_j) \times \frac{E_t[C_j(t+1)]}{C_j(t)} \times \frac{1}{1+r} \tag{6-2}$$

式中：E_t 为 t 期的期望值；ROR 为投资的回报率；Q 为资本租金率；r 为利息率；C 为增加一单位资本所需的成本。

式（6-2）表明当期投资回报率由下一期资本租金、下一期预期资本形成价格、当期资本形成价格以及利率共同决定。

式（6-3）为资本增长决定方程：

$$E_t[ROR_j(t)] = f_{jt}\frac{K_j(t+1)}{K_j(t)} - 1 \tag{6-3}$$

式中：f_{jt} 为一个非增函数，表示资本的增长取决于投资回报率，具体机制见文献[122]（Zhang，1996）。

2）金融资产（债务）的跨期动态积累

SinoTERM 模型中，金融资产和债务取决于经常项目赤字和预算赤字。下一期资产

或负债水平由当期资产或负债水平在下一期的终值、负债产生的利息以及新增债务的终值等决定,具体方程如下:

$$D_q(t+1) = D_q(t) \times V_q(t,t+1) + \left[\frac{D_q(t) + D_q(t+1)}{2}\right] \times R_q(t) + J_q(t) \times V_q(t_m, t+1)$$

$$(6-4)$$

式中:D_q 为资产或债务水平;V_q 为到 $t+1$ 期的贴现率;R_q 为资产或债务的平均利息率;J_q 为追加的资产或债务。

式(6-4)左侧为 $t+1$ 期的资产或债务水平,方程右侧第一项为 t 期资产或债务水平到 $t+1$ 期的终值❶,第二项为平均利息,第三项为 t 期内追加投资或债务到 $t+1$ 期的终值 (Horridge,2001)。因此,式(6-4)表明下一期资产(负债)由当期资产(负债)在下一期的终值、负债产生的利息以及新增债务的终值等决定。

3)区域劳动力市场调整理论

SinoTERM 模型劳动力市场的调整机制见式(6-5)。

$$\left(\frac{W_t^r}{Wf_t^r} - 1\right) = \left(\frac{W_{t-1}^r}{Wf_{t-1}^r} - 1\right) + \alpha\left(\frac{EMP_t^r}{EMPf_t^r} - \frac{LS_t^r}{LSf_t^r}\right) \qquad (6-5)$$

式中:W_t^r 为第 t 年第 r 区实际工资;Wf_t^r 为基准情景第 t 年第 r 区实际工资;EMP_t^r 为第 t 年第 r 区劳动力需求;$EMPf_t^r$ 为基准情景第 t 年第 r 区劳动力需求;LS_t^r 为第 t 年第 r 区劳动力供给;LSf_t^r 为基准情景第 t 年第 r 区劳动力供给;α 为调整滞后系数。

如果政策冲击弱化了第 t 年第 r 区的劳动力市场,实际工资 W_t^r 将会偏离至基准情景 Wf_t^r 以下,劳动力需求 EMP_t^r 与劳动力供给 LS_t^r 之间相对于基准情景的劳动力供给 $EMPf_t^r$ 与劳动力需求 LSf_t^r 为的初始差距会越来越大。在其后的年份,实际工资进一步下降,劳动力需求与供给的差值会逐渐回到基准情景水平。劳动力调整的速度还依赖于政府的调控手段,用 α 表示,政府的调控会带来正面影响。

区域劳动力供给方程:

$$\frac{LS_t^r}{LSf_t^r} = \frac{\dfrac{(W_t^r)^r}{\sum_q (W_t^q)^r S_t^q}}{\dfrac{(Wf_t^r)^r}{\sum_q (Wf_t^q)^r Sf_t^q}} \qquad (6-6)$$

区域实际工资相对于国家平均实际工资的偏离决定了区域地区劳动力供给偏离基准情景的程度。在式(6-6)中,$\sum_q (W_t^q)^r S_t^q$ 为劳动力对全部区域加总实际工资的响应,其中 S_t^q 是一个正的系数,是指区域 q 在国家就业中的份额。$\sum_q (Wf_t^q)^r Sf_t^q$ 为基期劳动力对全部区域加总实际工资的响应,Sf_t^q 是指基准情景区域 q 在国家就业中的份额。

若特定区域实际工资若相对于基准情景的偏离下降,根据式(6-6)特定区域的劳动力

---

❶　终值,即为资金在经过若干期后包括本金和利息在内的未来时点上的价值。

供给将会下降,而其他区域的劳动力供给会上升。结合式(6-5)与式(6-6),额外的失业和较低的实际工资,导致特定区域劳动力市场将会首先调整,失业率将最终回到基准情景水平,实际工资下降。随着实际工资下降至基准情景水平,该地区的劳动力供给也将下降。在这个理论下,当区域间劳动力迁移和地区工资差异发生变化,劳动力市场将进行长期调整。

2. 虚拟水模块

VW 模块指定了最终消费而不是中间消费所使用的水,这使研究人员能够评估一个国家、地区、生活方式群体或家庭的最终消费模式的直接和间接需水量。

SinoTERM 模型包含 R 个省份和 N 个经济部门,R 省 j 部门总产出 X_j^r 可表示为中间投入 $A_{ij}^r X_j^r$ 加上最终消费 Y_j^r。

$$X_j^r = A_{ij}^r X_j^r + Y_j^r \tag{6-7}$$

式(6-7)可改写为

$$X_j^r = (I - A_{ij}^r)^{-1} + Y_j^r \tag{6-8}$$

式中:I 为单位矩阵;A_{ij}^r 与矩阵的阶数相同。

直接用水量向量扩展为 $W_j^r = [W_1, W_2, \cdots, W_n]$,$W_j^r$ 是 r 区域的直接用水量向量。

用水量系数(由地区 r 向地区 s 供应的水以产生一个货币单位的最终需求)可得:

$$D_j^{rs} = (I - A_{ij}^{rs})^{-1} W_j^{rs} \tag{6-9}$$

式中:D_j^{rs} 为区域 r 向其他区域供应的总水量,以在区域 s 的 j 区产生最终需求的一个货币单位。

从区域 s 到区域 r 的虚拟水可以计算为

$$VW_{ij}^{rs} = D_{ij}^{rs} Y_j^{rs} \tag{6-10}$$

式中:VW_{ij}^{rs} 为 r 区 i 区到 s 区 j 区的虚拟水量和 Y_j^{rs} 中 s 区 j 扇区的产量。

因此,区域 r 的虚拟水流入和流出总量可以计算为

$$VW_{in}^r = \sum_{i \neq r} VW^{ir} \tag{6-11}$$

$$VW_{out}^r = \sum_{i \neq r} VW^{ir} \tag{6-12}$$

式中:VW_{in}^r 为 r 区域的虚拟水总流入量;VW_{out}^r 为 r 区域的虚拟水流出总量。

SinoTERM 模型通过资本动态积累和区域劳动力市场动态调整实现了动态模拟。Dixon 等(2002),Mai 等(2010)对资本动态积累进行了详细讨论。Horridge 和 Wittwer 讨论了区域劳动力市场的动态。

6.2.4.2　基准情景与政策情景设置

1. 基准情景

1)宏观经济

基准情景分为两个时期,第一个“历史”时期是 2009—2018 年,第二个“计划”时期是2019—2020 年。第一时期,根据实际经济增长情况对经济变量进行赋值,包括 GDP、消费、投资、产业结构、就业、价格水平等主要经济指标。第二时期,经济增长数据参考四省“十三五”规划。经济增长的预测见表 6-26。

表 6-26　基线情景下的 GDP 及其增长速度

省份	国民生产总值(亿元,按 2009 年价格计算)							国内生产总值增长速度/%	
	2009 年	2015 年	2016 年	2017 年	2018 年	2019 年	2020 年	2019 年	2020 年
河南	104	187	202	218	234	249	264	6.50	5.85
安徽	39	63	68	74	80	85	91	6.70	6.03
江苏	97	167	180	193	206	219	232	6.50	5.85
山东	70	124	133	143	152	162	171	6.30	5.67
总计	310	540	584	629	673	717	759	6.55	5.90

2)虚拟水贸易

2009 年虚拟水贸易见 6.2.2 部分。2020 年 VW 流量如表 6-27 所示。2020 年淮河流域向流域外转移 26 653×10⁶ m³ VW,见表 6-27。

表 6-27　2020 年淮河流域净 VW 流量矩阵　　　　　　单位:×10⁶ m³

流入	流出				VW 净流出量	VW 向流域以外其他地区的流量总计	VW 总流出量
	河南	安徽	江苏	山东			
河南	—	-148	614	797	1 263	3 071	4 334
安徽	148	—	1 052	936	2 136	6 236	8 372
江苏	-614	-1 052	—	1 043	-623	12 695	12 072
山东	-797	-936	-1 043	—	-2 776	4 652	1 876
合计	-1 263	-2 136	623	2 776	0	26 653	26 653

其他模型所需数据见 6.2.2 部分,不再赘述。

2. 政策情景

虚拟水的净流出量主要集中在缺水的安徽省。为了缓解淮河上游的水资源压力,应减少水资源密集型商品的流出。设定两种政策情景:S1 安徽农业减少产量 5%;S2 安徽农业对外流动需求减少 5%。

6.2.4.3　虚拟水流动的动态影响分析

1. 宏观经济影响

2020 年两种政策情景下的宏观经济影响如图 6-5 所示。在 S1 情景下,安徽省农业产量减少 5%,GDP 将减少 0.218%。GDP 是资本、劳动和技术进步(一般不变)的函数,GDP 下降是资本(0.132%)和劳动力调整(-0.352%)的综合作用。S1 情景下淮河流域农业产量下降明显,河南、江苏、山东三省将扩大农业生产,同时增加粮食的外部流入,故河南、江苏、山东三省实际 GDP 呈增长趋势,河南、江苏、山东的 GDP 分别增长 0.109%、0.147%、0.112%。河南 GDP 增长是资本(0.152%)和劳动力调整(0.042%)的综合作用。江苏 GDP 增长是资本(0.179%)和劳动力调整(0.08%)的综合作用。江苏 GDP 增长是资本（0.148%）和劳动力调整（0.046%）的综合作用。2020 年淮河流域 GDP 将比基准情景增长 0.037%，是资本（0.403%）和劳动力调整（−0.396%）的综合作用。农业是劳动密集型产业，S1 情景下安徽农业就业将受到负面影响，从而导致淮河流域整体就业水平下降。农产品数量减少会导致其价格上涨，2020 年居民消费价格指数（CPI）比基准情景增长 0.481%。2020 年家庭实际消费将比基准情景减少 0.174%，投资比基准情景增长 0.296%。安徽农产品的相对价格上涨，安徽的农产品流出量将减少 0.41%，而流入量增加。淮河流域的农产品流入和流出量将分别增长 0.023% 和 0.119%。

在 S2 情景下，安徽省农业流出需求减少 5%，安徽省 GDP 受到负面影响，2020 年将减少 0.248%。农业属于劳动密集型行业，安徽省就业将受到负面影响（较基准情景减少 0.342%）。S2 情景下，安徽市场农产品供应量增加，农产品价格下降，CPI 呈下降趋势。这种效应可以通过区域间贸易联系影响到其他地区。江苏和山东需要从外部流入农产品。随着劳动力和资本在地区间的流动，河南、江苏和山东的就业和资本将增加，从而带动这三个省的 GDP 增长。如河南省就业和资本将分别增长 0.094% 和 0.013%，带动 GDP 增长 0.018%，但淮河流域 GDP 仍呈下降趋势，GDP 降幅远小于安徽省。

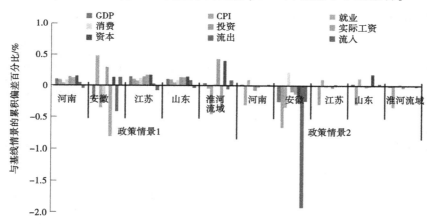

注：与基线情景的累积偏差百分比。

图 6-5　2020 年两种政策情景下的宏观经济影响　（%）

2. 耗水量

在 S1 情景下，安徽省 2020 年用水量下降 2.32%（见表 6-28），带动淮河流域农业用水量下降 0.65%。2020 年河南、江苏、山东农业用水量分别较基准情景增多 0.08%、0.10% 和 0.69%。其他大多数行业的用水量呈下降趋势。食品加工制造业是农业的下游产业，由于 S1 情景下安徽当地市场缺乏农产品，导致其产量下降。

在 S2 情景下，农业用水量减少 1.56%，引起淮河流域农业用水量减少 0.3%。农业是用水大户，农业用水量的减少将缓解其他部门的用水压力，其他部门的用水量呈增加趋势。S2 情景下由于安徽省本地农产品产量增加，食品加工制造业快速发展，其用水量将增加 1.96%。江苏、山东的农业产量将会增加，相应的农业用水量也会增加。

表 6-28　2020 年两种政策情景下不同行业用水量的影响　　　　　%

行业	S1					S2				
	河南	安徽	江苏	山东	淮河流域	河南	安徽	江苏	山东	淮河流域
农业	0.69	-2.32	0.08	0.10	-0.65	0	-1.56	0.01	0.01	-0.30
煤炭	-0.15	-0.17	-0.01	-0.01	-0.20	0.05	0.28	0.03	0.03	0
石油	-0.21	-0.26	-0.01	-0.01	0	0.07	0.29	0.04	0.06	0
其他采矿	-0.11	-0.25	-0.01	-0.01	0	0.09	0.32	0.10	0.09	0
食品	0.19	-0.33	0.03	0.03	-0.08	-0.22	1.96	-0.48	-0.23	0.70
纺织	-0.17	-0.40	-0.01	-0.01	0	-0.05	1.37	-0.09	-0.04	0.34
造纸	-0.3	-0.20	0	-0.01	-0.26	0.04	0.69	-0.02	0.02	0
化学	-0.31	-0.37	0	-0.01	0	0.01	0.48	0.01	0.02	0.12
建材	-0.11	-0.40	-0.01	-0.01	0.30	0.03	0.40	0.02	0.01	0.30
冶金	-0.20	-0.29	0	0	0	0.05	0.36	0.08	0.10	0.13
机械	-0.21	-0.23	0	0	0	0.09	0.35	0.04	0.09	0
电子	-0.38	-0.29	0	0	0	0.17	0.35	-0.01	0.03	0
电力	-0.22	-0.57	0.01	0	0.21	0.05	0.41	0.04	0.04	0.19
其他行业	-0.33	-0.09	-0.01	-0.01	0	0.05	0.62	-0.04	0.04	0
建筑	-0.13	-0.09	0	-0.01	0	0	0.12	-0.02	0	0
运输	-0.02	-0.02	0	-0.02	0	-0.01	-0.10	0	0.01	0
批发零售	-0.03	-0.02	0	-0.02	0	-0.01	-0.18	-0.01	0	0
其他服务	-0.03	-0.04	0	0	0	0.01	0.05	0	0.01	0
总计	-0.35	-1.78	-0.07	-0.09	-0.14	0	-1.00	0.01	0	-0.21

注:与基线情景的累积偏差百分比。来源:模拟结果。

3. 虚拟水流动

在 S1 情景下,2020 年安徽省 VW 减少了 322×10^6 m³。VW 向流域外的流出量减少了 178×10^6 m³(见表 6-29)。由于安徽省向河南省、江苏省和山东省的农产品流出量减少,这三个省需要从其他地方流入农产品。河南省到江苏省和山东省的 VW 量分别减少了 25×10^6 m³ 和 10×10^6 m³,河南的 VW 净流出量减少了 23×10^6 m³。江苏省和山东省 VW 净流出量分别增加了 78×10^6 m³ 和 89×10^6 m³。但 VW 向流域外其他地区的流量分别减少了 106×10^6 m³ 和 22×10^6 m³。淮河流域总 VW 量减少了 394×10^6 m³。

在 S2 情景下,流域内 VW 净流出量减少了 89×10^6 m³(见表 7-30)。江苏省和山东省增加了来自河南省的农产品流入,安徽省减少了来自河南省的农产品流入。从河南省到江苏省和山东省的 VW 量分别增加了 $24×10^6$ m³ 和 $15×10^6$ m³。从河南省到安徽省的 VW 量减少了 $7×10^6$ m³。河南省对外 VW 净流出量减少了 $80×10^6$ m³。江苏省和山东省对外 VW 净流出量分别增加 $43×10^6$ m³ 和 $2×10^6$ m³。淮河流域的总流量减少了 $241×10^6$ m³。

表 6-29　2020 年在 S1 情景下 VW 的转换情况　　　　单位:$×10^6$ m³

流入	流出				VW 净流出量	VW 总流出量 其他地区	VW 总流出量
	河南	安徽	江苏	山东			
河南	—	12	−25	−10	−23	−88	−111
安徽	−12		−85	−47	−144	−178	−322
江苏	25	85	—	−32	78	−106	−28
山东	10	47	32	—	89	−22	67
淮河流域	88	178	−78	−89	0	−394	−394

表 6-30　2020 年在 S2 情景下 VW 的转换情况　　　　单位:$×10^6$ m³

流入	流出				VW 净流出量	VW 向流域以外其他 地区的流量总计	VW 总流出量
	河南	安徽	江苏	山东			
河南	—	7	24	15	46	−80	−34
安徽	−7	—	−46	−36	−89	−116	−205
江苏	−24	46	—	0	32	−43	−11
山东	−15	36	0	—	21	−2	19
淮河流域	−46	89	−32	−21	0	−241	−241

6.3　水权市场政策分析

　　水权市场是适应水资源紧缺和市场经济条件的水资源管理方式。建设水权市场,有利于政府转变水资源管理方式,实现水资源管理从行政手段管理向政府调控市场管理方式的转变。水权市场在宏观上最基本的作用就是调剂余缺,实现供需平衡,完成用水总量控制目标;在微观上,水权交易可激励用水行为,促进水资源流向高效利用部门,提升用水效益,增加部门产出,同时促进产业结构调整(李原园等,2004)。

6.3.1　研究框架

6.3.1.1　**基本思路**

流域总供水水平决定了流域经济的发展规模和结构。本书以流域总供水量作为政策变量,利用 TERMW 模型评估流域不同供水水平的水资源利用和经济效果。鉴于水权市场在资源优化配置过程中的作用,本书将分别按照"有水权市场"和"无水权市场"两种水资源利用方式进行定量评估。

由于水权市场本身的复杂性及影响因素的多重性,本书并不试图构建淮河流域水权市场,而是基于水权市场的一般特征,虚拟出一个可以供各水权所有者进行水权交易的"水权市场",研究的重点将是具有"水权市场"特征的水资源利用方式在水资源优化配置和经济发展中的效果评估。"有水权市场"和"无水权市场"的定义如下:

"无水权市场"(No water Market situation,NM 模式):现状淮河流域水资源利用方式,水资源在地区间不能进行交易,但同一区域内部门间可进行水权交易。

"有水权市场"(With water Market situation,WM 模式):虚拟的淮河流域水资源利用方式,水资源在地区和部门间可自由交易。

水权市场效果评估的基本思路为:首先,根据流域总供水量变化要求,分别拟定"有水权市场"和"无水权市场"两种模式下情景方案;其次,运用 TERMW 模型,定量评估"有水权市场"和"无水权市场"两种模式下的水资源利用和经济发展情况;最后,采用"有-无"对比分析法,评价水权市场在水资源优化配置和水资源高效利用方面的效果。水权市场效果评估研究框架见图 6-6。

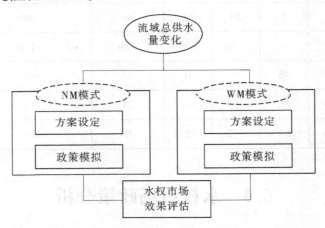

图 6-6　水权市场效果评估研究框架

6.3.1.2　**水权市场模块**

1. 相关概念

为便于分析,对水权市场的一些相关概念进行简要阐述。

1) 水权

水权市场的逻辑起点是水权概念,它是水权市场的客体,是本节研究的重点对象。在我国,水权的主流观点是水资源所有权和各种用水权利与义务的行为准则和规则,它通常包括水资源所有权、开发使用权、经营权以及与水有关的其他权益。本书中讨论的水权概念主要包括两方面内容：一方面，为运用水权市场进行水权交易，需要首先明晰水资源的初始水权，即水权所有者所拥有的水权份额；另一方面，作为水权市场配置的对象，水权概念指的是水资源使用权，即其他用水户从水权所有者手中购买的水量份额。

2）水权市场

水权的市场配置形成水权市场，即水使用权交易市场。

3）水权主体

水权主体作为水权三要素的重要内容之一，对于"谁是水权市场主体的问题"，理论界存在不同争论（单以红，2007）。本书从国民经济生产角度出发，提出水权主体为经济生产部门，具体到淮河流域四省的 18 个国民经济行业，值得注意的是，不同地区的相同行业为不同的水权主体。

4）水权客体

水权市场交易的客体称为水权，即水资源的使用权，而非水商品。

5）水权价格

水权价格又称为水权交易价格，是水权市场运作的必要条件。当前水权价格的确定方法并不成熟，仍处于理论探讨阶段，大致的方法包括政策性水权价格、成本核算水权价格、边际成本水权价格和水权影子价格等（刘金华等，2012）。本书从水资源影子价格出发，生产者在水资源总量约束下，以生产成本最低为目标进行水资源需求量选择，由此形成的水资源交易价格为水权价格。

6）水权水量

水权水量指的是水权所有者所拥有的水资源使用权数量。本书水权水量是在初始水权的基础上，基于流域总供水量的变化，调整各水权主体的水权水量，使得水权水量总和为变化后的流域总供水量。

7）水权交易类型

水权的市场交易从不同角度出发，呈现不同的形式，从时间和空间角度出发，提出本书的研究视角。

水权交易时间：一般来讲，水权交易时间跨度不等，有短期交易，时间跨度可不足 1 年，有些则为永久交易，例如 25 年以上；本书研究的基础是投入产出表，因此水权交易的时间为 1 年。

水权交易空间：从空间上讲，水权交易的类型较多，包括流域、区域，甚至包括用水户间的转让；本书中的水权转让是指淮河流域四省间的水权交易，包括国民经济生产部门间的水权交易。

2. 水权交易的机制

水权交易是基于以用水效益最大化为目标的水资源优化配置的。图 6-7 为最优交易水量确定示意，图中横坐标是指用水部门的生产规模，纵坐标是指社会效益或成本。其中，MB 为部门生产效益，随着生产规模的扩大，MB 逐步下降，因此向右下方倾斜；MC 为部门边际成本，随着生产规模的增加而逐步上升，因此该曲线向右上方倾斜。由图 6-7 可知，当部门经济活动水平为 Q^* 时，部门净效益最大，此时的用水量为最优用水水平。

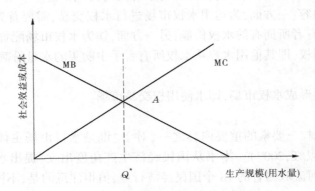

图 6-7　最优交易水量确定示意图

基于上述分析,以两个交易者的水权市场为例,不考虑水权交易中的交易成本,进一步阐述水权交易的基本思想(见图 6-8)。图 6-8 中横坐标表示水权或用水量,纵坐标表示边际收益,$R(A)$、$R(B)$ 分别为 A 和 B 的边际收益,为水权的函数,$R(A)$、$R(B)$ 在水权变量上的积分为 A、B 的总收益。A 为买方,水权量从左向右增加;B 为卖方,水权量从右向左增加。已知 $q^A + q^B = Q$,其中 q^A、q^B 分别为 A、B 两用户的初始水权水量,Q 为两个交易者的初始水权量之和。由市场均衡理论,在不考虑水权交易成本条件下,$p^A = p^B$,为水权市场处于均衡状态时的水权交易价格;$q^{A^*} + q^{B^*} = Q$,q^{A^*}、q^{B^*} 分别为 A、B 两用户的实际用水量之和。

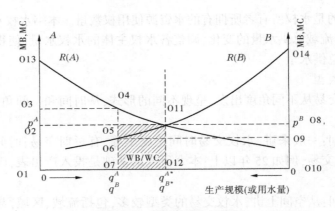

图 6-8　水权市场作用机制

当市场达到均衡时,市场总收益为 O1O13O11O12 与 O10O14O11O12 的面积之和;当没有水权市场,即 A 和 B 用水量为其初始水权水量值 q^A 和 q^B 时,市场收益为 O1O13O4O7 与 O10O14O6O7 的面积,较有水权市场少 O6O11O4 面积收益。

对于 A 而言,当没有水权交易时,其收益为 O1O13O4O7 的面积;当发生水权交易时,其收益为 O12O11O4O7 的面积,同时需支付均衡价格为 p^A,水量为 $q^{A^*} - q^A$ 的成本,即面积 O12O11O5O7,则 A 的净收益增加 O4O11O5。对于 B 而言,当没有水权交易时,其收益为 O10O14O6O7 的面积;当发生水权交易时,其收益为 O10O14O11O12 的面积,同时获得

均衡价格为 p^B、水量为 $q^B - q^{B^*}$ 的水权收益,即面积 O12O11O5O7,与没有水权交易相比,B 的净收益增加了 O6O11O5 的面积。因此,水权交易使得市场总收益增加了 O6O11O4,其中 A 用户增加了 O4O11O5,B 用户增加了 O6O11O5。

同时,不难看出初始水权(q^A 和 q^B)的移动,并不会对 $R(A)$ 和 $R(B)$ 产生影响,市场的均衡状态仍为 O11 点,此时 A 和 B 均衡水量仍为 q^{A^*} 和 q^{B^*},均衡价格仍为 $p^A = p^B$,市场总收益不变。但由于 O4O11O5 和 O6O11O5 面积的变化,AB 两个水权交易者的收益将发生变化,且 q^A 和 q^B 与 q^{A^*} 和 q^{B^*} 越接近,市场发生的水权交易量越小,资源优化程度越高。

根据上述分析,水权交易能够促进资源的高效利用,实现总效益最大化;在不考虑交易成本的条件下,初始水权的分配对市场均衡状态并无影响(田前进,2006),仅在调节资源利用方面起到一定作用。

3. 水权市场模块构建

为了描述区域间和行业间的水权交易,对 TERMW 模型进行改造,形成包含水权市场交易模块的 TERMW 模型。为此,需要增加以下方程:

首先,水权主体的水权水量确定。市场机制配置水资源的前提是明确界定的初始水权。为实现水权水量与用水量分离,研究在原有模型基础上增加了水权水量指标,Xwatright(i,d)(表征不同地区不同行业水权水量),用来区别于用水量 Xwat(i,d)。

Xwatright(i,d) 取值并不固定,随着总供水量的变化而变化。根据前文提出的水权市场评估思路,本书是通过减少流域供水量来评估供水减少对经济系统的影响,因此各水权主体在流域总供水量减少条件下的水权水量变化率是水权水量确定的重点。按照水权初次分配注重公平的原则,各水权主体的水权水量的下降率采用流域总供水量减少率。

其次,确定水权主体交易的准则。对于各水权交易主体,水权交易发生的条件是:对于水权售出方,出售水权的边际收益应大于水生产边际收益;对于水权购入方,购买水权的边际成本应低于水生产边际收益。

再次,计算水权主体的水权收益。对于各部门而言,水权可以在市场内自由贸易,水权主体可从水权交易中获得收益,其收益方程为

$$\text{Watsel}(i,d) = \text{Pwatavg}\{\text{Xwatright}(i,d) - \text{Xwat}(i,d)\} \tag{6-13}$$

式中:Watsel(i,d) 为 d 地区 i 部门的水权收益,满足 $\sum_{i=1}^{I}\sum_{d}^{D}\text{Watsel}(i,d) = 0$;Pwatavg 为流域水权价格;Xwatright(i,d) 为 d 地区 i 部门的初始水权;Xwat(i,d) 第 d 地区 i 部门的用水量。

最后,计算部门产出调整。水权收益作为生产者的资源收益,应将其纳入生产者的部门产出中,其计算公式为

$$\text{Vtot\_agg}(i,d) = \{\text{Vtot}(i,d) + \text{Vwatsel}(i,d)\} \tag{6-14}$$

式中:Vtot_agg(i,d) 为包含水权收益的总产出;Vtot(i,d) 为不含水权收益的总产出。

上述模型机制是,水权主体基于水权水量,通过在水权市场上出售水资源的使用权而平衡水权收益与用水的边际收益,从而最大化水资源的利用效果。

6.3.1.3 方案设计

流域总供水量的变化意味着流域总用水水权将发生变化,相应地,流域内各地区用水水权将发生变化。水权市场旨在基于给定的区域用水水权,按照经济主体的行为方程进行区域用水量求解,即区域的水权水量与区域用水量并不一致。

值得注意的是,有水权市场和无水权市场两种模式下的区域用水方式并不相同,为分析水权市场在水资源优化配置中的效果,本书按照有水权市场和无水权市场两种模式进行情景方案研究。在每一种模式下,以流域总供水量为政策变量,按照流域供水量1%的下降率分别设置9套情景方案,以定量分析政策变化的效果(见表6-31)。

表6-31　淮河流域水权市场效果评估情景设计

情景名称	NM 模式	WM 模式
0	淮河流域供水量不变,即基准方案	淮河流域供水量不变,即基准方案
-1%	淮河流域供水量减少1%	淮河流域供水量减少1%
-2%	淮河流域供水量减少2%	淮河流域供水量减少2%
-3%	淮河流域供水量减少3%	淮河流域供水量减少3%
-4%	淮河流域供水量减少4%	淮河流域供水量减少4%
-5%	淮河流域供水量减少5%	淮河流域供水量减少5%
-6%	淮河流域供水量减少6%	淮河流域供水量减少6%
-7%	淮河流域供水量减少7%	淮河流域供水量减少7%
-8%	淮河流域供水量减少8%	淮河流域供水量减少8%

根据上述分析,流域总供水变化将导致各地区用水水权发生变化,地区用水水权变化的方式对区域用水有着重要的作用。为体现地区用水公平,本书假定两种模式下各地区用水水权的变化幅度与流域总供水量变化幅度相同。

6.3.2　NM 模式供水变化的影响分析

以2009年现状年为基础,利用TERMW模块,根据设计的9个情景方案,获得NM模式的9个情景方案成果,NM模式的情景方案分析如下。

6.3.2.1 供水变化的经济效果评估

1. 流域GDP及水资源影子价格

水资源是国民经济生产的重要要素,水资源供给量的减少将影响国民经济的正常发展,造成一定的经济损失;同时,水资源供给量的减少会促进水资源向高效利用部门转移,提高了水资源的边际产出水平,即水资源影子价格❶。淮河流域GDP及三次产业增加值

---

❶ 水资源影子价格是水资源在国民经济最优配置、平衡增长中的边际价值,它是水资源的单位改变所引起的国民产出的改变量。具体来说,就是水资源增加1 m³,国民产出的增加量。

变化情况见表 6-32,淮河流域水资源供给量变化与 GDP 及水资源影子价格的定量关系见图 6-9。

表 6-32　淮河流域 GDP 及三次产业增加值变化情况　　　　　　　　　　　%

产业	流域总供水量变化率							
	−8%	−7%	−6%	−5%	−4%	−3%	−2%	−1%
第一产业	−1.327	−1.126	−0.934	−0.750	−0.577	−0.415	−0.265	−0.126
第二产业	−0.264	−0.216	−0.173	−0.135	−0.101	−0.071	−0.044	−0.021
第三产业	−0.337	−0.288	−0.241	−0.197	−0.155	−0.114	−0.075	−0.037
GDP	−0.450	−0.379	−0.312	−0.249	−0.191	−0.138	−0.088	−0.042

注:表中数值为不同供水方案指标与基准方案指标的百分率。

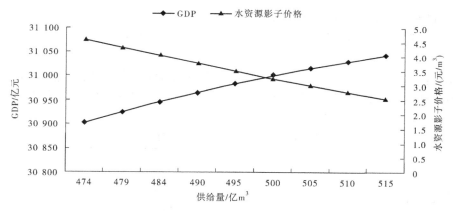

图 6-9　水资源供给量变化对 GDP 及影子价格影响

表 6-32 和图 6-9 显示:①流域供水量下降 8%,淮河流域 GDP 减少 0.450%,由 31 043 亿元降至 30 904 亿元;②随着供水量的减少,第三产业增加值呈全面减少趋势,其中第一产业减少幅度最大,其次为第三产业;③随着流域总供水量的减少,流域 GDP 减少幅度随之增加,表明水资源的边际产出增加,即水资源的影子价格提高。

模拟结果显示,淮河流域 2009 年水平的水资源影子价格为 2.5 元/m³,这与何静等利用非线性动态投入占用产出方法计算的淮河流域水资源影子价格非常接近,进一步表明模型成果是可信的。

通过上述分析,可以得出两个基本结论:

(1)减少水资源供给量,流域 GDP 随之减少。

(2)减少水资源供给量,水资源影子价格随之增加。

2.产业结构

根据不同供水水平下的淮河流域部门增加值,整理淮河流域产业结构变化情况,见表 6-33。结果显示,随着流域供水量的减少,全流域第一产业占 GDP 比重呈减少趋势,第二产业和第三产业比重呈增加趋势;在流域供水量减少 8% 时,流域第一产业结构由

15.19%减少为15.05%,第二产业由51.02%提高到51.12%,第三产业由33.79%提高到33.83%,这种优化结构是由于水资源向用水效益高部门转移的结果。

表6-33　淮河流域产业结构变化情况　　　　　　　　　　　　　　　　%

产业	流域总供水量变化率								
	-8%	-7%	-6%	-5%	-4%	-3%	-2%	-1%	0
第一产业	15.05	15.07	15.09	15.11	15.13	15.14	15.16	15.17	15.19
第二产业	51.12	51.11	51.09	51.08	51.07	51.06	51.05	51.03	51.02
第三产业	33.83	33.82	33.82	33.81	33.81	33.80	33.80	33.79	33.79

通过上述分析,可以得出如下结论:水资源供给减少,水资源利用向用水效益高产业转移,优化了产业结构。

6.3.2.2　供水变化的水资源利用评估

对比-8%和0%两种情景方案,分析行业用水量的变化情况。

1. 行业用水量分析

在无水权市场模式下,模型假定水资源不可以在地区间自由流动,但允许水资源在行业间自由流动,在供水量下降情景下,模型依据部门水资源的利用效率进行行业用水量优化调整,表6-34列出了两种方案下的行业用水量。

表6-34　淮河流域行业用水量对比

行业	-8%/亿 m³	0%/亿 m³	用水量变化率/%	直接用水系数/(m³/万元)
农业	381.04	419.59	-9.2	511.8
煤炭	4.84	4.95	-2.3	23.1
石油	1.53	1.57	-2.4	8.6
其他采掘	2.90	2.96	-1.9	29.7
食品	4.23	4.31	-2.0	7.5
纺织	2.85	2.93	-2.7	6
造纸	3.73	3.82	-2.3	25.8
化学	8.14	8.34	-2.4	12
建材	3.26	3.28	-0.5	7.8
冶金	7.35	7.48	-1.7	9.4
机械	2.38	2.43	-2.0	2.2
电子	0.66	0.67	-2.0	1.7
电力	40.94	42.54	-3.8	192.4

续表 6-29

行业	−8%/亿 m³	0%/亿 m³	用水量变化率/%	直接用水系数/(m³/万元)
其他工业	0.99	1.02	−2.8	6.1
建筑	2.30	2.38	−3.4	3.5
运输	0.75	0.76	−1.2	2.4
批发零售	0.84	0.85	−1.2	2.7
其他服务	5.36	5.43	−1.3	4.3

注:直接用水系数为行业用水量与行业产出的比值。

模拟结果显示,当淮河流域供水量减少 8% 时,流域内农业的用水量变化率为 −9.2%,煤炭−2.7%,运输和批发零售均为−1.2%,说明行业供水量并不是按照流域供水下降率进行配置的,而是存在行业调整;从行业的直接用水系数和用水量变化率两类指标对比看出,直接用水系数越低,行业的用水量下降率越小,表明水资源从用水效率低行业向用水效率高行业转移,实现了水资源在行业间的优化配置。

通过上述分析,可以得出如下结论:水资源供给减少,水资源利用将向用水效率高行业转移。

2. 行业用水效率

由于流域总供水量的减少,水资源要素价格随之提高,生产者通过调整水资源要素和其他要素的投入比例来最小化生产成本,结果便是单位产出中水资源要素投入量下降,表现为水资源的利用效率提高。表 6-35 为淮河流域部门用水定额统计。

表 6-35　淮河流域行业用水定额统计　　　　　单位:m³/万元

行业	流域总供水量变化率								
	−8%	−7%	−6%	−5%	−4%	−3%	−2%	−1%	0%
农业	819.21	827.78	836.41	845.13	853.92	862.82	871.82	880.92	890.13
煤炭	56.37	56.54	56.70	56.85	56.99	57.13	57.26	57.38	57.50
石油	30.84	30.94	31.03	31.13	31.21	31.30	31.37	31.44	31.51
其他采掘	86.26	86.52	86.77	87.01	87.23	87.44	87.64	87.83	88.01
食品	27.89	27.96	28.03	28.10	28.16	28.22	28.28	28.33	28.38
纺织	25.85	25.92	25.99	26.05	26.11	26.17	26.22	26.27	26.31
造纸	92.85	93.20	93.55	93.88	94.19	94.45	94.68	94.89	95.06
化学	50.30	50.46	50.61	50.76	50.90	51.03	51.15	51.26	51.37
建材	28.09	28.15	28.21	28.26	28.31	28.36	28.41	28.45	28.49
冶金	43.07	43.18	43.29	43.39	43.49	43.59	43.68	43.77	43.85

续表 6-35

行业	流域总供水量变化率								
	−8%	−7%	−6%	−5%	−4%	−3%	−2%	−1%	0%
机械	8.49	8.52	8.54	8.57	8.59	8.62	8.64	8.66	8.68
电子	7.85	7.87	7.89	7.91	7.93	7.94	7.96	7.97	7.98
电力	736.43	740.40	744.25	747.97	751.59	755.10	758.51	761.82	765.04
其他工业	24.09	24.17	24.26	24.33	24.40	24.47	24.53	24.60	24.65
建筑	11.55	11.59	11.62	11.65	11.68	11.71	11.73	11.76	11.78
运输	5.14	5.15	5.15	5.16	5.16	5.17	5.17	5.17	5.18
批发零售	3.89	3.90	3.90	3.90	3.91	3.91	3.91	3.92	3.92
其他服务	7.84	7.85	7.86	7.87	7.89	7.90	7.90	7.91	7.92

注:表中数据为行业用水量与行业增加值的比值。

结果显示,淮河流域18行业的用水定额随着流域总供水量的减少而呈现减少趋势,表明行业用水效率提高,其中农业用水效率提高效果最显著,在流域总供水量变化率由−1%减少至−8%过程中,农业的用水效率提高了7.97%。

值得说明的是,这里的用水效率随着流域供水量减少而增加的现象并不是技术节水或结构节水的效果,而是生产者应对水资源短缺的一种适应性调整。当水资源供给量恢复至基准用水量时,行业用水效率又回到基准水平;而当水资源供给量超过基准用水量时,行业用水效率则又低于基准水平。尽管这种行业用水效率的"提高"是生产者为适应水资源短缺而作出的被动调整,但仍可得出流域生产节水的潜在空间,为水资源管理部门制订相关节水政策提供依据。通过上述分析,可以得出如下结论:减少水资源供给,可"提高"行业用水效率。

6.3.3　NM-WM 模式对比分析

以2009年现状年为基础,利用包含水权市场的TERMW模型,根据设计的9个情景方案,得出淮河流域总供水量减少情景下的从宏观到微观的分析结果。由于WM模式下供水减少对宏观经济和水资源利用的影响规律与NM模式相似,本节将不再做进一步阐述。内容撰写包括两方面内容:一是分析水权市场指标;二是对比两种模式的宏观经济和水资源利用效果,按流域和地区对成果进行分别描述。

6.3.3.1　WM 模式指标分析

1. 区域水权交易

水权所有者基于水权水量,通过在水权市场上出售水资源的使用权而平衡水权收益与用水的边际收益,从而使收入最大化。WM模式淮河流域四省水权市场各类指标见表6-36,表中的水权收益为水权水量减去实际用水量,再乘以水权价格。

表 6-36　WM 模式淮河流域四省水权市场指标　　　　　单位:亿 m³

项目	分区	流域总供水量变化率							
		-8%	-7%	-6%	-5%	-4%	-3%	-2%	-1%
水权水量	河南	91.48	92.47	93.46	94.46	95.45	96.45	97.44	98.44
	安徽	103.46	104.59	105.71	106.84	107.96	109.09	110.21	111.34
	江苏	217.20	219.56	221.92	224.29	226.65	229.01	231.37	233.73
	山东	61.94	62.62	63.29	63.96	64.64	65.31	65.98	66.66
用水量	河南	93.76	94.50	95.23	95.95	96.66	97.36	98.06	98.75
	安徽	102.30	103.65	104.97	106.26	107.54	108.80	110.03	111.25
	江苏	215.03	217.53	220.07	222.65	225.28	227.93	230.62	233.34
	山东	62.99	63.56	64.13	64.68	65.23	65.76	66.29	66.82
水权收益	河南	-8.16	-7.05	-5.97	-4.89	-3.87	-2.84	-1.89	-0.92
	安徽	4.15	3.26	2.50	1.90	1.34	0.90	0.55	0.27
	江苏	7.76	7.05	6.24	5.38	4.38	3.37	2.28	1.16
	山东	-3.76	-3.26	-2.83	-2.36	-1.89	-1.40	-0.94	-0.48
水权价格	流域	3.58	3.47	3.37	3.28	3.20	3.12	3.05	2.98

结果表明,淮河流域安徽和江苏为水权水量输出省份,河南和山东为水权水量输入省份。在淮河流域总供水量减少 8% 的条件下,安徽和江苏两省在水权市场中分别出售 1.16 亿 m³ 和 2.17 亿 m³ 的水资源量,共收获 4.15 亿元和 7.76 亿元的水权收益;河南和山东两省在水权市场中购入 2.28 亿 m³ 和 1.05 亿 m³ 的水资源量,支付了 8.16 亿元和 3.76 亿元的水权价格;淮河流域水权交易价格为 3.58 元/m³。

表 6-37 列出了 2009 年淮河流域万元 GDP 用水量指标。由表 6-37 可知,淮河流域内的江苏省和安徽省用水效率低于流域内的河南省和山东省,这很好地解释了安徽省和江苏省在水权市场中为水权出售方,河南省和山东省为水权购入方。

表 6-37　淮河流域 2009 年万元 GDP 用水量指标　　　　　单位:m³

河南	安徽	江苏	山东	淮河流域
95	287	243	96	166

注:该指标为经济部门用水量与 GDP 的比值。

水权价格是水权主体在水权市场上就水权的供给与需求达到均衡时的价格。水权价格随着水资源短缺程度加剧呈增加趋势,WM 模式淮河流域水权市场水权价格变化幅度见图 6-10。模拟显示,流域供水量减少 8%,水权水价由基准情景的 2.92❶ 元/m³ 提高到 3.58 元/m³。

───────────────

❶　按照水权交易理论,水权价格应是包含水权交易成本在内的市场均衡价格,为简化起见,本书并不考虑水权交易成本;现状水权水价是按各地区各行业的水资源价值量加权计算获得的。

基于上述分析,可以得出以下结论:水权市场实现了水资源在区域间的优化配置。

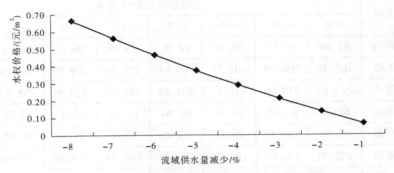

图 6-10　WM 模式淮河流域水权市场水权价格变化幅度

2. 行业水权交易

WM 模式淮河流域行业水权水量见表 6-38。模型在各水权主体水权水量给定的条件下,分别模拟出不同供水水平的淮河流域行业用水量(见表 6-39);淮河流域行业水权交易量见表 6-40;淮河流域行业水权收益见表 6-41。模拟结果显示,就淮河流域 18 行业而言,在水资源短缺时期,水权交易是从用水效益较低的农业转向用水效益较高的工业和服务业;随着水资源短缺程度加剧,水权交易的程度有所加深,例如当流域供水减少 1% 时,由农业向非农行业转移的水权水量为 0.69 亿 m³,而当流域供水减少 8% 时,水权交易量达到 5.21 亿 m³。基于上述分析,可以得出以下结论:水权市场实现了水资源在行业间的优化配置。

表 6-38　WM 模式淮河流域行业水权水量　　　　单位:亿 m³

行业	流域总供水量变化率							
	−8%	−7%	−6%	−5%	−4%	−3%	−2%	−1%
农业	386.02	390.22	394.41	398.61	402.81	407.00	411.20	415.39
煤炭	4.55	4.60	4.65	4.70	4.75	4.80	4.85	4.90
石油	1.44	1.46	1.48	1.49	1.51	1.52	1.54	1.55
其他采掘	2.72	2.75	2.78	2.81	2.84	2.87	2.90	2.93
食品	3.97	4.01	4.05	4.09	4.14	4.18	4.22	4.27
纺织	2.70	2.72	2.75	2.78	2.81	2.84	2.87	2.90
造纸	3.51	3.55	3.59	3.63	3.67	3.71	3.74	3.78
化学	7.67	7.76	7.84	7.92	8.01	8.09	8.17	8.26
建材	3.02	3.05	3.08	3.12	3.15	3.18	3.21	3.25
冶金	6.88	6.96	7.03	7.11	7.18	7.26	7.33	7.41
机械	2.24	2.26	2.28	2.31	2.33	2.36	2.38	2.41

续表 6-38

行业	流域总供水量变化率							
	−8%	−7%	−6%	−5%	−4%	−3%	−2%	−1%
电子	0.62	0.62	0.63	0.64	0.64	0.65	0.66	0.66
电力	39.14	39.56	39.99	40.41	40.84	41.26	41.69	42.11
其他工业	0.94	0.95	0.96	0.97	0.98	0.99	1.00	1.01
建筑	2.19	2.21	2.24	2.26	2.28	2.31	2.33	2.36
运输	0.70	0.71	0.71	0.72	0.73	0.74	0.74	0.75
批发零售	0.78	0.79	0.80	0.81	0.82	0.82	0.83	0.84
其他服务	5.00	5.05	5.10	5.16	5.21	5.27	5.32	5.38

表 6-39　WM 模式淮河流域行业用水量　　　　　　单位：亿 m³

行业	流域总供水量变化率							
	−8%	−7%	−6%	−5%	−4%	−3%	−2%	−1%
农业	380.81	385.62	390.44	395.28	400.12	404.97	409.84	414.71
煤炭	4.86	4.88	4.89	4.90	4.91	4.92	4.93	4.94
石油	1.54	1.55	1.55	1.55	1.56	1.56	1.56	1.57
其他采掘	2.92	2.92	2.93	2.93	2.94	2.95	2.95	2.96
食品	4.25	4.26	4.26	4.27	4.28	4.29	4.30	4.30
纺织	2.86	2.87	2.88	2.89	2.90	2.91	2.92	2.92
造纸	3.75	3.76	3.77	3.78	3.79	3.80	3.81	3.81
化学	8.17	8.20	8.22	8.24	8.26	8.29	8.30	8.32
建材	3.26	3.27	3.27	3.27	3.27	3.28	3.28	3.28
冶金	7.37	7.38	7.40	7.41	7.43	7.44	7.45	7.47
机械	2.39	2.40	2.40	2.41	2.41	2.42	2.42	2.43
电子	0.66	0.66	0.66	0.66	0.66	0.67	0.67	0.67
电力	40.97	41.18	41.39	41.59	41.79	41.98	42.17	42.36
其他工业	1.00	1.00	1.01	1.01	1.01	1.01	1.02	1.02
建筑	2.31	2.32	2.33	2.34	2.35	2.36	2.37	2.37
运输	0.75	0.75	0.75	0.76	0.76	0.76	0.76	0.76
批发零售	0.84	0.84	0.84	0.84	0.85	0.85	0.85	0.85
其他服务	5.37	5.38	5.39	5.40	5.40	5.41	5.42	5.42

表 6-40　WM 模式淮河流域行业水权交易量　　　　单位:亿 m³

行业	流域总供水量变化率							
	−8%	−7%	−6%	−5%	−4%	−3%	−2%	−1%
农业	5.21	4.60	3.97	3.33	2.69	2.03	1.36	0.69
煤炭	−0.31	−0.27	−0.24	−0.20	−0.16	−0.12	−0.08	−0.04
石油	−0.10	−0.09	−0.07	−0.06	−0.05	−0.04	−0.03	−0.01
其他采掘	−0.19	−0.17	−0.15	−0.12	−0.10	−0.07	−0.05	−0.03
食品	−0.28	−0.25	−0.21	−0.18	−0.14	−0.11	−0.07	−0.04
纺织	−0.16	−0.14	−0.12	−0.11	−0.09	−0.06	−0.04	−0.02
造纸	−0.24	−0.21	−0.18	−0.15	−0.12	−0.09	−0.06	−0.03
化学	−0.50	−0.44	−0.38	−0.32	−0.26	−0.20	−0.13	−0.07
建材	−0.25	−0.22	−0.19	−0.16	−0.12	−0.09	−0.06	−0.03
冶金	−0.49	−0.43	−0.37	−0.31	−0.25	−0.19	−0.12	−0.06
机械	−0.16	−0.14	−0.12	−0.10	−0.08	−0.06	−0.04	−0.02
电子	−0.04	−0.04	−0.03	−0.03	−0.02	−0.02	−0.01	−0.01
电力	−1.83	−1.62	−1.40	−1.18	−0.95	−0.72	−0.48	−0.24
其他工业	−0.06	−0.05	−0.05	−0.04	−0.03	−0.02	−0.02	−0.01
建筑	−0.12	−0.11	−0.09	−0.08	−0.06	−0.05	−0.03	−0.02
运输	−0.05	−0.05	−0.04	−0.03	−0.03	−0.02	−0.01	−0.01
批发零售	−0.06	−0.05	−0.04	−0.04	−0.03	−0.02	−0.02	−0.01
其他服务	−0.38	−0.33	−0.28	−0.24	−0.19	−0.14	−0.10	−0.05

注:水权交易量为行业水权水量减去行业用水量。

表 6-41　WM 模式淮河流域行业水权收益　　　　单位:亿 m³

行业	流域总供水量变化率							
	−8%	−7%	−6%	−5%	−4%	−3%	−2%	−1%
农业	18.63	15.96	13.40	10.95	8.60	6.33	4.15	2.04
煤炭	−1.11	−0.95	−0.80	−0.66	−0.51	−0.38	−0.25	−0.12
石油	−0.35	−0.30	−0.25	−0.21	−0.16	−0.12	−0.08	−0.04
其他采掘	−0.69	−0.59	−0.49	−0.40	−0.32	−0.23	−0.15	−0.07
食品	−1.01	−0.86	−0.72	−0.59	−0.46	−0.34	−0.22	−0.11

续表 6-41

行业	流域总供水量变化率							
	−8%	−7%	−6%	−5%	−4%	−3%	−2%	−1%
纺织	−0.58	−0.50	−0.42	−0.35	−0.27	−0.20	−0.13	−0.07
造纸	−0.84	−0.72	−0.60	−0.49	−0.39	−0.29	−0.19	−0.09
化学	−1.78	−1.52	−1.28	−1.05	−0.83	−0.61	−0.40	−0.20
建材	−0.88	−0.75	−0.63	−0.51	−0.40	−0.29	−0.19	−0.09
冶金	−1.74	−1.48	−1.24	−1.01	−0.79	−0.58	−0.38	−0.19
机械	−0.55	−0.48	−0.40	−0.33	−0.26	−0.19	−0.13	−0.06
电子	−0.15	−0.12	−0.10	−0.09	−0.07	−0.05	−0.03	−0.02
电力	−6.55	−5.62	−4.73	−3.87	−3.04	−2.25	−1.48	−0.73
其他工业	−0.22	−0.19	−0.16	−0.13	−0.10	−0.08	−0.05	−0.02
建筑	−0.44	−0.38	−0.32	−0.26	−0.21	−0.15	−0.10	−0.05
运输	−0.19	−0.16	−0.13	−0.11	−0.09	−0.06	−0.04	−0.02
批发零售	−0.21	−0.18	−0.15	−0.12	−0.10	−0.07	−0.05	−0.02
其他服务	−1.34	−1.15	−0.96	−0.78	−0.61	−0.45	−0.29	−0.14

6.3.3.2　流域经济及水资源利用对比

1. 流域 GDP 及产业增加值

以水资源效益最大化为目标,水权市场可促进流域经济的发展。NM 和 WM 模式流域 GDP 及产业增加值对比见表 6-42。由模拟结果可知,当流域总供水减少 8% 时,NM 模式下的流域 GDP 减少 0.450%,WM 模式为 0.384%,可见水权市场能够在水资源稀缺情况下实现资源优化配置,并获得了一定的经济效益。

表 6-42　NM 和 WM 模式流域 GDP 及产业增加值对比　　　　　　　%

产业	流域总供水量变化率							
	−8%	−7%	−6%	−5%	−4%	−3%	−2%	−1%
NM 模式								
第一产业	−1.327	−1.126	−0.934	−0.750	−0.577	−0.415	−0.265	−0.126
第二产业	−0.264	−0.216	−0.173	−0.135	−0.101	−0.071	−0.044	−0.021
第三产业	−0.337	−0.288	−0.241	−0.197	−0.155	−0.114	−0.075	−0.037
GDP	−0.450	−0.379	−0.312	−0.249	−0.191	−0.138	−0.088	−0.042

续表 6-42

产业	流域总供水量变化率							
	−8%	−7%	−6%	−5%	−4%	−3%	−2%	−1%
WM 模式								
第一产业	−1.273	−1.079	−0.896	−0.724	−0.561	−0.408	−0.263	−0.127
第二产业	−0.211	−0.173	−0.140	−0.110	−0.083	−0.059	−0.038	−0.018
第三产业	−0.246	−0.208	−0.172	−0.139	−0.108	−0.079	−0.052	−0.025
GDP	−0.384	−0.322	−0.266	−0.213	−0.164	−0.119	−0.077	−0.037

注：为不同供水方案指标与基准方案指标的百分率。

基于上述分析，可以得出如下结论：水权市场对于提高流域经济水平具有重要作用。

2. 流域产业经济结构

以水资源效益最大化为目标，水权市场可优化流域产业经济结构。根据现状流域第三产业指标，结合模拟的产业经济变化率，得出 NM 模式和 WM 模式流域产业经济结构，见表 6-43。由模拟结果可以看出，当流域总供水量下降 8% 时，NM 模式和 WM 模式下的三次产业经济结构分别为 15.05 : 51.12 : 33.83 和 15.05 : 51.11 : 33.84，这说明水权市场在水资源稀缺条件下能够实现用水效益最大化，推动产业经济结构优化升级。

尽管水权市场对于经济结构优化的作用并不显著（提高幅度最大仅为 0.01%），但纵观流域供水总量变化系列可以看出，这种作用是在逐步增强的，即当水资源稀缺程度越高，水权市场对于经济结构的优化作用越显著。

基于上述分析，可以得出如下结论：水权市场对于流域产业经济结构优化具有重要作用。

表 6-43　NM 和 WM 模式流域产业结构对比　　　　　　　　%

产业	流域总供水量变化率							
	−8%	−7%	−6%	−5%	−4%	−3%	−2%	−1%
NM 模式								
第一产业	15.05	15.07	15.09	15.11	15.13	15.14	15.16	15.17
第二产业	51.12	51.11	51.09	51.08	51.07	51.06	51.05	51.03
第三产业	33.83	33.82	33.82	33.81	33.81	33.80	33.80	33.79
WM 模式								
第一产业	15.05	15.07	15.09	15.11	15.12	15.14	15.16	15.17
第二产业	51.11	51.10	51.09	51.08	51.07	51.05	51.04	51.03
第三产业	33.84	33.83	33.82	33.82	33.81	33.81	33.80	33.80

3. 产业用水结构

以水资源高效利用为目标,水权市场可促进流域产业用水结构优化。NM 模式和 WM 模式淮河流域产业用水结构见表6-44。结果显示,当流域供水量下降8%时,NM 模式和 WM 模式的淮河流域三次产业用水结构分别为 80.38∶18.16∶1.46 和 80.33∶18.20∶1.47,表明当流域供水量减少,水资源成为国民经济生产的紧约束,水权市场可有效调整行业用水量,实现产业用水结构优化。

表6-44　NM 模式和 WM 模式淮河流域产业用水结构对比　　　　　　　%

产业	流域总供水量变化率							
	−8%	−7%	−6%	−5%	−4%	−3%	−2%	−1%
NM 模式								
第一产业	80.38	80.50	80.63	80.77	80.90	81.03	81.16	81.29
第二产业	18.16	18.04	17.93	17.81	17.69	17.57	17.45	17.33
第三产业	1.46	1.45	1.44	1.43	1.42	1.40	1.39	1.38
WM 模式								
第一产业	80.33	80.47	80.61	80.74	80.88	81.02	81.16	81.29
第二产业	18.20	18.08	17.95	17.83	17.70	17.58	17.45	17.33
第三产业	1.47	1.46	1.44	1.43	1.42	1.40	1.39	1.38

总体来看,尽管水权市场对于产业用水结构优化的作用并不显著,但纵观流域供水总量变化系列可以看出,这种作用是在逐步增强的,即水资源稀缺程度越高,水权市场对于用水结构的调整作用越显著。

基于上述分析,可以得出如下结论:水权市场对于流域优化产业用水结构具有重要作用。

6.3.3.3　地区经济及水资源利用对比

1. 地区 GDP

表6-45 表明,以水权交易为手段的水权市场,在水资源高效利用的目标要求下,实现了淮河流域经济效益最大化:−8%方案下,NM 模式和 WM 模式两种模式下的流域 GDP 差值达到 20 亿元[(0.450%−0.384%)×31 043≈20]。为分析流域各省 GDP 的变化情况,整理汇总得出 NM 模式和 WM 模式淮河流域四省 GDP 变化率,见表6-40。

模拟结果表明,在流域总供水量减少过程中,WM 模式下四省 GDP 减少率均小于 NM 模式,表明水权市场通过对水资源的优化配置,实现了地区用水效益的全面提高。

基于上述分析,可以得出如下结论:以水资源高效利用为目标,水权市场促进了区域经济发展。

表 6-45　NM 模式和 WM 模式淮河流域四省 GDP 对比　　　　　　%

省份	流域总供水量变化率							
	-8%	-7%	-6%	-5%	-4%	-3%	-2%	-1%
NM 模式								
河南	-0.31	-0.26	-0.21	-0.16	-0.12	-0.09	-0.05	-0.03
安徽	-1.18	-1.00	-0.83	-0.67	-0.52	-0.37	-0.24	-0.12
江苏	-0.28	-0.24	-0.20	-0.16	-0.13	-0.09	-0.06	-0.03
山东	-0.48	-0.40	-0.33	-0.26	-0.20	-0.15	-0.09	-0.04
WM 模式								
河南	-0.22	-0.19	-0.15	-0.12	-0.09	-0.07	-0.04	-0.02
安徽	-1.11	-0.93	-0.76	-0.61	-0.47	-0.34	-0.21	-0.10
江苏	-0.27	-0.23	-0.19	-0.16	-0.12	-0.09	-0.06	-0.03
山东	-0.38	-0.32	-0.26	-0.21	-0.16	-0.11	-0.07	-0.04

注：单方水产出率指标为地区 GDP 与地区生产用水量的比值。

2. 地区用水量

模型假定在流域总供水量减少的过程中,两种模式的分区供水量减少情况是不相同的:NM 模式的分区供水量是按照流域总供水量的减幅变化,而 WM 模式的分区供水量是水权市场优化配置的结果。表 6-46 列出了 NM 模式和 WM 模式淮河流域四省用水量变化率。模型结果显示,NM 模式的分区供水量变化率与流域总供水量变化率相同,而 WM 模式的分区供水量变化率不相同。例如,当流域总供水量变化率为-5%时,NM 模式下的四省用水量变化率均为-5.0%,WM 模式下的河南省用水量变化率为-3.5%,安徽省为-5.5%,江苏省为-5.7%,山东省为-3.9%。

从万元 GDP 用水量指标对比看,安徽和江苏两省用水效率低于流域其他地区,在水资源高效利用的目标要求下,通过水权交易手段,实现了水资源由用水效率低地区向用水效率高地区转移,提高了流域整体用水水平。

基于上述分析,可以得出如下结论:以水资源高效利用为目标,水权市场实现了水资源在区域间的优化配置。

表 6-46　NM 模式和 WM 模式淮河流域四省用水量变化率

省份	流域总供水量变化率/%								万元 GDP 用水量/m³
	-8%	-7%	-6%	-5%	-4%	-3%	-2%	-1%	
NM 模式									
河南	-8.0	-7.0	-6.0	-5.0	-4.0	-3.0	-2.0	-1.0	99
安徽	-8.0	-7.0	-6.0	-5.0	-4.0	-3.0	-2.0	-1.0	112
江苏	-8.0	-7.0	-6.0	-5.0	-4.0	-3.0	-2.0	-1.0	236
山东	-8.0	-7.0	-6.0	-5.0	-4.0	-3.0	-2.0	-1.0	67

续表 6-46

省份	流域总供水量变化率/%								万元 GDP 用水量/m³
	−8%	−7%	−6%	−5%	−4%	−3%	−2%	−1%	
WM 模式									
河南	−5.7	−5.0	−4.2	−3.5	−2.8	−2.1	−1.4	−0.7	99
安徽	−9.0	−7.8	−6.7	−5.5	−4.4	−3.3	−2.2	−1.1	112
江苏	−8.9	−7.9	−6.8	−5.7	−4.6	−3.5	−2.3	−1.2	236
山东	−6.4	−5.6	−4.8	−3.9	−3.1	−2.3	−1.5	−0.8	67

注:万元 GDP 用水量指标为地区生产用水量与地区 GDP 的比值。

6.4　水资源政策建议

6.4.1　虚拟水政策建议

根据 6.2 节虚拟水情景设定内容,从增加水资源短缺地区水资源供给和减少水资源需求两个角度,分别讨论虚拟水的可行对策措施。

6.4.1.1　减少水资源短缺地区农业生产规模,减缓水资源需求压力

根据模型结果分析,在保持流域总出口规模不变条件下,减少安徽省农业产出规模对淮河流域经济的总体水平影响并不大,甚至呈现反向效果,具体结论包括:第一,减少安徽农业产出,限制了本省的经济发展,但促进了其他地区经济的发展;第二,减少农业产出,将优化淮河流域三产结构;第三,减少安徽农业产出,引起安徽用水总量下降,其他地区用水量上升,但流域用水量略微减少;第四,减少安徽农业产出,导致安徽与流域内其他地区贸易量减少,使得安徽省净输出虚拟水量减少。

安徽省实例表明,减少农业产出对于淮河流域有积极的效果。这一研究表明,政策制定者通过以减少农业产出为方向的相关措施的实施,可以实现安徽省用水需求量下降和流域经济增长的双重目标。

值得注意的是,并不是所有地区减少农业生产均呈现积极的意义,安徽省万元 GDP 用水量为 287 m³,高于流域内其他地区(河南省 95 m³,江苏省 243 m³,山东省 96 m³),农业作为用水大户,减少农业产出意味着农业用水量的下降,在优化机制的作用下,水资源向高效利用部门转移,从而出现上述结果。

6.4.1.2　减少水资源短缺地区农业出口规模,减缓水资源需求压力

产品出口规模调整,作为最终需求调整方式之一,是改变地区生产规模和结构的有效手段;减少高用水行业出口规模,能够减少该行业的水资源需求量,达到减缓水资源需求压力的目标。根据模型分析结果,在保持流域总出口规模不变的条件下,减少安徽省农业出口规模,大致得出以下几方面结论:第一,减少安徽农业出口,将直接引起安徽省经济的下降,同时由于对其他地区出口需求量的增加,促进了其他地区经济的发展,但总体而言,全流域 GDP 依然减少;第二,在安徽省经济减少的同时,安徽省农业用水量也略微减少,

而其他地区用水量则变化不明显。

安徽省实例表明,在现阶段发展状况下,减少安徽省农业出口规模,将使得安徽省最终需求减少,从而使得本省经济发展受到限制;同时,尽管其他地区出口份额增加,提升了其他地区经济发展水平,但全流域经济发展依然减少。这一研究表明,政策制定者在研究以减少安徽省农业出口来缓解水资源需求压力时,需要考虑由于出口减少引起的经济衰退后果。

6.4.1.3　增加区外农产品调入,提高区内水资源有效供给水平

就虚拟水贸易的可行性而言,流域省级间的虚拟水贸易更加具有可操作性。从这一观点出发,在流域总出口规模和结构不变的条件下,增加河南省向安徽省农业贸易量,能够有效缓解安徽省水资源短缺现象。根据模型分析结果,大致有以下几方面的结论:第一,在安徽省总需求不变的条件下,增加区外农产品调入,将阻碍了本区农业的发展,使安徽省农业经济有所减少,而由于最终需求增加,使调出区经济增加(河南省农业经济增加),流域内其他地区由于经济贸易情况不同,而呈现不同的变化,但流域经济有所增加。第二,由于农业最终需求增加,河南省农业产出增加,引起农业用水量增加,使流域内其他地区农业产出减少,引起农业用水量减少,最终导致流域总用水量下降,其中安徽省农业用水量减少最为明显;第三,从虚拟水流量变化看,增加河南省向安徽省农产品贸易量,可以减少安徽省的虚拟水输出。

从用水效益高的地区向用水效益低的地区调入高用水产品,是虚拟水战略的基本思想。安徽省实例表明,在现阶段发展状况下,从用水效益高地区(河南)向用水效益低地区(安徽)调入高用水产品(农产品),提升了流域总体经济水平(0.002%),减少了流域总用水水平(0.04%),其中虚拟水调入区(安徽)总用水量减少 2 亿 m³,经济和水资源效果明显。这一研究表明,政策制定者通过以减少农业产出为方向的相关措施的实施,可以实现安徽省用水需求量下降和流域经济增长的双重目标。

6.4.2　水权市场政策建议

根据模型结果分析,随着流域总供水量不断减少,水权市场的作用效果越发明显,表明水权市场在水资源的优化配置中具有十分重要的地位。具体而言,主要包括以下三个方面:第一,水权市场提高了流域经济水平,在流域供水量减少8%的条件下,淮河流域水权交易量为 3.33 亿 m³,与无水权市场相比,流域 GDP 增加 20 亿元,即平均每立方米的水权交易能够产生 6 元的净收益,略低于利马里流域平均水平(ROBERT R H 和 EASTER K W,1995);第二,水权市场优化了部门经济结构和用水结构,从而优化了流域和区域产业结构,提高了流域和区域的用水效率;第三,水权市场实现了水资源在区域间的优化配置,随着流域供水量的减少,水资源由用水效益低地区流向用水效益高地区趋势明显(由安徽和江苏两省流向河南和山东两省)。

淮河流域实例表明,水权所有者在水权市场中通过水权交易,有力地提升了流域经济水平,促进了产业结构和用水结构优化,实现了水资源向用水效率高部门的转移。

上述水权市场的基本特征表明,在进行初始水权分配研究时,可从区域用水优化角度出发,提出基于水权市场的初始水权指标。当前关于初始水权分配的研究主要采用多目

标分析、决策等方法建立初始水权分配模型,例如比例权重法、多目标优化模型、供需平衡法等(郑航,2009)。这类水权模型固然有其优点,但对现实可操作考虑不足影响了其在实践中的应用。本章6.3.1.2部分论述了水权市场在国民经济发展中的作用,同时提出:在不考虑交易成本的条件下,初始水权的分配对市场均衡状态并无影响;当初始水权与均衡水量一致时,市场的水权交易收益为零,即初始水权水量亦为最佳市场机制配置水量。为此,提出在初始水权分配研究中,应加强水权市场的作用研究,提出基于水权市场的初始水权指标,力争实现水权零交易或少交易的目标,以减少区域与流域在水权市场建设中的目标差异。

6.5 本章小结

本章从虚拟水贸易和水权市场角度出发,以缓解淮河流域局部地区水资源短缺、提高流域水资源利用效率和效益为目标,利用构建的分区域水资源政策分析的一般均衡模块,定量评估贸易结构调整和供水量变化的宏观经济和水资源利用效果。

第 7 章　结论与展望

本书首先从目前水资源与社会经济协调发展模型构建过程中存在的问题出发,提出相应的改进和拓展方法;其次,从编制流域投入产出表出发,构建了模型运行所需要的一致性数据库;最后,运用构建的模型,开展了淮河流域水资源与社会经济协调发展情景方案研究,基于推荐的情景方案,以缓解淮河流域局部地区水资源短缺和提高流域水资源利用效率和效益为目标,开展了水资源政策仿真,并基于分析结果,提出水资源政策。以下是本书主要结论和创新点的总结,以及今后进一步研究的方向。

7.1　主要成果与结论

7.1.1　模型方法研究

(1)探索性地拓展了 CWSE 模型应用范围。

本书以淮河流域应用为背景,对原有的水资源节点网络图进行拓展,使得原有的 CWSE 模型更加适用于南方河网地区。拓展后的水资源节点网络图,能够反映南方河网地区水流特点,拓展了模型的应用范围;同时,在拓展的水资源节点网络图中,可灵活地设置区域间的供水比例系数,通过对不同比例系数方案的对比,可为区域水资源规划和工程分析提供依据(本书未讨论)。

(2)在分区域一般均衡模型基础上,按水资源政策分析要求,构建了分区域水资源政策分析的一般均衡模型,并应用于流域尺度的水资源政策问题研究。

基于区域间一般均衡模型(The Enormous Regional Model,TERM),按照水资源政策模拟分析的机制要求,增加了水资源政策分析模块,构建了分区域水资源政策分析的一般均衡模型(The Enormous Regional Model for Water,TERMW)。其中,关于水资源问题的处理是本书的一大特色,与已有研究中水资源问题在 CGE 模型中的处理方式不同,本书将水资源作为生产要素之一,与劳动力、资本一同内置于投入产出表,作为模型构建和分析的基础数据;同时,考虑高的水资源要素投入意味着高的基础设施投入,即资本投入。为此,本书引入水资源与资本之间的替代弹性。

通过对 TERMW 模型闭合规则的设定和政策变量的选择,可开展均衡条件下水资源相关政策经济效果和水资源利用影响分析,指导流域水资源相关政策的制定。

(3)基于水权市场理论,构建包含水权市场的分区域水资源政策分析的一般均衡模型,为定量揭示水权市场在国民经济发展与水资源利用中的规律提供技术支持。

本书构建的水资源与社会经济协调发展分析模型目标之一便是模型具有可扩展性,以便于后续的开发。因此,从水权市场研究需求出发,在分区域水资源政策分析的一般均衡模型基础上,增加水权市场处理子模块,构建包含水权市场的分区域水资源政策分析的一般均衡模型。水权市场处理子模块的内容主要包括水权主体的水权水量确定描述、确定水权主体交易的准则、水权主体的水权收益计算方程确定、部门产出调整方程确定等三项内容。

包含水权市场的分区域水资源政策分析的一般均衡模型能够定量分析水权市场在经济发展、产业结构调整、用水结构调整和水资源高效利用方面的作用,从而揭示水权市场在国民经济发展与水资源利用中的规律,为水权市场理论探讨提供实证研究。

(4)结合投入产出表编制技术和模型数据结构要求,编制完成了 TERMW 数据库,为TERMW 模型运行提供数据基础。

基于投入产出表编制方法,本书以 2007 年淮河流域四省投入产出表为基础,采用RAS 修正方法,编制得出淮河流域 2009 年竞争型投入产出表。在此基础上,根据模型数据结构要求,通过进口产品使用结构矩阵计算、投资系数矩阵构建、区域间贸易矩阵计算、行业用水量及水资源价值计算等处理,按照"由竞争型投入产出表到非竞争型投入产出表""由非竞争型投入产出表到 ORANIG 数据库""由 ORANIG 到 TERM 数据库"和"由TERM 到 TERMW 数据库"的四步编制方法,获得淮河流域 2009 年 TERMW 数据库,为分区域水资源政策分析的一般均衡模型的运行提供了重要的数据基础。

(5)探索性地构建了水资源与社会经济协调发展分析模型,为社会经济系统、水资源系统和生态环境系统相互作用的复杂关系与机制的描述,以及水资源与社会经济协调发展方案的制订和水资源政策仿真提供了定量分析工具。

针对 CWSE 模型在政策模拟上相对薄弱的缺点,在 CWSE 基础上增加描述水资源经济系统的 TERMW 模型,耦合形成水资源与社会经济协调发展分析模型(the Extensions of Coordinated Water and Socio-Economic development model ,CWSE-E 模型)。运用 CWSE-E 模型进行水资源问题分析一般包括两个步骤:跨期参数率定和水资源分析。模型在跨期参数率定阶段,两个子模型相互耦合、交叉计算,获得可供模型运行的一致性数据集;在水资源分析阶段,两个子模型相互独立,其中 CWSE 为 TERMW 提供分析年的基础数据。

本模型以流域社会经济-水资源-生态环境系统描述为研究对象,根据多目标发展要求,在明确系统边界条件基础上,情景分析流域社会经济发展指标、水资源供需和生态环境保护情况,提出流域水资源与社会经济协调发展的推荐方案。模型还能够针对发展过程中边界条件变化,开展水资源政策情景仿真,模拟不同政策对宏观经济效果和水资源影响,为相关水资源政策的制定提供可行的数据和技术支撑。

7.1.2　模型应用研究

(1)基于构建的淮河流域水资源与社会经济协调发展分析模型,开展了淮河流域水资源与社会经济协调发展情景方案研究。

基于构建的淮河流域水资源与社会经济协调发展分析模型,研究节水措施、治污措施和生态保护要求对淮河流域水资源利用和社会经济发展的综合影响,提出对淮河流域水资源与社会经济协调发展的初步认识,给出淮河流域水资源与社会经济协调发展推荐方案。

节水措施效果:根据模型测算,在一般治污模式下,超强节水情景下的 2030 年流域

GDP 比一般节水高 0.19 万亿元,第三产业占 GDP 比重提高 0.9%。这表明节水提升了淮河流域水资源承载能力,优化了流域产业结构。

治污措施效果:根据模型测算,在强化节水模式下,超强治污情景下的 2030 年流域 GDP 比一般治污高 2.4 万亿元,流域总供水量增加 10.1 亿 m³。这表明治污措施能够有效推动淮河流域经济发展、增加流域水资源供给量。

生态保护效果:根据模型测算,适宜生态情景下 2030 年流域 GDP 比基本生态情景少 0.4 万亿元,第三产业比重提升了 1.3%,总灌溉面积和粮食产量分别减少 61 万亩和 51 万 t。这表明适宜生态保护目标制约了流域社会经济的发展,但制约程度并不明显(最大不足 2.5%),反之,适宜生态保护目标提升了流域水生态保护标准,为水资源的开发利用提供了良好的环境,具有深远的意义(目前模型中并没有关于这一方面的定量数据)。

淮河流域缺水类型判别:以流域三级区套省级行政区为单元,进行水资源供用耗排长系列模拟,计算不同单元的系列缺水量。以缺水深度和缺水月比例系数两指标对单元系列缺水量进行统计。结果显示,淮河流域中游地区(如安徽)呈现缺水深度小、缺水月比例系数大的特征,表明该区为常规性缺水地区;淮河流域下游地区(如江苏)则刚好呈现相反的规律:缺水深度大、缺水月比例系数小,表明该区为非正常年份缺水。

淮河流域水资源与社会经济协调发展的推荐方案:2030 年淮河流域 GDP 预期可达到 16.9 万亿元,经济发展速度为 8.41%;产业结构调整明显,三次产业比重由 2009 年的 15.2:51.0:33.8 调整到 2030 年的 5.3:54.0:40.7。在水资源短缺制约及经济发展基础地位双重作用下,淮河流域能源工业发展呈现如下特点:能源工业占 GDP 的比重由 2009 年的 6.2% 降至 2020 年的 5.8% 和 2030 年的 5.2%,能源工业增加值合计从 2009 年的 1 924 亿元提高至 2020 年的 4 300 亿元和 2030 年的 8 800 亿元。2030 年全流域灌溉面积为 16 568 万亩,比 2009 年新增约 2 152 万亩;2030 年粮食产量可达 11 692 万 t,人均粮食产量 611 kg,比现状 606 kg 略有提高;到 2030 年的 21 年期间包括供水(主要为再生水)、节水和治污投资规模为 8 693 亿元,年均节水投资 62 亿元;到 2030 年全流域需新建 307 座日处理能力 10 万 t 的标准污水处理厂。

(2)基于投入产出的虚拟水计算方法,结合流域和区域间投入产出表,计算淮河流域现状虚拟水流量,揭示了现状虚拟水贸易格局。

本书提出基于投入产出系数的虚拟水流量计算方法,结合流域投入产出表进出口贸易价值量,计算了淮河流域虚拟水贸易量;结合区域间投入产出流域省调入调出价值量,计算淮河流域省际间虚拟水流量;绘制了淮河流域虚拟水贸易的区域分布图。

2009 年淮河流域通过商品贸易净出口虚拟水量 140 亿 m³,其中农业产品的虚拟水量 87 亿 m³,占贸易总量的 2/3;从虚拟水贸易区域分布看,淮河流域所辖省份均为虚拟水输出区,其中江苏省虚拟水输出量最大,达到 65 亿 m³,其次为安徽省,达到 31 亿 m³。在淮河流域四省间,虚拟水的流向是:河南省和安徽省为虚拟水净调出区,江苏省和山东省为虚拟水净调入区。其中安徽省虚拟水调出量最大,向河南省、江苏省和山东省分别调出 0.76 亿 m³、5.26 亿 m³ 和 4.68 亿 m³ 的虚拟水;山东省为虚拟水净调入区,由河南省、安徽省和江苏省分别调入 4.42 亿 m³、4.68 亿 m³ 和 5.35 亿 m³ 的虚拟水。

(3)以虚拟水贸易为切入点,以减少经济用水需求量为目标,定量评估了 3 种政策的效果。

以安徽省为例,以减少农业用水需求量为目标,从维持淮河流域在国家经济布局的地位出发,提出政策情景方案,基于 TERMW 模型,开展政策仿真研究,评估不同政策的宏观经济效果和水资源利用影响,分析不同政策的虚拟水贸易格局变化情况,为水资源相关政策制定提供有效途径。各政策的情景及效果如下:

流域总出口规模和结构不变,减少安徽省农业产出规模的 5%,根据模型测算:①宏观经济效果方面,从实际 GDP 看,与政策情景未实施相比,安徽省减少 0.481%,全流域增加 0.517%;从产业结构看,安徽省第一产业减少 4.67%,流域第一产业减少 0.76%,流域第二产业和第三产业分别增加了 0.87% 和 0.4%。②水资源利用影响方面,安徽省农业用水量和总用水量分别减少 6.45% 和 4.21%,全流域减少 0.72% 和 0.4%;从行业看,安徽省和流域农业用水量减少、大部分非农行业用水量增加,其他地区行业用水量多为增加;从虚拟水净输出看,安徽省虚拟水净输出量减少了 2.21 亿 m^3,河南省、江苏省和山东省分别增加了 0.38 亿 m^3、1.47 亿 m^3 和 0.36 亿 m^3。

流域总出口规模和结构不变,增加由河南省运往安徽省农业贸易量的 5%,根据模型测算:①宏观经济效果方面,从实际 GDP 看,河南省增加 0.015%,安徽省减少 0.076%,全流域增加 0.002%,各省及流域产业结构基本不变;②水资源利用影响方面,河南省农业用水量和总用水量分别增加 2.69% 和 2.05%,安徽省则减少 2.32% 和 1.78%,全流域减少 0.03% 和 0.04%,其他地区行业用水量基本不变;从虚拟水净输出看,河南省和安徽省分别减少 0.22 亿 m^3 和 0.14 亿 m^3,江苏省和山东省分别增加 0.26 亿 m^3 和 0.1 亿 m^3。

流域总出口规模和结构不变,减少安徽省 5% 农业出口,根据模型测算:①宏观经济效果方面,从实际 GDP 看,受出口减少影响,安徽省减少 0.248%,全流域减少 0.013%;从产业经济看,安徽省第一产业下降 1.88%,流域第一产业减少了 0.34%,其他产业均表现为增加。②水资源利用影响方面,安徽农业用水量和总用水量分别减少 1.56% 和 1%,全流域减少 0.3% 和 0.21%,其他地区用水总量基本不变,但行业间存在调整。

(4)采用情景分析方法,定量评估了供水量减少时淮河流域社会经济和水资源利用效果。

以淮河流域总供水量为政策变量,按照 1% 的下降率分别拟定 -8% ~ 0% 的 9 套情景方案,基于 TERMW 模型,开展情景方案研究。模型假定流域省的供水减少率与流域总供水量减少率相同,分析结果为:

流域 GDP 及水资源影子价格方面:水资源供给量减少将影响国民经济的正常发展,造成一定的经济损失,当供水减少 8%,全流域 GDP 减少 0.45%,其中第一产业、第二产业和第三产业减少率分别为 1.327%、0.264% 和 0.337%。水资源供给量的减少促进水资源向高效利用部门转移,提高了水资源的边际产出,当流域供水减少率由 1% 变至 8%,流域水资源影子价格由 2.5 元/m^3 增加到 4.5 元/m^3。

在产业结构方面:随着流域供水量的减少,全流域第一产业占 GDP 比重呈减少趋势,第二产业和第三产业比重呈增加趋势;当流域供水减少率由 1% 变至 8%,流域第一产业结构由 15.19% 减少为 15.05%,第二产业由 51.02% 提高到 51.12%,第三产业由 33.79% 提高到 33.83%。

在行业用水量方面:水资源供给量的减少将使得行业用水量下降,当流域供水减少8%,流域内用水效率低行业用水量下降幅度大,农业-9.2%、煤炭-2.7%、电力-3.8%等;用水效率高行业用水量下降幅度较小,运输和批发零售均为-1.2%,建材-0.5%等。

在行业用水效率方面:由于流域总供水量的减少,水资源要素价格随之提高,生产者通过调整水资源要素和其他要素的投入比例使生产成本最小化,致使单位产出中水资源要素投入量下降,表现为水资源的利用效率"提高"。在流域供水减少率下降至8%的过程中,农业的用水效率提高效果最为显著,计算的农业用水定额从基准方案的890 m^3/万元减少为819 m^3/万元,"提高"幅度达7.97%。

(5)通过有无对比方法,分析了水权市场在淮河流域水资源管理中的效果。

基于包含水权市场的 TERMW 模型,以流域供水量减少为政策变量,按有水权市场(WM 模式)和无水权市场(NM 模式)两种模式开展政策仿真研究,对比两种模式下的淮河流域宏观经济和水资源利用效果,分析水权市场在流域水资源管理中的效果。结论如下:

当淮河流域总供水量减少8%,流域四省水权交易情况是:安徽和江苏两省在水权市场中分别出售1.16亿 m^3 和2.17亿 m^3 的水资源量,共收获4.15亿元和7.76亿元的水权收益;河南和山东两省在水权市场中购入2.28亿 m^3 和1.05亿 m^3 的水资源量,支付了8.16亿元和3.76亿元;行业的水权交易情况是:农业部门向非农部门出售5.21亿 m^3 的水资源,收获18.63亿元的水权收益。

两种水权市场模式的流域情况对比:当流域总供水量减少8%,WM 模式 GDP 减少率比NM 模式提高0.066%,合计20亿元;WM 模式的三次产业经济结构为15.05∶51.11∶33.84,比 NM 模式略有提高;WM 模式的淮河流域三次产业用水结构80.33∶18.20∶1.47,比 NM 模式提高了-0.05%、0.04%和0.01%。

两种水权市场模式的地区情况对比:当流域总供水量减少8%,WM 模式的河南、安徽省、江苏省和山东省 GDP 分别比 NM 模式高出0.09%、0.07%、0.01%和0.1%;WM 模式的河南省和山东省的用水量分别比水权水量高出2.3%和1.6%,安徽省和江苏省的用水量分别比水权水量减少1%和0.9%。

(6)分析了淮河流域虚拟水流动特征及其动态影响。

7.2　展　望

建立水资源与社会经济协调发展分析模型是未来水资源研究与应用中最为关注的问题之一。本书在模型框架搭建方面开展了研究,对子模块在功能和内容上进行了改进和拓展,基于该模型针对淮河流域开展了情景方案研究。但模型在某些方面的实现仍是带有条件的,且模型的数据基础相对薄弱。根据上述对模型特点和不足的分析,本书提出的模型还需要进行大量的后续工作,主要包括:

(1)进一步加强有关社会经济发展与生态环境保护方面的理论研究。

本书从包含水投资的经济发展理论出发,构建了水资源与社会经济协调发展模型。然而,这仅仅是探讨社会经济发展与生态环境保护相互关系的一个方面,与之相关的还有水资源可持续管理研究、人水和谐量化理论研究、资源节约型社会发展模式研究等诸多内容,它们从不同角度、不同层面上也反映出社会经济-水资源-生态环境复合大系统中内部要素之间的相互联系和作用,因此今后应进一步加强在这方面的研究工作,为水资源与社会经济协调发展分析模型构建提供理论支撑。

(2)部分局部模型或子模块需要进一步改进和完善。

水资源与社会经济协调发展分析模型是一个庞大的模型体系,包括宏观经济发展子模块、需水预测子模块、水资源利用子模块、生态环境子模块、水资源政策分析子模块等。受限于作者的水平,模型构建过程中对于部分子模块进行简化处理,或仅对系统的关键要素进行了描述。这种处理方式一方面弱化了模型对研究对象刻画的深度,另一方面影响了模型整体的应用效果。因此,应在系统建模的基础理论、基本方法研究的基础上,进一步改进和完善现有局部模型或子模块,以丰富和完善水资源与社会经济协调发展的内容。

(3)模型数据精度和可靠性应受到重视。

水资源与社会经济协调发展分析模型的运行需要大量的基础数据和参数,数据质量对模型结果的可靠性有着重要作用。在数据处理过程中,需要对不同来源、不同口径的数据进行一致性处理,影响了模型计算的精度。数据来源多样,口径不一,需要进行数据一致性平衡,这影响了模型计算的精度。进一步收集和整理高精度和高可靠性的数据,是提高模型结果可靠性的有效途径。

附录 A   CWSE 模块基本参数

模型中包括 146 个参数,具体含义见表 A-1。

表 A-1   模型基本参数及含义

序号	模型参数	含义	单位
1	GDP^t	第 t 年地区生产总值	亿元
2	$XFOD^t$	第 t 年粮食总产量	万 t
3	X_i^t	第 i 部门第 t 年部门总产出	亿元
4	Y_i^t	第 i 部门第 t 年部门最终需求量	亿元
5	a_{ij}^t	第 t 年第 j 种产品对第 i 种产品的直接消耗系数	
6	S_{ik}^t	第 t 年第 i 部门第 k 需求项结构系数	
7	EX_i^t	第 t 年第 i 行业调出量	亿元
8	IM_i^t	第 t 年第 i 行业调入量	亿元
9	R_k^t	第 k 项最终需求项占 GDP 的比率	
10	Eu_i^t	调出系数上限	
11	El_i^t	调出系数下限	
12	Mu_i^t	调入系数上限	
13	Ml_i^t	调入系数下限	
14	FI^t	第 t 年固定资产总投资	亿元
15	FI_l^t	第 l 来源的固定资产投资	亿元
16	SI_i^t	第 i 行业的固定资产投资	亿元
17	OI^t	第 t 年其他部门非生产性投资	亿元
18	WI^t	第 t 年涉水投资	亿元
19	WSI^t	供水投资	亿元
20	DWI^t	调水投资	亿元
21	SWI^t	节水投资	亿元
22	TWI^t	治污投资	亿元
23	OWI^t	防洪、水土保持等水投资	亿元

续表 A-1

序号	模型参数	含义	单位
24	FA_i^t	第 i 行业第 t 年的固定资产存量	亿元
25	T	投资时滞	年
26	$\beta_i^{t_0}$	第 t_0 年投资形成固定资产的形成率	
27	δ_i^t	第 i 行业固定资产折旧系数	
28	A	科技进步系数	
29	a	固定资产生产弹性系数	
30	b	劳动力生产弹性系数	
31	L_i^t	第 t 年第 i 行业劳动力数量	万人
32	B	固定资产产出率	
33	XA^t	第 t 年农业用地总面积	万亩
34	XIA^t	第 t 年灌溉总面积	万亩
35	IA_i^t	第 t 年第 i 类型灌溉总面积	万亩
36	$YFOD_j^t$	亩均粮食产量	万 t
37	$COEFA_j^t$	第 j 类农业用地粮食播种面积比例	
38	X_l^t	农业总产出	亿元
39	PIA_i^t	第 i 类农业用地亩均产值	亿元
40	PDA^t	非灌溉的旱地亩均产值	亿元
41	TWD^t	第 t 年需水总量	亿 m³
42	WD_i^t	第 i 用水户需水量	亿 m³
43	TWS^t	第 t 年供水总量	亿 m³
44	SWS^t	第 t 年地表水可供水量	亿 m³
45	DWS^t	第 t 年外调水量	亿 m³
46	GWS^t	第 t 年地下水可供水量	亿 m³
47	RWS^t	回用水可供水量	亿 m³
48	OWS^t	其他水可供水量	亿 m³
49	$SWSI^t$	地表水投资	亿元
50	$DWSI^t$	外调水投资	亿元
51	$GWSI^t$	地下水投资	亿元

续表 A-1

序号	模型参数	含义	单位
52	$RWSI^t$	回用水投资	亿元
53	$OWSI^t$	其他供水投资	亿元
54	SUI^t	地表水单方水投资	亿元
55	DUI^t	外调水单方水投资	亿元
56	GUI^t	地下水单方水投资	亿元
57	RUI^t	回用水单方水投资	亿元
58	OUI^t	其他供水单方水投资	亿元
59	$GRup_i^t$	第 i 行业发展速度上限	
60	$GRlo_i^t$	第 i 行业发展速度下限	
61	IA_i^{up}	第 i 类型农业用地灌溉面积上限	
62	IA_i^{lo}	第 i 类型农业用地灌溉面积下限	
63	XIA_i^{up}	总灌溉面积上限	
64	XIA^{lo}	总灌溉面积下限	
65	XPO^t	第 t 年总人口	万人
66	$PCFOD^t$	人均最小粮食产量	kg
67	Po_i^t	第 i 用户第 t 年的用水人口	万人
68	LQ_i^t	第 i 用户第 t 年的人均日生活用水量	L
69	LW_{gi}^t	第 i 用户第 t 水平年需水量	亿 m³
70	AW^t	农业灌溉水量	亿 m³
71	AQ_i	第 i 种灌溉用地亩均灌溉定额	m³
72	IA_i	第 i 种灌溉用地灌溉面积	万亩
73	SW^t	牲畜用水量	亿 m³
74	SQ_i^t	第 i 种牲畜日用水定额	L
75	SO_i^t	牲畜头数	万头
76	XQ_i^t	第 i 种非农业产业第 t 年万元产值用水量	m³
77	NAW^t	非农产业第 t 年需水量	亿 m³
78	SXW^t	非农业节水量	亿 m³
79	$X_i^{t_0}$	第 i 产业现状总产值	亿元

续表 A-1

序号	模型参数	含义	单位
80	$XQ_i^{t_0}$	现状年万元产值取水量	m^3
81	XQ_i^t	第 t 年万元产值取水量	m^3
82	SXI^t	非农业节水投资需求量	亿元
83	XUI^t	非农业单方节水投资	亿元
84	SAW^t	农业节水量	亿 m^3
85	$IA_i^{t_0}$	第 i 类型现状灌溉面积	万亩
86	$AQ_i^{t_0}$	现状年第 i 类型灌溉面积的亩均灌溉水量	m^3
87	AQ_i^t	第 t 年第 i 类型灌溉面积的亩均灌溉水量	m^3
88	SAI^t	农业节水投资需求量	亿元
89	AUI^t	农业单方节水投资	元
90	SLW^t	城镇生活节水量	亿 m^3
91	δ^t	节水系数	
92	SLI^t	城镇生活节水投资需求量	亿元
93	LUI^t	城镇生活单方节水投资	元
94	$RIVCOD^t$	第 t 年的 COD 入河量	万 t
95	WIW^t	第 t 年工业污水排放量	万 t
96	IW^t	第 t 年工业需水量	亿 m^3
97	λ_1^t	第 t 年工业污水排放系数	
98	WLW^t	第 t 年城镇生活废污水排放量	万 t
99	LW^t	第 t 年城镇居民生活用水量	亿 m^3
100	PW^t	第 t 年公共生活用水量	亿 m^3
101	λ_2^t	第 t 年生活污水排放系数	
102	$INDCOD^t$	第 t 年工业 COD 排放量	万 t
103	$IUCOD_j^t$	第 t 年第 j 工业行业万元产值 COD 排放量	kg
104	$INDNH^t$	第 t 年工业氨氮排放量	万 t
105	$IUNH_j^t$	第 t 年第 j 工业行业万元产值氨氮排放量	kg
106	$LIFCOD^t$	第 t 年城镇生活 COD 排放量	万 t
107	UPO^t	第 t 年城镇人口数	万人

续表 A-1

序号	模型参数	含义	单位
108	$LIFCOD^t$	第 t 年城镇生活人均 COD 日排放量	g
109	$LIFNH^t$	第 t 年城镇生活氨氮排放量	万 t
110	$LIFNH^t$	第 t 年城镇生活人均氨氮日排放量	g
111	$TREW^t$	第 t 年废污水处理量（能力）	万 t
112	φ^t	第 t 年废污水处理率	
113	$CUTCOD^t$	第 t 年 COD 削减量	万 t
114	$\gamma_1^{\,t}$	第 t 年 COD 削减系数	
115	$CUTNH^t$	第 t 年氨氮削减量	万 t
116	$\gamma_2^{\,t}$	第 t 年氨氮削减系数	
117	$RIVCOD^t$	第 t 年 COD 入河量	万 t
118	$RCODCOE^t$	第 t 年 COD 入河系数	
119	$RIVNH^t$	第 t 年氨氮入河量	万 t
120	$RNHCOE^t$	第 t 年氨氮入河系数	
121	TWI^t	第 t 年水处理投资	亿元
122	TUI^t	第 t 年单方水处理投资	元
123	ε^t	考虑管网建设投资系数	
124	TPN^t	第 t 年标准污水处理厂个数	个
125	VE (M,N)	水库节点 N 第 M 月的蓄水量	亿 m³
126	I (M,N)	水库入流量	亿 m³
127	O (M,N)	水库出流量	亿 m³
128	SP (M,N)	水库的各种供水量	亿 m³
129	LK (M,N)	水库的渗漏损失量	亿 m³
130	GVE (M,N)	地下水库节点 N 第 M 月的蓄水量	亿 m³
131	GSA (M,N)	灌溉补给量	亿 m³
132	GSP (M,N)	降水补给量	亿 m³
133	GSR (M,N)	河渠补给量	亿 m³
134	EG (M,N)	潜水蒸发量	亿 m³
135	GSP (M,N)	地下水开采量	亿 m³

续表 A-1

序号	模型参数	含义	单位
136	$O(M,N)$	节点出流量	亿 m^3
137	$I(M,N)$	节点入流量	亿 m^3
138	$R(M,N)$	节点退水量	亿 m^3
139	$SP(M,N)$	引水量	亿 m^3
140	$O(M,N)$	节点出流量	亿 m^3
141	$I(M,N,J)$	节点入流量	亿 m^3
142	$W_{outflow}$	单元的出流	亿 m^3
143	W_{inflow}	单元的入流	亿 m^3
144	W_{runoff}	单元的区间天然径流量	亿 m^3
145	W_{store}	单元河道和水库的蓄变量	亿 m^3
146	W_{use}	单元的地表水耗水量	亿 m^3

附录 B　CWSE 模块方程体系

本节模型体系主要来自文献《水资源与环境经济协调发展模型及其应用研究》(汪党献,2011),模块方程采用 GAMS 编程语言编写,模块的具体方程如下。

(一) 人口模型

人口预测是根据人口的现状(包括数量、性别、年龄结构、地区分布,以及出生、死亡、迁移等因素),考虑其他政策等要素影响,运用预测模型来测算未来某个时期人口的发展状况。目前,人口预测模型方法主要有数学方法、队列预测法、多区域矩阵法、社会经济模型法以及一些其他方法。本书人口总量预测采用罗吉斯特(Logistic)曲线,人口城镇化预测模型采用基于 Logistic 曲线增长率差法进行趋势分析。

1. 人口总量预测方法

Logistic 曲线法的基本公式为

$$Y = \frac{K}{1 + Ae^{-Bx}}$$

式中:Y 为区域人口数;x 为时间序号,如 1973 = 0,1974 = 1,…,2005 = 32;K、A、B 为未知系数,其中 K 为人口增长的上限值。

为简化计算,将上式变换为如下形式:

$$y = k + ab^\tau$$

其中,$y = \frac{1}{Y}, k = \frac{1}{K}, a = \frac{A}{K}, b = e^{-B}$。

模型包含了 3 个未知数 k、a、b,所以样本数必须为 3 的倍数。曲线拟合时,首先将样本等距分为 3 组,并分别对 y 求和,记为 $\sum_1 y$、$\sum_2 y$、$\sum_3 y$,然后按下式求解未知数 k、a、b。

$$b = \sqrt[n]{\frac{\sum_3 y - \sum_2 y}{\sum_2 y - \sum_1 y}}$$

$$a = \left(\sum_2 y - \sum_1 y\right) \frac{b - 1}{(b^n - 1)^2}$$

$$k = \frac{1}{n}\sum_1 y - \left(\frac{b^n - 1}{b - 1}\right) a \cdot \frac{1}{n}$$

求出 k、a、b 以后,将预测年份的 x 值代入模型即可求得 $1/Y$ 的数值,其倒数即为该年区域人口的预测值。

2. 城镇人口预测方法

人口城市化预测通常采用趋势预测法或规划指标法,本书结合 Logistic 曲线法进行预测。Logistic 曲线法的基本依据是,通常城市人口的增长相对农村人口要快一些。但是随着城市化水平的提高,并趋向 100% 时,其速度将会减缓,即整个城市化水平的增长曲线大致表现为横卧的"S"形的 Logistic 曲线。联合国由此开发了根据罗吉斯特曲线的增长率差法,并假定城乡人口增长率之差可能随时间发生变化的情况下,可使用这种方法来进行人口城市化预测。

(二)宏观经济模型

宏观经济模型是以投入产出表为基础,是采用投入产出分析技术和计量经济学方法进行国民经济预测的一种经济模型。

1.目标模块

以规划期内流域 GDP 总和最大为优化目标,模型的表达式为

$$Obj_1 = \max \sum_t GDP^t$$

$$Obj_2 = \max \sum_t XFOD^t$$

2.投入产出分析模块

投入产出分析模块是在国民经济行业刻画的基础上,动态描述国民经济各行业间的投入产出关系。模块的主要约束类型包括投入产出基本结构平衡式、最终需求结构预测、调入调出关系平衡式等。方程的数学描述为

$$\sum_{j=1}^{N} a_{ij}^t X_j^t + Y_i^t = X_i^t$$

$$\sum_{k=1}^{k} S_{ik}^t Y_k^t + EX_i^t - IM_i^t = Y_i^t$$

$$\sum_{k=1}^{K} R_k^t GDP^t = Y_k^t$$

$$Eu_i^t X_i^t \geqslant EX_i^t \geqslant El_i^t X_i^t$$

$$Mu_i^t X_i^t \geqslant IM_i^t \geqslant Ml_i^t X_i^t$$

3.扩大再生产分析模块

扩大再生产分析模块主要描述国民经济部门年际间生产关系,一般采用扩大再生产理论。模块主要约束方程有生产投资来源方程、投资分配方程、固定资产形成方程、固定资产生产方程等。模块主要方程的数学描述为

$$FI^t = \sum_{l=1}^{L} FI_l^t$$

$$FI^t = \sum_{i=1}^{N} SI_i^t + OI^t + WI^t$$

$$WI^t = WSI^t + DWI^t + SWI^t + TWI^t + OWI^t$$

$$FA_i^t = \sum_{t_0=1}^{T} \beta_i^{t_0} SI_i^t + \delta_i^t FA_i^{t-1}$$

$$X_i^t = A(FA_i^t)^a (L_i^t)^b$$

$$X_i^t = B \cdot FA_i^t$$

4.土地利用与农业经济模块

受现行经济价值核算体制的制约,长期以来,农、林、牧等基础行业在社会经济中,尤

其是在提倡按效益优化水量分配的配置思想指导下,这些经济效益相对低下的基础行业是用(耗)水、用地十分密集的行业,在用水竞争方面处于比较弱势的地位。但粮食安全和基础产业的地位必须保障,在以效益最大为目标之一的优化模拟模型中,必须建立土地利用和农业经济约束机制,以保证优化模拟结果能更好地反映实际。主要方程为

$$XA^t = XIA^t + XDA^t$$

$$XIA^t = \sum_{l=1}^{L} IA_l^t$$

$$XFOD_j^t = \sum_{j}^{3} FOD_j^t$$

$$FOD_j^t = YFOD_j^t \times IA_j^t \times COEFA_j^t$$

$$X_1^t = \sum_{i=1}^{n} PIA_i^t \times IA_i^t + PDA^t \times XDA^t$$

5. 水资源供需模块

水资源供需模块包括需水方程、供水方程以及供需方程等。需水方程见需水节水模型,供水方程见供需分析模型。

需水方程:

$$TWD^t = \sum_{i=1}^{n} WD_i^t$$

供水方程:

$$TWS^t = SWS^t + DWS^t + GWS^t + RWS^t + OWS^t$$

以供定需方程:

$$TWD^t \leqslant TWS^t$$

地表水供水投资方程:

$$SWSI^t = (SWS^t - SWS_0^t) \times SUI^t$$

外调水供水投资方程:

$$DWSI^t = (DWS^t - DWS_0^t) \times DUI^t$$

地下水供水投资方程:

$$GWSI^t = (GWS^t - GWS_0^t) \times GUI^t$$

回用水供水投资方程:

$$RWSI^t = (RWS^t - RWS_0^t) \times RUI^t$$

其他供水投资方程:

$$OWSI^t = (OWS^t - OWS_0^t) \times OUI^t$$

供水总投资方程:

$$WSI^t = SWI^t + DWS^t + GWS^t + TWS^t + OWS^t$$

6. 宏观调控模块

为描述宏观调控政策对经济发展的影响,模块设置了宏观调控模块。这些模块主要包括行业发展政策要求方程、各样调入调出政策方程、粮食安全要求方程、能源基地建设方程等。

产业发展约束方程：

$$GRup_i^t \times X_i^{t-1} \geqslant X_i^t \geqslant GRlo_i^t \times X_i^{t-1}$$

灌溉面积约束方程：

$$IA_i^{up} \geqslant IA_i^t \geqslant IA_i^{lo}; XIA^{up} \geqslant XIA^t \geqslant XIA^{lo}$$

粮食生产约束方程：

$$XFOD^t / XPO^t \geqslant PCFOD^t$$

以目标模块为发展方向，以其余 5 个模块为基本约束，构成流域宏观经济预测模型，模块输出指标包括流域及区域 GDP、部门产值及增加值、部门最终需求、流域及区域经济结构和消费积累水平、灌溉面积和粮食总产量等。

（三）需水与节水预测模型

人口增长、城镇化和经济发展是社会经济用水增长的主要驱动因素，从而需水预测模型与其他模型紧密相关。整体上，需水预测模型由宏观经济预测模型、人口预测模型及若干资源（如耕地面积）约束模块构成。在一定的产业经济与社会发展情形下，水资源需求预测主要采用定额法。本模型需水预测限于河道外用水需求预测，不包括河道内需水。河道内需水主要通过对主要站点的下泄流量进行约束来达到。

河道外需水可分为生活需水、生产需水和生态环境需水。生活需水为城乡居民生活用水；生产需水是指国民经济各产业生产活动所需要的水量，其中农业需水包括种植业需水和林牧渔畜需水，非农产业需水包括工业各行业、建筑业和第三产业的用水需求；河道外生态环境需水包括城镇内的河湖补水、城镇绿化、环境卫生等用水以及农村地区生态环境建设用水。

1. 生活需水预测

生活需水采用定额法，分城镇和农村居民两类进行预测。

$$LW_{gi}^t = Po_i^t \times LQ_i^t \times 365 \div 1\,000$$

式中：i 为用户类别，$i=1$ 为城镇，$i=2$ 为农村。

2. 农业需水预测

按照农林牧渔的传统分类方法，农业需水包括农田灌溉需水（水田、水浇地、菜田）、林地灌溉需水、草场灌溉需水和鱼塘补水以及牲畜用水，各类别需水预测模型分别如下：

农业灌溉需水

$$AW^t = \sum_{i=1}^{n} AQ_i \cdot IA_i$$

牲畜需水分成大牲畜和小牲畜两类分别进行预测，采用日需水定额法预测。

$$SW^t = \sum_{i=1}^{2} SO_i^t \times SQ_i^t \times 365 \div 1\,000$$

3. 非农产业需水预测

按国民经济非农产业预测，采用行业万元增加值用水量与其行业增加值指标预测，公式如下：

$$NAW^t = \sum_{i=1}^{k} X_i^t \times XQ_i^t$$

4. 河道外生态需水预测

鉴于河道外生态环境需水影响因素众多,计算过程复杂,本书将不做详细的探讨,而直接引用相应的规划或研究成果。

5. 节水量及其投资预测

节水量与节水投资只考虑现状用水的节约(存量节水),不计算增量节水效果,新增加用水户的需水应是节水型的,简化计算暂不考虑。

非农产业节水量:

$$SXW^t = \sum_{i=1}^{k} X_i^{t_0} \times (XQ_i^{t_0} - XQ_i^t)$$

非农业产业节水投资:

$$SXI^t = SXW^t \times XUI^t$$

农业节水量:

$$SAW^t = \sum_{i=1}^{k} IA_i^{t_0} \times (AQ_i^{t_0} - AQ_i^t)$$

农业产业节水投资:

$$SAI^t = SAW^t \times AUI^t$$

城镇生活节水量:

$$SLW^t = LW^t \times \delta^t$$

城镇生活节水投资:

$$SLI^t = SLW^t \times LUI^t$$

节水总量:

$$SW^t = SAW^t + SXW^t + SLW^t$$

节水总投资需求量:

$$SWI^t = SAI^t + SXI^t + SLI^t$$

(四)水污染负荷排放及调控预测模型

新鲜水资源进入社会经济系统后,经过社会经济系统各环节的消耗利用后排出,排水水质均会发生不同程度的变化,经长期大量积累,污染物产生量超过自然界自身的自净能力(纳污能力)后,就会造成严重的污染。因此,控制污水排放是维护良好水环境的主要途径。

1. 目标模块

以规划期内流域 COD 入河总量最小为优化目标,方程表达式为

$$Obj_3 = \min \sum_t RIVCOD^t$$

2. 污染负荷排放量

水污染负荷排放包括废污水排放量、主要污染物质(COD 和氨氮)排放量;调控主要包括主要污染物入河控制量、需削减量、水污染治理投资(包括收集管网投资和污水处理厂建设投资等)。主要方程如下:

工业污水排放量:

$$WIW^t = IW^t \times \lambda_1^t$$

城镇生活污水排放量：

$$WLW^t = (LW^t + PW^t) \times \lambda_2^t$$

工业 COD 排放量：

$$INDCOD^t = \sum_j (X_j^t \times IUCOD_j^t)$$

工业氨氮排放量：

$$INDNH^t = \sum_j (X_j^t \times IUNH_j^t)$$

城镇生活 COD 排放量：

$$LIFCOD^t = UPO^t \times LIFCOD^t$$

城镇生活氨氮排放量：

$$LIFNH^t = UPO^t \times LIFNH^t$$

3. 水污染处理量

废污水排放总量：

$$WW^t = WIW^t + WLW^t$$

废污水处理能力：

$$TREW^t = WW^t \times \varphi^t$$

COD 削减量：

$$CUTCOD^t = (INDCOD^t + LIFCOD^t) \times \varphi^t \times \gamma_1^t$$

氨氮削减量：

$$CUTNH^t = (INDNH^t + LIFNH^t) \times \varphi^t \times \gamma_2^t$$

COD 入河量：

$$RIVCOD^t = (INDCOD^t + LIFCOD^t - CUTCOD^t) \times RCODCOE^t$$

氨氮削减量：

$$RIVNH^t = (INDNH^t + LIFNH^t - CUTNH^t) \times RNHCOE^t$$

4. 水污染处理投资

$$TWI^t = TREW^t \times TUI^t \times \varepsilon^t$$
$$TPN^t = int(TREW^t/10 \times 365)$$

(五) 水量平衡分析模型

对流域而言，水资源利用既存在上下游关系，同时在每一个利用单元上又存在复杂的"二元"水循环关系。但无论在流域上，还是在利用单元上，均遵守水量平衡基本原理。模型中的主要平衡关系可描述如下。

1. 水库

$$VE(M+1,N) = VE(M,N) + I(M,N) - O(M,N) - SP(M,N) - LK(M,N)$$

2. 地下水库

$$GVE(M+1,N) = GVE(M,N) + GSA(M,N) + GSP(M,N) + GSR(M,N) - EG(M,N) - GSP(M,N)$$

3. 河道引退水节点

$$O(M,N) = I(M,N) + R(M,N) - SP(M,N)$$

4. 汇流节点

$$O(M,N) = \sum_J I(M,N,J)$$

5. 单元平衡关系

$$W_{\text{outflow}} = W_{\text{inflow}} + W_{\text{runoff}} - W_{\text{stroe}} - W_{\text{use}}$$

附录 C　TERM 模块方程体系

模块方程采用 Tablo 编程语言编写,其具体方程如下。

(一)进口品和国产品选择

对于特定地区的某一用户而言,其进行国产品和进口品选择时主要是基于成本最小化行为准则,一般以常替代弹性函数(CES)嵌套的函数形式来描述最小化成本。通过求解行为优化方程,获得不同类别商品的量和价格水平。

对于生产部门而言,$XINT(c,s,i,d)$ 是关于不同类别商品的中间产品需求,其需求量与不同类别商品的复合需求量[$XINT\_S(c,i,d)$]和价格因子呈正相关性。其中,价格因子是购买者价格的相对性指标,为 $PPUR(c,s,i,d)$ 与不同类别的平均购买者价格之比的 $SIGMADOMIMP(c)$ 次幂;$SIGMADOMIMP(c)$ 为进口品和国产品的替代弹性系数,表征二者的替代难易程度。当国产品和进口品价格发生相对变化时,替代弹性系数将促使用户选择相对便宜的商品。其水平方程式如下:

$$XINT(c,s,i,d)/XINT\_S(c,i,d) = [PPUR(c,s,i,d)/PPUR\_S(c,i,d)]^{-}$$
$$SIGMADOMIMP(c)$$

由复合商品的需求量等于分类商品的需求量之和,可以得出如下方程式:

$$PPUR\_S(c,i,d) \cdot XINT\_S(c,i,d) = sum\{s,SRC,PPUR(c,s,i,d) \cdot XINT(c,s,i,d)\}$$

对于居民消费而言,他们对于国产品和进口品的消费需求与生产需求有类似的规律,$XHOU(c,s,d)$ 是关于不同类别商品的居民消费需求,其需求量与不同类别商品的复合需求量 $XHOU\_S(c,d)$ 和价格因子呈正相关性。其中,价格因子是购买者价格的相对性指标,为 $PPUR(c,s,"HOU",d)$ 与不同类别的消费者价格指数[$PHOU(c,d)$]之比的 SIGMADOMIMP(c)次幂。其水平方程如下:

$$XHOU(c,s,d)/XHOU\_S(c,d) = [PPUR(c,s,"HOU",d)/PHOU(c,d)]^{-}$$
$$SIGMADOMIMP(c)$$

同样,嵌套的 $PPUR\_S(c,"hou",d)$ 与居民消费量的乘积,等于不同类别的居民消费量之和:

$$PPUR\_S(c,"hou",d) \cdot XHOU\_S(c,d) = sum\{s,SRC,PPUR(c,s,"hou",d) \cdot$$
$$XHOU(c,s,d)\}$$

对于部门投资而言,首先计算所有部门对于不同类别商品的投资需求,其次才进行分部门投资需求量,分部门投资需求量将在后面介绍。其对于国产品和进口品的投资需求与生产部门和居民消费需求有类似的规律,$XINV(c,s,d)$ 是关于不同类别商品的投资需求,其需求量与不同类别商品的复合需求量 $XINV\_S(c,d)$ 和价格因子呈正相关性。其中,价格因子是购买者价格的相对性指标,与前述类似。其水平方程如下:

$$XINV(c,s,d)/XINV\_S(c,d) = [PPUR(c,s,"INV",d)/PINVEST(c,d)]^{-}$$
$$SIGMADOMIMP(c)$$

同理,可以得出以下方程式:

$$PPUR\_S(c, "inv", d) \cdot XINV\_S(c,d) = sum\{s, SRC, PPUR(c,s, "inv", d) \cdot XINV(c,s,d)\}$$

(二)劳动者类型选择

TERM 模型中针对劳动者技能进行了划分,在某一部门总劳动需求一定的条件下,按照最小化劳动成本要求可进行不同类型劳动者选择,其基本原理与国产品和进口品选择类似。

$XLAB(i,o,d)$ 为不同类型的劳动者需求,其需求量与劳动者总需求量 $[XLAB\_O(i,d)]$ 和工资因子呈正相关性。其中,工资因子是特定劳动技能的工资水平与总体工资水平的比值的 $SIGMALAB(i)$ 次幂。不同劳动者类型的工资水平变化将促使其需求量变化:工资水平较低的劳动者将占有较大的市场份额。

$$XLAB(i,o,d)/XLAB\_O(i,d) = [PLAB(i,o,d)/PLAB\_O(i,d)]^{\wedge}-SIGMALAB(i)$$

同理,存在以下方程式:某一地区的某一部门劳动者总需求量等于该地区不同类型劳动者需求量之和。此处提及的劳动者需求量指的是价值量而非劳动者个数。

$$PLAB\_O(i,d) \cdot XLAB\_O(i,d) = sum\{o, OCC, PLAB(i,o,d) \cdot XLAB(i,o,d)\}$$

(三)要素需求选择

进行国民经济生产不仅需要商品投入,还应包括劳动者、资本、土地等要素投入。要素需求选择是在资源约束下,按照最小化成本要求进行要素的选择。其基本假定为不同要素之间存在替代性,因此可以通过 CES 函数形式进行要素选择。

前文进行劳动者类型选择是在假定部门总劳动需求已知的前提下进行的,接下来将计算部门总劳动需求。部门总劳动需求量($XLAB\_O(i,d)$)与要素总需求以及价格因子呈正相关性,除此之外,为考虑技术进步的影响,增加了 $ALAB\_O(i,d)$ 参数。价格因子是劳动者工资水平与要素价格水平的比值的 $SIGMAPRIM(i)$ 次幂,$SIGMAPRIM(i)$ 为要素替代弹性,描述劳动者、资本和土地等要素之间的替代关系。要素价格之间的相对变化将导致相对较低价格水平的要素需求比重提高。

$$XLAB\_O(i,d)/[XPRIM(i,d) \cdot ALAB\_O(i,d)] = [[PLAB\_O(i,d) \cdot ALAB\_O(i,d)]/PPRIM(i,d)]^{\wedge}-SIGMAPRIM(i)$$

与劳动者要素需求规律类似,资本和土地的要素需求方程如下:

$$XCAP(i,d)/[XPRIM(i,d) \cdot ACAP(i,d)] = [[PCAP(i,d) \cdot ACAP(i,d)]/PPRIM(i,d)]^{\wedge}-SIGMAPRIM(i)$$

$$XLND(i,d)/[XPRIM(i,d) \cdot ALND(i,d)] = [[PLND(i,d) \cdot ALND(i,d)]/PPRIM(i,d)]^{\wedge}-SIGMAPRIM(i)$$

同时,要素总需求量等于不同要素需求量之和。

$$PPRIM(i,d) \cdot XPRIM(i,d) = PLAB\_O(i,d) \cdot XLAB\_O(i,d) + PCAP(i,d) \cdot XCAP(i,d) + PLND(i,d) \cdot XLND(i,d)$$

(四)总要素需求与中间投入选择

从生产角度出发,在要素市场处于完全竞争条件下(生产者为要素价格的接受者),

投入要素的最优组合通常基于如下的模型假定:生产者在当前的生产技术条件下实现其投入成本最小化,则在给定生产技术函数和优化目标基础上,可通过拉格朗日乘数法计算要素投入量和价格水平。

当生产技术函数采用里昂惕夫生产函数形式,最优化目标为成本最小化要求下,总要素需求量 XPRIM(i,d) 为:

$$\text{XPRIM}(i,d) = \text{XTOT}(i,d) \cdot \text{ATOT}(i,d) \cdot \text{APRIM}(i,d)$$

生产部门的复合商品需求量 XINT_S(c,i,d) 与部门总产出和技术进步系数、价格因子呈正相关性;其中,价格因子为考虑了技术进步系数在内的不同商品价格与复合商品价格的比值的 SIGINT(i,d) 次幂。XINT_S(c,i,d) 的需求量方程为

$$\text{XINT\_S}(c,i,d) = \text{ATOT}(i,d) \cdot \text{AINT\_S}(c,i,d) \cdot \text{XTOT}(i,d) \cdot [\text{PPUR\_S}(C,I,D) \cdot \text{AINT\_S}(C,I,D)/\text{PINT}(i,d)]\text{\textasciicircum}{-}\text{SIGINT}(i,d)$$

根据市场出清条件,扣除生产税的总收入应等于各项成本之和。因此,有如下方程式:

$$\text{PCST}(i,d) \cdot \text{XTOT}(i,d) = \text{sum}\{c,\text{COM},\text{PPUR\_S}(c,i,d) \cdot \text{XINT\_S}(c,i,d)\} + \text{sum}\{o,\text{OCC},\text{PLAB}(i,o,d) \cdot \text{XLAB}(i,o,d)\} + \text{PCAP}(i,d) \cdot \text{XCAP}(i,d)+\text{PLND}(i,d) \cdot \text{XLND}(i,d)$$

(五)生产税

生产税是针对部门产出所征收的一种税制。PTX(i,d) 计算公式为:

$$\text{PTX}(i,d) = \text{PTXRATE}(i,d) \cdot \text{PCST}(i,d) \cdot \text{XTOT}(i,d)$$

式中:PTX(i,d) 为部门生产税;PTXRATE(i,d) 为税率;PCST(i,d) · XTOT(i,d) 为扣除生产税的部门总收入。

则部门产出方程为

$$\text{PTOT}(i,d) \cdot \text{XTOT}(i,d) = \text{PCST}(i,d)[1 + \text{PTXRATE}(i,d)] \cdot \text{XTOT}(i,d)$$

(六)MAKE 矩阵

我国投入产出模型在进行经济分析时一般假定每个部门只生产一种产品,且只用一种生产技术进行生产,即"纯部门假设",该假设是进行线性分析的基础。然而一般均衡模型却并不要求"纯部门假设",同一部门可进行多种商品的生产,且生产技术也不唯一,XMAKE(c,i,d) 正是描述部门生产与部门产出的矩阵,其值通常由常弹性转化函数(CET)来获得。部门商品产出量[XMAKE(c,i,d)]与考虑了技术进步的部门总产出和价格因子呈正相关性,其中价格因子为国产品的价格水平与部门产出价格水平的比值的 SIGMAOUT(i) 幂。其方程式如下:

$$\text{XMAKE}(c,i,d) = \text{AMAKE}(c,i,d) \cdot \text{XTOT}(i,d) \cdot \{[\text{PDOM}(c,d)/\text{PTOT}(i,d)]\text{\textasciicircum}\text{SIGMAOUT}(i)\}$$

式中:AMAKE(c,i,d) 为技术进步系数;PDOM(c,d) 为商品价格水平;SIGMAOUT(i) 为 CET 参数。

SIGMAOUT(i) 一般为正值,因此当某一种商品价格水平与部门价格水平的比率高于其他商品时,该商品产出占部门产出的比重将上升。由于本书中采用"纯部门假设",则 MAKE 矩阵的对角线元素为部门的商品产出,且部门与商品呈现一一对应关系,非对角线

元素为 0。

按照部门和商品两种口径统计,其部门产出与商品产出应完全一致,则方程如下:

$$PTOT(i,d) \cdot XTOT(i,d) = sum\{c,COM,PDOM(c,d) \cdot XMAKE(c,i,d)\}$$

(七)进口价格模块

模型假设进口品的世界平均价格外在设定,中国处于价格接受者的地位;在该价格下,进口供给具有无限弹性,完全由国内需求和贸易平衡状况所确定,即采用小国假设。进口商品的国内价格水平是由进口商品的国际价格水平与汇率共同决定的,其满足如下方程:

$$PIMP(c,r) = PFIMP(c,r) \cdot PHI$$

式中:$PIMP(c,r)$为进口商品国的内价格;$PFIMP(c,r)$为进口国的商品价格;PHI为汇率。

(八)居民消费需求模块

居民在各自的预算约束下追求其效用最大化。它们的效用皆采用 Klein-Rubin 效用函数表示,优化条件求解得到其需求函数为线性支出函数(LES)。模型计算有两个重要参数:一是支出弹性(也称为边际预算份额),二是 Frisch 参数。TERM 将居民消费支出分为用于购买生活必需品的基本生活支出和其他生活支出,其中 Frisch 参数是基本生活支出与其他生活支出的比值的负数。

定义居民基本生活支出 $WSUBSIST(d)$,其值为居民基本需求量与居民消费价格、居民人数的乘积:

$$WSUBSIST(d) = sum\{c,COM,PHOU(c,d) \cdot NHOU(d) \cdot XSUBSIST(c,d)\}$$

式中:$WSUBSIST(d)$为地区居民基本生活支出;$NHOU(d)$为地区居民人数;$XSUBSIST(c,d)$为居民基本需求量;$PHOU(c,d)$为居民消费价格,与 $PPUR\_S(c,"hou",d)$ 含义相同。

根据线性支出函数方程式,居民总消费量 $XHOU\_S(c,d)$ 与支出弹性和其他生活支出呈正相关性,其计算公式为

$$XHOU\_S(c,d) \cdot PHOU(c,d) = MBS(c,d) \cdot [WHOUTOT(d) - WSUBSIST(d)]$$

式中:$XHOU\_S(c,d)$为居民总消费量;$MBS(c,d)$为商品支出弹性;$[WHOUTOT(d)-WSUBSIST(d)]$为其他生活支出,为总消费扣除基本生活支出。

地区名义总消费支出是消费者价格指数与消费总量的乘积,满足如下方程:

$$WHOUTOT(d) = PHOUTOT(d) \cdot XHOUTOT(d)$$

式中:$WHOUTOT(d)$为地区名义总消费支出;$PHOUTOT(d)$为消费者价格指数;$XHOUTOT(d)$为地区消费总量。

$$PHOUTOT(d) = sum\{c,COM,BUDGSHR(c,d) \cdot PHOU(c,d)\}$$

式中:$BUDGSHR(c,d)$为地区消费预算份额系数。

(九)投资需求模块

投资同样包含了两级嵌套,第一层为 Leontief 函数形式,第二层为 CES 函数形式。由 Leontief 函数形式可知,部门投资需求 $XINVI(c,i,d)$ 与该部门的总需求呈正相关性,其满足方程如下:

$$XINVI(c,i,d) = AINVI(c,i,d) \cdot XINVITOT(i,d)$$

式中:$XINVI(c,i,d)$为部门投资需求;$AINVI(c,i,d)$为技术进步系数;$XINVITOT(i,d)$为

部门投资总需求。

定义投资的价格指数为 PINVITOT(i,d),其值由部门投资需求及其价格水平决定,方程为

$$\text{PINVITOT}(i,d) \cdot \text{XINVITOT}(i,d) = \text{sum}\{c, \text{COM}, \text{PINVEST}(c,d) \cdot \text{XINVI}(c,i,d)\}$$

式中:PINVITOT(i,d)为投资价格指数;PINVEST(c,d)为部门投资的商品价格,取值为前文计算的 PPUR_S$(c,"INV",d)$。

根据投资需求矩阵含义,不同来源的商品投资总量应等于所有工业部门的商品投资总量,其方程为

$$\text{XINV\_S}(c,d) = \text{sum}\{i, \text{IND}, \text{XINVI}(c,i,d)\}$$

式中:XINV_S(c,d)为商品投资总量。

(十) 其他需求模块

其他需求模块指政府消费、出口和库存变动模块。

政府消费需求量取决于三个独立的转移参数,它们在不同维上决定政府消费的需求量,包括 FGOVTOT(d)、FGOV_S(c,d)和 FGOV(c,s,d)。

$$\text{XGOV}(c,s,d) = \text{FGOVTOT}(d) \cdot \text{FGOV}(c,s,d) \cdot \text{FGOV\_S}(c,d)$$

式中:XGOV(c,s,d)为政府消费需求量;FGOVTOT(d)、FGOV_S(c,d)和 FGOV(c,s,d)为转移参数。

出口需求量取决于出口转移因子和价格因子。其中,价格因子为出口商品价格与考虑汇率的综合出口价格指数的比值的 EXP_ELAST(c)次幂,其方程如下

$$\text{XEXP}(c,s,d)/\text{FQEXP}(c,s) = [\text{PPUR}(c,s,"EXP",d)/[\text{FPEXP}(c,s)/\text{PHI}]]\verb|^|-\text{EXP\_ELAST}(c)$$

式中:XEXP(c,s,d)为出口需求量;FQEXP(c,s)为出口转移因子;PPUR$(c,s,"EXP",d)$为出口商品价格;FPEXP(c,s)为综合出口价格指数;PHI 为汇率;EXP_ELAST(c)为 CES 替代弹性。

TERM 模型对库存变动进行简化处理,其方程为

$$\text{XSTOCKS}(i,d) = \text{FSTOCKS}(i,d) \cdot \text{XTOT}(i,d)$$

式中:XSTOCKS(i,d)为库存变动量;FSTOCKS(i,d)为库存转移参数。

TERM 对于库存的定义与我国投入产出表不一致,我国投入产出表中库存是以商品为维数的变量,而 TERM 则将其处理为部门变量。

(十一) 区域需求模块

到目前为止,上述模块与传统意义上的一般均衡模型并无显著差别,接下来将对 TERM 模型的模型特点进行介绍。区域需求模块计算步骤一般包括:

(1)按商品来源地汇总地区总需求。XTRAD(c,s,r,d)为地区 d 对于来自 r 地区的两种不同类型商品 c 的需求量。XTRAD_R(c,s,d)则为地区 d 的两种不同类型商品的总需求量,为 XTRAD(c,s,r,d)按照产地汇总的需求量;若将 XTRAD_R(c,s,d)进行用户分解,则包括中间使用需求 XINT(c,s,i,d),居民消费需求 XHOU(c,s,d),投资需求 XINV(c,s,d),政府消费需求 XGOV(c,s,d) 和出口需求 XEXP(c,s,d),其公式如下:

$$XTRAD\_R(c,s,d) = sum\{i, IND, XINT(c,s,i,d)\} + XHOU(c,s,d) + XINV(c,s,d) +$$
$$XGOV(c,s,d) + XEXP(c,s,d)$$

（2）计算用于商品流动的边际服务商品需求。模型假设各种边际服务之间不具有替代性，采用 Leontief 函数形式来计算不同边际服务商品的需求量。

$$XTRADMAR(c,s,m,r,d) = ATRADMAR(c,s,m,r,d) \cdot XTRAD(c,s,r,d)$$

式中：$XTRADMAR(c,s,m,r,d)$ 为边际服务商品需求量；$ATRADMAR(c,s,m,r,d)$ 为技术进步系数。

（3）计算商品贸易价格。商品的贸易价值是商品贸易量 $XTRAD(c,s,r,d)$ 与商品的贸易价格 $PDELIVRD(c,s,r,d)$ 的乘积，同时按照其内容进行拆分，商品的贸易价值应等于商品基本价值与边际服务价值之和。其公式如下

$$PDELIVRD(c,s,r,d) \cdot XTRAD(c,s,r,d) = PBASIC(c,s,r) \cdot XTRAD(c,s,r,d) +$$
$$sum\{m, MAR, PSUPPMAR\_P(m,r,d) \cdot$$
$$XTRADMAR(c,s,m,r,d)\}$$

式中：$PDELIVRD(c,s,r,d)$ 为商品的贸易价格；$XTRAD(c,s,r,d)$ 为商品贸易量；$PBASIC(c,s,r)$ 为商品的基本价格；$PSUPPMAR\_P(m,r,d)$ 为边际服务商品的价格；$XTRADMAR(c,s,m,r,d)$ 为边际服务商品需求量。

（4）计算区域商品总需求及综合价格水平。不同来源地的商品综合价格水平与需求量的乘积应等于分来源商品价值量。则计算公式为

$$PUSE(c,s,d) \cdot XTRAD\_R(c,s,d) = sum\{r, ORG, PDELIVRD(c,s,r,d) \cdot$$
$$XTRAD(c,s,r,d)\}$$

式中：$PUSE(c,s,d)$ 为不同来源地的商品综合价格水平。

（5）计算不同来源地商品需求量。在 CES 生产技术约束下，基于最小化成本目标的解方程为

$$XTRAD(c,s,r,d) = STRAD(c,s,r,d) \cdot XTRAD\_R(c,s,d) \cdot [PDELIVRD(c,s,r,d)/$$
$$PUSE(c,s,d)]^{-SIGMADOMDOM(c)}$$

式中：$STRAD(c,s,r,d)$ 为贸易分解系数；$SIGMADOMDOM(c)$ 为 CES 参数。

（十二）边际服务地区分解模块

边际服务商品需求量 $XSUPPMAR\_P(m,r,d)$ 可由 $XTRADMAR(c,s,m,r,d)$ 按来源和商品汇总而得，计算公式为

$$XSUPPMAR\_P(m,r,d) = sum\{c, COM, sum[s, SRC, XTRADMAR(c,s,m,r,d)]\}$$

式中：$XSUPPMAR\_P(m,r,d)$ 为边际服务商品 m 的需求量。

同理，边际服务商品的综合价格可按边际服务商品产地进行加权计算。公式为

$$XSUPPMAR\_P(m,r,d) \cdot PSUPPMAR\_P(m,r,d) = sum\{p, PRD, XSUPPMAR(m,r,d,$$
$$p) \cdot PDOM(m,p)\}$$

式中：$PSUPPMAR\_P(m,r,d)$ 为边际服务商品的综合价格；$PDOM(m,p)$ 为边际服务商品价格；PRD 为边际服务商品产地集合。

在 CES 生产技术约束下，基于最小化成本目标要求，计算不同产地的边际服务商品需求量 $XSUPPMAR(m,r,d,p)$

$$XSUPPMAR(m,r,d,p) = XSUPPMAR\_P(m,r,d) \cdot [PDOM(m,p)/PSUPPMAR\_P(m,r,d)]^{-SIGMAMAR(m)}$$

式中：$XSUPPMAR(m,r,d,p)$ 为不同产地的边际服务商品需求量；$SIGMAMAR(m)$ 为 CES 参数。

由 $XSUPPMAR(m,r,d,p)$ 计算商品产地边际服务需求量 $XSUPPMAR\_D(m,r,p)$ 和各类边际服务商品总供给量 $XSUPPMAR\_RD(m,p)$：

$$XSUPPMAR\_D(m,r,p) = sum\{d,DST, XSUPPMAR(m,r,d,p)\}$$

$$XSUPPMAR\_RD(m,p) = sum\{r,ORG, XSUPPMAR\_D(m,r,p)\}$$

式中：$XSUPPMAR\_D(m,r,p)$ 为商品产地边际服务需求量；$XSUPPMAR\_RD(m,p)$ 为各类边际服务商品总供给量。

(十三)各类平衡模块

1. 供需平衡

按照商品贸易关系，有如下方程式成立：

$$TOTDEM(c,s,r) = sum\{d,DST, XTRAD(c,s,r,d)\}$$

式中：$TOTDEM(c,s,r)$ 为 r 地区商品总供给。

上式表明，某一地区商品总供给应等于由该地区供给所有区域的商品总量。对于国产品而言：若 c 为非边际商品部门，则 r 地区的商品总产出 $XCOM(c,r)$ 等于 $TOTDEM(c,$ "dom"$,r)$；若 c 为边际服务商品部门，则 p 地区的边际服务商品总产出 $XCOM(m,p)$ 等于生产和消费领域的商品需求 $TOTDEM(m,$"dom"$,p)$ 与用于边际服务的商品需求量 $XSUPPMAR\_RD(m,p)$ 之和。基本方程如下

$$XCOM(c,r) = TOTDEM(c,"dom",r)$$

$$XCOM(m,p) = TOTDEM(m,"dom",p) + XSUPPMAR\_RD(m,p)$$

式中：$XCOM(c,r)$ 为商品总产出；$TOTDEM(c,"dom",r)$ 为国产品总需求。

2. 价格模块

按照商品价格基本含义，$PBASIC(c,s,r)$ 为不同类型商品价格水平，当 s 为国产品时，$PBASIC(c,$ "dom"$,r)$ 应与 $PDOM(c,r)$ 相同；当 s 为进口品时，$PBASIC(c,$ "imp"$,r)$ 应与 $PIMP(c,r)$ 相同。其方程如下

$$PBASIC(c,"dom",r) = PDOM(c,r)$$

$$PBASIC(c,"imp",r) = PIMP(c,r)$$

$PPUR(c,s,u,d)$ 为不同用户的购买者价格，包含基本价格、边际价格和产品税。TERM 模型同如下方程进行赋值

$$PPUR(c,s,u,d) = PUSE(c,s,d) \cdot TUSER(c,s,u,d)$$

式中：$TUSER(c,s,u,d)$ 为商品税权重。

3. 产品税模块

对某一地区商品税进行用户分解，其计算公式为

$$COMTAXREV(d) = sum\{c,COM, sum\{s,SRC, sum\{i,IND, [TUSER(c,s,i,d)-1] \cdot PUSE(c,s,d) \cdot XINT(c,s,i,d)\}$$

$$[TUSER(c,s,"hou",d)-1] \cdot PUSE(c,s,d) \cdot XHOU(c,s,d) +$$

$$[\,\mathrm{TUSER}(c,s,"\mathrm{gov}",d)-1\,]\cdot \mathrm{PUSE}(c,s,d)\cdot \mathrm{XGOV}(c,s,d)+$$
$$[\,\mathrm{TUSER}(c,s,"\mathrm{inv}",d)-1\,]\cdot \mathrm{PUSE}(c,s,d)\cdot \mathrm{XINV}(c,s,d)+$$
$$[\,\mathrm{TUSER}(c,s,"\mathrm{exp}",d)-1\,]\cdot \mathrm{PUSE}(c,s,d)\cdot \mathrm{XEXP}(c,s,d)\,\}\,\}$$

式中：COMTAXREV(d)为地区商品税总收入。

（十四）部门投资需求模块

传统的静态 CGE 模型中定义投资总回报率 GRET(i,d)为资本价格水平与投资价格水平的比率，资本增长率 GGRO(i,d)为投资需求与资本存量的比率，其定义式为

$$\mathrm{GRET}(i,d)=\mathrm{PCAP}(i,d)/\mathrm{PINVITOT}(i,d)$$
$$\mathrm{GGRO}(i,d)=\mathrm{XINVITOT}(i,d)/\mathrm{XCAP}(i,d)$$

按照 DPSV 投资增长机制（Dixon et al. 1982, pp. 118-122），

$$\mathrm{GGRO}(i,d)=\mathrm{FINV1}(i,d)\cdot[\,\{\mathrm{GRET}(i,d)^2\}/\mathrm{INVSLACK}\,]^{0.33}$$

式中：INVSLACK 为投资松弛变量。

附录 D

单位：亿元

表 D-1　河南省 2009 年投入产出

行业	农业	煤炭	石油	其他采掘	食品	纺织	造纸	化学	建材	冶金	机械	电子	电力	其他工业	建筑	运输	批发零售	其他服务	中间使用	最终合计	总产出
农业	913	24	1	0	1 794	471	55	60	11	1	3	0	1	80	9	8	2	119	3 551	1 272	4 823
煤炭	10	1 001	298	13	10	5	34	171	284	163	32	1	593	52	21	2	1	34	2 724	215	2 939
石油	51	42	176	76	4	2	2	136	132	206	78	0	6	4	115	182	12	94	1 319	12	1 331
其他采掘	0	3	0	367	1	0	0	61	225	1 010	38	0	0	1	94	2	0	1	1 802	-102	1 700
食品	567	1	2	1	1 597	28	5	259	161	15	40	0	0	114	3	48	44	547	3 431	1 360	4 791
纺织	30	15	5	3	6	840	20	131	17	15	58	2	1	137	20	15	7	51	1 371	768	2 139
造纸	1	9	3	5	30	7	327	22	59	18	53	7	3	8	14	7	28	175	773	233	1 006
化学	266	54	55	48	73	54	65	834	148	75	279	25	5	46	96	21	17	302	2 463	328	2 791
建材	39	58	38	85	32	2	17	39	1 702	386	215	93	10	22	899	6	0	52	3 695	1 431	5 126
冶金	3	52	10	11	1	1	4	29	39	1 552	1 264	12	2	5	272	4	0	28	3 288	2 035	5 323
机械	30	73	17	39	8	5	9	15	140	40	580	6	9	6	51	22	22	104	1 175	4 064	5 239
电子	4	18	4	5	2	1	2	5	7	6	85	56	2	1	26	4	5	124	357	8	365
电力	12	113	22	41	20	15	27	77	125	163	109	3	180	9	66	21	33	117	1 152	80	1 232

续表 D-1

行业	农业	煤炭	石油	其他采掘	食品	纺织	造纸	化学	建材	冶金	机械	电子	电力	其他工业	建筑	运输	批发零售	其他服务	中间使用	最终合计	总产出
其他工业	11	69	22	5	2	2	26	9	29	37	142	4	4	215	90	3	4	92	765	348	1 113
建筑	29	15	8	1	5	1	1	2	6	3	12	0	5	1	0	49	11	75	226	3 030	3 256
运输	8	71	30	57	100	28	28	75	207	107	178	10	7	33	111	231	125	194	1 602	81	1 683
批发零售	63	28	55	27	202	64	44	91	292	105	310	14	2	19	119	22	6	208	1 671	53	1 724
其他服务	18	206	62	54	31	19	27	67	119	138	398	21	75	23	142	212	263	1 082	2 955	4 264	7 219
中间投入	2 054	1 852	808	837	3 918	1 544	692	2 083	3 701	4 039	3 873	254	905	775	2 146	860	580	3 399	34 320	19 480	53 800
增加值	2 769	1 087	523	863	873	595	314	708	1 425	1 284	1 366	111	327	338	1 110	823	1 144	3 820	19 480		
总投入	4 823	2 939	1 331	1 700	4 791	2 139	1 006	2 791	5 126	5 323	5 239	365	1 232	1 113	3 256	1 683	1 724	7 219	53 800		

单位：亿元

表 D-2　安徽省 2009 年投入产出

行业	农业	煤炭	石油	其他采掘	食品	纺织	造纸	化学	建材	冶金	机械	电子	电力	其他工业	建筑	运输	批发零售	其他服务	中间使用	最终合计	总产出
农业	388	4	0	0	547	99	3	23	0	8	1	0	0	62	7	1	0	130	1 273	1 031	2 304
煤炭	5	46	6	4	7	2	5	33	134	64	3	0	419	5	2	0	6	0	735	24	759
石油	49	6	174	10	7	4	1	23	54	53	17	1	76	7	9	222	6	60	779	-258	521
其他采掘	0	0	0	32	0	0	0	10	22	284	8	0	2	2	24	0	0	1	385	21	406
食品	162	0	0	0	122	2	0	3	0	1	0	0	0	0	0	0	0	76	366	925	1 291
纺织	1	1	0	1	6	168	11	8	0	2	5	0	5	5	4	11	3	37	268	350	618
造纸	2	0	0	0	35	4	74	13	10	2	21	5	1	3	3	7	3	95	278	15	293
化学	160	6	3	5	22	24	18	327	26	13	168	12	8	18	40	11	0	101	962	75	1 037
建材	15	8	0	5	21	1	0	16	206	49	20	6	14	12	481	2	0	18	874	178	1 052
冶金	6	20	0	2	9	4	7	31	13	745	1 008	19	10	8	414	6	1	66	2 369	-2	2 367
机械	23	23	1	9	5	7	3	9	13	30	721	23	75	6	115	37	12	226	1 338	2 105	3 443
电子	0	2	0	1	1	1	1	3	2	2	119	72	28	1	8	5	4	132	382	29	411
电力	56	34	3	25	30	28	14	75	136	71	58	5	88	19	25	16	41	159	883	357	1 240
其他工业	7	4	2	1	3	2	4	8	5	31	36	1	8	54	38	6	4	44	258	106	364
建筑	1	1	0	0	0	0	0	0	0	0	1	0	1	0	0	20	5	33	62	1 560	1 622
运输	24	10	3	11	26	10	5	26	30	47	69	5	31	17	41	96	53	109	613	444	1 057
批发零售	132	16	17	11	160	74	34	101	75	141	268	21	86	37	157	69	6	189	1 594	-167	1 427
其他服务	45	37	2	5	38	13	6	39	22	42	93	8	78	7	32	78	124	576	1 245	3 269	4 514
中间投入	1 076	218	211	122	1 039	443	186	748	748	1 585	2 616	178	930	263	1 400	587	262	2 052	14 664	10 062	24 726
增加值	1 228	541	310	284	252	175	107	289	304	782	827	233	310	101	222	470	1 165	2 462	10 062		
总投入	2 304	759	521	406	1 291	618	293	1 037	1 052	2 367	3 443	411	1 240	364	1 622	1 057	1 427	4 514	24 726		

单位：亿元

表 D-3　江苏省 2009 年投入产出

行业	农业	煤炭	石油	其他采掘	食品	纺织	造纸	化学	建材	冶金	机械	电子	电力	其他工业	建筑	运输	批发零售	其他服务	中间使用	最终合计	总产出
农业	580	1	0	0	1 052	1 107	70	244	1	1	1	0	0	194	48	46	0	185	3 530	375	3 905
煤炭	2	16	33	1	6	34	9	167	98	192	27	3	322	14	8	5	0	17	954	-173	781
石油	22	2	875	16	13	50	10	1 308	79	509	116	40	161	21	171	478	4	186	4061	-659	3 402
其他采掘	1	0	0	19	1	0	0	249	115	1 139	25	1	1	9	106	0		4	1 670	-360	1 310
食品	383	0	8	1	520	124	7	168	7	44	46	38	10	16	36	17	6	491	1 922	930	2 852
纺织	3	1	2	1	5	4 028	58	101	11	35	65	22	10	56	38	19	10	156	4 621	3 558	8 179
造纸	4	0	1	1	44	98	444	133	46	36	80	96	6	24	14	10	14	389	1 440	299	1 739
化学	316	3	24	21	71	856	254	4 703	161	201	724	749	9	241	332	40	9	557	9 271	2 018	11 289
建材	6	1	3	6	16	14	5	61	280	119	105	179	5	19	1 459	4	0	25	2 307	-92	2 215
冶金	11	12	15	6	14	29	62	197	118	5 611	3 980	665	17	147	1 596	17	1	106	12 604	-70	12 534
机械	44	14	35	23	17	137	55	258	81	628	3 931	443	222	47	653	245	24	604	7 461	7 321	14 782
电子	2	1	5	1	3	18	29	62	6	38	552	5 706	58	5	53	11	5	463	7 018	3 854	10 872
电力	13	8	25	24	24	131	32	517	104	461	183	108	878	58	35	28	12	187	2 828	-21	2 807
其他工业	9	2	3	3	8	50	104	78	39	278	203	63	7	668	176	7	4	134	1 835	295	2 130
建筑	1	0	15	0	1	2	0	5	1	4	4	2	1	1	96	13	3	119	254	7 015	7 269
运输	53	8	30	15	71	183	41	304	83	280	302	150	36	74	682	202	76	321	2 911	-4	2 907
批发零售	54	2	20	3	63	147	43	210	46	238	357	298	27	55	215	36	6	235	2 055	1 875	3 930
其他服务	128	12	36	15	109	410	79	545	112	468	654	651	226	109	472	309	173	2 290	6 798	8 296	15 094
中间投入	1 632	83	1 115	156	2 038	7 418	1 302	9 310	1 388	10 282	11 355	9 214	1 996	1 758	6 190	1 487	347	6 469	73 540	34 457	107 997
增加值	2 273	698	2 287	1 154	814	761	437	1 979	827	2 252	3 427	1 658	811	372	1 079	1 420	3 583	8 625	34 457		
总投入	3 905	781	3 402	1 310	2 852	8 179	1 739	11 289	2 215	12 534	14 782	10 872	2 807	2 130	7 269	2 907	3 930	15 094	107 997		

表 D-4　山东省 2009 年投入产出

单位：亿元

行业	农业	煤炭	石油	其他采掘	食品	纺织	造纸	化学	建材	冶金	机械	电子	电力	其他工业	建筑	运输	批发零售	其他服务	中间使用	最终合计	总产出
农业	1 124	17	2	2	3 901	1 012	84	217	0	0	1	0	0	202	21	34	64	215	6 896	-118	6 778
煤炭	9	42	240	5	18	8	2	196	191	246	28	1	589	4	4	1	4	1	1 589	301	1 890
石油	30	22	1 337	43	37	18	8	339	165	363	164	8	32	11	37	1 055	56	163	3 888	13	3 901
其他采掘	0	1	6	77	2	0	0	99	232	510	9	0	0	0	137	1	0	1	1 075	47	1 122
食品	492	0	10	0	1 825	71	7	223	5	0	118	10	0	53	0	271	46	387	3 518	4 887	8 405
纺织	8	92	32	11	35	2 988	54	149	147	118	108	11	16	243	139	23	75	61	4 310	2 393	6 703
造纸	2	6	10	4	135	76	1 010	107	101	20	96	21	9	30	25	22	33	293	2 000	287	2 287
化学	702	49	255	166	203	329	213	5 274	357	246	967	186	15	140	246	108	58	585	10 099	1 166	11 265
建材	5	22	17	46	44	11	5	76	669	106	188	29	8	11	1 162	3	0	22	2 424	1 752	4 176
冶金	10	94	66	35	121	32	55	90	95	2 074	3 239	148	29	102	1 076	16	1	44	7 327	9	7 336
机械	42	366	150	136	120	120	35	248	241	662	4 729	134	260	51	724	320	224	261	8 823	6 089	14 912
电子	3	32	44	6	15	18	34	110	22	36	441	1 411	21	5	45	23	33	265	2 564	527	3 091
电力	48	325	242	120	152	137	39	491	320	443	386	40	455	93	63	27	122	161	3 664	-127	3 537
其他工业	14	19	22	26	32	19	106	71	75	136	296	16	16	622	200	9	30	93	1 802	557	2 359
建筑	12	13	6	1	5	2	0	12	2	12	8	1	5	2	0	59	100	107	347	6 112	6 459
运输	75	113	210	43	168	66	36	262	226	183	344	51	170	51	327	393	581	186	3 485	997	4 482
批发零售	125	26	100	40	276	111	20	267	135	213	397	92	57	38	97	75	20	225	2 314	3 089	5 403
其他服务	77	97	107	73	165	105	37	386	177	195	373	110	232	106	154	301	849	1 177	4 721	6 005	10 726
中间投入	2 778	1 336	2 856	834	7 254	5 123	1 745	8 617	3 160	5 563	11 892	2 269	1 914	1 764	4 457	2 741	2 296	4 247	70 846	33 986	104 832
增加值	4 000	554	1 045	288	1 151	1 580	542	2 648	1 016	1 773	3 020	822	1 623	595	2 002	1 741	3 107	6 479	33 986		
总投入	6 778	1 890	3 901	1 122	8 405	6 703	2 287	11 265	4 176	7 336	14 912	3 091	3 537	2 359	6 459	4 482	5 403	10 726	104 832		

表 D-5　淮河流域河南 2009 年投入产出

单位：亿元

行业	农业	煤炭	石油	其他采掘	食品	纺织	造纸	化学	建材	冶金	机械	电子	电力	其他工业	建筑	运输	批发零售	其他服务	中间使用	最终合计	总产出
农业	600	14	0	0	971	256	32	35	6	1	2	0	1	46	5	5	1	85	2 060	803	2 863
煤炭	6	484	143	6	4	2	16	83	134	79	15	0	289	25	10	1	0	17	1 315	137	1 452
石油	27	20	84	36	2	1	1	65	62	98	36	0	3	2	51	95	7	46	637	-42	595
其他采掘	0	1	0	177	0	0	0	30	109	488	18	0	0	0	44	1	0	0	870	-217	653
食品	301	0	1	0	697	12	2	123	74	7	18	0	0	53	1	25	25	316	1 656	1 004	2 660
纺织	17	8	3	1	3	392	10	66	8	7	28	1	1	68	9	8	4	28	662	395	1 057
造纸	0	4	1	2	13	3	154	11	27	8	25	3	2	4	6	3	16	89	373	124	497
化学	140	25	26	22	32	24	30	394	68	35	128	11	2	21	42	11	10	169	1 189	190	1 379
建材	22	29	19	41	15	1	8	20	825	192	104	46	5	10	417	3	0	29	1 784	749	2 533
冶金	1	25	5	5	1	0	2	14	19	760	606	6	5	2	124	2	0	15	1 588	1 043	2 631
机械	16	35	8	19	3	2	4	7	66	19	275	3	5	3	23	11	13	54	567	2 021	2 589
电子	2	8	2	3	1	0	1	2	3	3	40	26	5	0	12	2	3	62	172	8	180
电力	7	54	10	19	9	7	13	37	58	79	51	1	87	4	29	11	19	59	556	53	609
其他工业	6	33	10	3	1	1	12	5	14	18	68	2	2	102	41	2	2	48	369	181	550
建筑	14	6	3	1	2	0	0	1	2	1	5	0	2	0	0	23	6	36	104	1 425	1 529
运输	5	38	16	31	51	14	15	41	110	58	95	5	4	18	56	138	83	110	889	67	956
批发零售	44	17	34	16	116	37	27	57	177	65	186	8	1	12	69	14	4	150	1 035	3	1 038
其他服务	10	111	35	30	16	10	15	38	66	77	215	11	43	12	68	133	173	651	1 715	2 482	4 197
中间投入	1 219	915	399	413	1 936	763	342	1 029	1 829	1 996	1 914	125	447	383	1 008	488	367	1 967	17 541	10 425	27 967
增加值	1 644	537	196	239	724	294	155	350	704	635	675	55	161	167	521	468	670	2 230	10 425		
总投入	2 863	1 452	595	653	2 660	1 057	497	1 379	2 533	2 631	2 589	180	609	550	1 529	956	1 038	4 197	27 967		

表 D-6　淮河流域安徽 2009 年投入产出

单位：亿元

行业	农业	煤炭	石油	其他采掘	食品	纺织	造纸	化学	建材	冶金	机械	电子	电力	其他工业	建筑	运输	批发零售	其他服务	中间使用	最终合计	总产出
农业	309	2	0	0	230	46	2	12	0	4	0	0	0	29	3	1	0	81	719	789	1 508
煤炭	2	15	0	1	2	1	2	11	38	21	1	0	150	1	1	0	0	0	247	9	256
石油	21	4	73	8	5	4	1	18	47	40	12	0	24	3	2	84	2	18	367	-270	97
其他采掘	0	0	0	10	0	0	0	4	7	95	3	0	1	1	8	0	0	0	129	-60	69
食品	68	0	0	0	27	1	0	1	0	0	0	0	0	0	0	0	0	26	123	402	525
纺织	0	0	0	0	2	54	4	3	0	1	2	0	2	2	1	4	1	14	89	125	214
造纸	1	0	0	0	9	1	25	4	3	1	8	2	0	1	0	3	1	32	92	0	93
化学	72	2	0	1	5	6	6	100	7	4	54	4	3	5	11	5	0	38	322	39	361
建材	8	3	0	2	6	0	0	6	64	17	8	2	6	4	158	1	0	8	292	74	366
冶金	3	7	0	1	2	1	2	10	4	246	354	7	3	2	125	3	1	23	793	-36	757
机械	10	7	0	2	1	2	1	3	3	9	237	8	25	2	33	15	4	84	448	800	1 248
电子	0	1	0	0	0	0	0	1	1	1	38	24	9	0	2	2	1	48	128	-36	91
电力	27	11	0	7	8	8	5	25	38	23	20	2	31	6	7	7	14	58	295	136	431
其他工业	4	1	0	0	1	1	1	3	2	10	13	0	3	16	11	2	1	17	86	40	126
建筑	0	0	0	0	0	0	0	0	0	0	0	0	0	0	0	7	2	9	19	682	701
运输	14	4	0	4	8	3	2	10	10	18	28	2	13	6	14	50	22	43	252	200	451
批发零售	68	6	0	3	43	22	12	35	22	48	97	8	32	11	49	31	2	74	566	-198	367
其他服务	22	13	0	1	11	3	2	13	6	12	35	3	23	2	11	36	46	209	450	1 222	1 671
中间投入	630	76	74	42	360	153	65	260	251	551	910	62	323	91	438	251	97	781	5 415	3 917	9 332
增加值	878	180	23	26	165	61	28	101	115	206	338	29	107	35	263	200	271	891	3 917		
总投入	1 508	256	97	69	525	214	93	361	366	757	1 248	91	431	126	701	451	367	1 671	9 332		

表 D-7　淮河流域江苏 2009 年投入产出

单位:亿元

行业	农业	煤炭	石油	其他采掘	食品	纺织	造纸	化学	建材	冶金	机械	电子	电力	其他工业	建筑	运输	批发零售	其他服务	中间使用	最终合计	总产出
农业	493	1	0	0	391	530	48	178	1	1	1	0	0	108	43	41	0	151	1 987	197	2 184
煤炭	1	4	8	0	1	6	2	40	27	52	7	1	82	3	3	1	0	6	244	-188	56
石油	7	1	223	4	2	8	2	305	20	132	30	10	39	4	61	135	1	57	1 042	-674	369
其他采掘	0	0	4	4	0	0	0	54	28	294	6	0	3	2	37	0	0	1	428	-375	53
食品	143	0	2	0	68	23	2	43	2	13	13	11	3	4	15	5	1	146	493	231	724
纺织	1	0	1	0	1	972	18	34	4	11	22	7	3	15	17	6	2	72	1 186	1 146	2 332
造纸	1	0	0	5	5	17	100	32	13	10	22	26	1	5	5	3	2	127	370	72	442
化学	112	1	6	1	9	139	58	1 139	44	55	200	206	2	53	129	12	1	206	2 379	637	3 016
建材	2	0	1	1	1	2	4	11	57	24	22	37	4	3	423	1	0	5	592	-107	484
冶金	3	3	3	5	2	4	11	42	29	1 377	975	163	4	28	551	5	0	33	3 235	-85	3 150
机械	14	3	8	0	2	20	11	57	20	157	966	107	50	9	224	65	3	194	1 915	2 063	3 978
电子	1	0	1	6	0	3	6	13	1	9	138	1 435	13	1	19	3	1	156	1 802	1 132	2 934
电力	5	2	6	1	3	21	7	125	28	127	50	30	225	13	13	9	2	54	725	-36	689
其他工业	3	0	1	1	1	8	23	18	10	75	54	16	2	146	67	2	1	44	471	70	541
建筑	0	0	0	0	0	0	0	1	0	0	0	1	0	0	43	4	1	38	92	2 884	2 977
运输	21	2	8	4	10	35	11	82	25	86	93	46	10	18	296	68	13	115	945	-11	935
批发零售	12	0	1	0	5	15	6	32	8	41	62	52	4	7	52	7	1	50	358	320	678
其他服务	55	4	11	5	17	81	21	159	34	146	222	193	66	27	224	109	33	848	2 255	2 422	4 676
中间投入	875	21	283	39	518	1 884	330	2 366	352	2 612	2 885	2 341	507	446	2 221	477	60	2 302	20 520	9 698	30 217
增加值	1 309	35	86	14	206	447	111	651	132	538	1 093	593	182	94	756	457	618	2 374	9 698		
总投入	2 184	56	369	53	724	2 332	442	3 016	484	3 150	3 978	2 934	689	541	2 977	935	678	4 676	30 217		

表D-8 淮河流域山东2009年投入产出

单位:亿元

行业	农业	煤炭	石油	其他采掘	食品	纺织	造纸	化学	建材	冶金	机械	电子	电力	其他工业	建筑	运输	批发零售	其他服务	中间使用	最终合计	总产出
农业	402	6	1	1	925	270	27	74	0	0	0	0	0	63	9	11	22	57	1 868	-226	1 643
煤炭	2	8	47	1	2	1	0	37	38	49	5	0	115	1	1	0	1	12	309	62	372
石油	6	4	263	9	5	3	1	65	34	74	33	2	6	2	9	200	11	31	758	-2	756
其他采掘	0	0	1	15	0	0	0	17	43	100	2	0	0	0	31	0	0	0	210	11	221
食品	122	0	2	0	301	15	2	53	1	0	30	2	0	11	0	64	11	72	686	1 167	1 853
纺织	2	20	7	2	5	554	12	33	31	25	25	2	3	50	40	5	15	12	841	480	1 321
造纸	0	1	2	1	19	13	196	22	22	4	21	4	2	5	7	4	7	59	390	60	451
化学	142	10	51	33	27	54	39	1 017	74	51	199	38	3	25	63	21	11	114	1 970	249	2 219
建材	1	4	3	8	5	2	1	12	118	19	33	5	1	2	255	0	0	4	473	350	823
冶金	2	17	13	7	16	5	10	17	18	394	616	28	6	17	253	3	0	8	1 429	-6	1 423
机械	8	69	29	26	15	19	6	45	47	129	924	25	49	9	173	59	41	48	1 722	1 317	3 038
电子	1	6	8	1	2	3	6	20	4	7	88	277	4	1	11	4	6	50	500	109	609
电力	10	64	48	24	20	21	7	94	66	91	79	8	91	17	16	5	23	30	715	-233	482
其他工业	3	4	4	5	4	3	19	13	15	28	60	3	3	110	51	2	6	18	352	113	465
建筑	3	3	1	0	1	0	0	3	1	3	2	0	1	1	0	14	24	25	82	1 463	1 545
运输	15	22	41	8	22	10	7	49	46	37	69	10	33	9	82	73	109	35	678	203	880
批发零售	26	5	20	8	37	18	4	52	28	44	82	19	12	7	25	15	4	44	450	611	1 061
其他服务	15	19	21	15	22	17	7	74	37	40	76	22	47	19	39	58	162	228	918	1 275	2 193
中间投入	760	263	563	164	1 429	1 009	343	1 698	623	1 096	2 343	447	377	347	1 066	538	451	834	14 351	7 003	21 354
增加值	883	109	193	57	423	311	107	522	200	327	696	162	105	117	480	342	610	1 359	7 003		
总投入	1 643	372	756	221	1 853	1 321	451	2 219	823	1 423	3 038	609	482	465	1 545	880	1 061	2 193	21 354		

附录 E

淮河流域区域间贸易矩阵如表 E-1~表 E-18 所示。

表 E-1 淮河流域 2009 年各省农业调入调出计算表 单位:亿元

| 调出地 | 调入地 | | | | | | | | 合计 | |
| | 河南 | | 安徽 | | 江苏 | | 山东 | | | |
	小计	国产品	小计	国产品	小计	国产品	小计	国产品	小计	国产品
河南	2 771	2 524	61	61	342	342	142	142	3 316	3 069
安徽	1	1	1 375	1 302	141	141	87	87	1 604	1 531
江苏	5	5	8	8	2 208	2 014	1	1	2 222	2 028
山东	4	3	2	2	9	9	1 735	1 555	1 750	1 569
合计	2 781	2 533	1 446	1 373	2 700	2 506	1 965	1 785	8 892	8 197

表 E-2 淮河流域 2009 年各省煤炭调入调出计算表 单位:亿元

| 调出地 | 调入地 | | | | | | | | 合计 | |
| | 河南 | | 安徽 | | 江苏 | | 山东 | | | |
	小计	国产品	小计	国产品	小计	国产品	小计	国产品	小计	国产品
河南	1 049	981	59	59	153	153	143	143	1 404	1 336
安徽	1	1	214	193	62	62	22	22	299	278
江苏	0	0	11	11	124	87	10	10	145	108
山东	2	2	28	28	74	74	347	310	451	414
合计	1 052	984	312	291	413	376	522	485	2 299	2 136

表 E-3 淮河流域 2009 年各省石油调入调出计算表 单位:亿元

| 调出地 | 调入地 | | | | | | | | 合计 | |
| | 河南 | | 安徽 | | 江苏 | | 山东 | | | |
	小计	国产品	小计	国产品	小计	国产品	小计	国产品	小计	国产品
河南	827	459	54	54	73	73	24	24	978	610
安徽	24	24	167	62	16	16	1	1	208	103
江苏	0	0	30	30	684	313	2	2	716	345
山东	158	157	77	77	129	129	728	396	1 092	759
合计	1 009	640	328	223	902	531	755	423	2 994	1 817

表 E-4 淮河流域 2009 年各省其他采掘调入调出计算表 单位:亿元

| 调出地 | 调入地 | | | | | | | | 合计 | |
| | 河南 | | 安徽 | | 江苏 | | 山东 | | | |
	小计	国产品	小计	国产品	小计	国产品	小计	国产品	小计	国产品
河南	730	436	56	56	58	58	61	61	905	611
安徽	1	1	112	44	31	31	1	1	145	77
江苏	1	1	8	8	288	56	1	1	298	66
山东	22	22	12	12	54	54	293	155	381	243
合计	754	460	188	120	431	199	356	218	1 729	997

表 E-5 淮河流域 2009 年各省食品调入调出计算表 单位:亿元

| 调出地 | 调入地 | | | | | | | | 合计 | |
| | 河南 | | 安徽 | | 江苏 | | 山东 | | | |
	小计	国产品	小计	国产品	小计	国产品	小计	国产品	小计	国产品
河南	2 337	2 219	93	93	254	254	233	233	2 917	2 799
安徽	10	10	463	429	142	142	7	7	622	588
江苏	9	9	2	2	811	726	9	9	831	746
山东	70	70	43	43	124	124	1 469	1 391	1 706	1 628
合计	2 426	2 308	601	567	1 331	1 246	1 718	1 640	6 076	5 761

表 E-6 淮河流域 2009 年各省纺织调入调出计算表 单位:亿元

| 调出地 | 调入地 | | | | | | | | 合计 | |
| | 河南 | | 安徽 | | 江苏 | | 山东 | | | |
	小计	国产品	小计	国产品	小计	国产品	小计	国产品	小计	国产品
河南	919	845	70	70	247	247	111	111	1 347	1 273
安徽	18	18	169	148	48	48	3	3	238	217
江苏	15	15	20	20	2 269	2 156	16	16	2 320	2 207
山东	81	81	25	25	69	69	1 121	1 052	1 296	1 227
合计	1 033	959	284	263	2 633	2 520	1 251	1 182	5 201	4 924

表 E-7　淮河流域 2009 年各省造纸调入调出计算表　　　　单位：亿元

| 调出地 | 调入地 | | | | | | | | 合计 | |
| | 河南 | | 安徽 | | 江苏 | | 山东 | | | |
	小计	国产品	小计	国产品	小计	国产品	小计	国产品	小计	国产品
河南	440	423	18	18	34	34	21	21	513	496
安徽	2	2	78	73	21	21	1	1	102	97
江苏	4	4	21	21	437	419	3	3	465	447
山东	59	59	22	22	63	63	312	299	456	443
合计	505	488	139	134	555	537	337	324	1 536	1 483

表 E-8　淮河流域 2009 年各省化学调入调出计算表　　　　单位：亿元

| 调出地 | 调入地 | | | | | | | | 合计 | |
| | 河南 | | 安徽 | | 江苏 | | 山东 | | | |
	小计	国产品	小计	国产品	小计	国产品	小计	国产品	小计	国产品
河南	1 365	1 304	124	124	11	11	74	74	1 574	1 513
安徽	15	15	329	308	6	6	5	5	355	334
江苏	21	21	104	104	2 807	2 711	124	124	3 056	2 960
山东	234	234	68	68	186	186	1 747	1 681	2 235	2 169
合计	1 635	1 574	625	604	3 010	2 914	1 950	1 884	7 220	6 976

表 E-9　淮河流域 2009 年各省建材调入调出计算表　　　　单位：亿元

| 调出地 | 调入地 | | | | | | | | 合计 | |
| | 河南 | | 安徽 | | 江苏 | | 山东 | | | |
	小计	国产品	小计	国产品	小计	国产品	小计	国产品	小计	国产品
河南	2 240	2 134	34	34	24	24	31	31	2 329	2 223
安徽	100	100	306	278	106	106	47	47	559	531
江苏	100	100	40	40	559	470	69	69	768	679
山东	14	14	52	52	2	2	767	706	835	774
合计	2 454	2 348	432	404	691	602	914	853	4 491	4 207

表 E-10　淮河流域 2009 年各省冶金调入调出计算表　　　　单位:亿元

调出地	调入地								合计	
	河南		安徽		江苏		山东			
	小计	国产品	小计	国产品	小计	国产品	小计	国产品	小计	国产品
河南	2 995	2 546	47	47	12	12	22	21	3 076	2 626
安徽	77	77	789	615	6	6	7	7	879	705
江苏	176	176	118	118	3 335	2 719	126	126	3 755	3 139
山东	163	162	53	53	62	62	1 575	1 214	1 853	1 491
合计	3 411	2 961	1 007	833	3 415	2 799	1 730	1 368	9 563	7 961

表 E-11　淮河流域 2009 年各省机械调入调出计算表　　　　单位:亿元

调出地	调入地								合计	
	河南		安徽		江苏		山东			
	小计	国产品	小计	国产品	小计	国产品	小计	国产品	小计	国产品
河南	3 413	2 409	21	21	18	18	19	18	3 471	2 466
安徽	308	307	1 625	1 151	17	17	11	10	1 961	1 485
江苏	291	291	297	297	4 600	3 742	121	121	5 309	4 451
山东	164	163	120	120	14	14	2 977	2 153	3 275	2 450
合计	4 176	3 170	2 063	1 589	4 649	3 791	3 128	2 302	14 016	10 852

表 E-12　淮河流域 2009 年各省电子调入调出计算表　　　　单位:亿元

调出地	调入地								合计	
	河南		安徽		江苏		山东			
	小计	国产品	小计	国产品	小计	国产品	小计	国产品	小计	国产品
河南	431	120	14	14	16	16	9	9	470	159
安徽	20	20	196	41	42	42	4	4	262	107
江苏	113	113	68	68	4 316	2 819	17	17	4 514	3 017
山东	199	198	29	29	169	169	631	136	1 028	532
合计	763	451	307	152	4 543	3 046	661	166	6 274	3 815

表 E-13　淮河流域 2009 年各省电力调入调出计算表　　　　单位:亿元

调出地	调入地								合计	
	河南		安徽		江苏		山东			
	小计	国产品	小计	国产品	小计	国产品	小计	国产品	小计	国产品
河南	713	563	4	4	5	5	52	52	774	624
安徽	2	2	374	325	39	39	29	29	444	395
江苏	34	34	7	7	780	642	11	11	832	694
山东	84	84	3	3	5	5	508	406	600	498
合计	833	683	388	339	829	691	600	498	2 650	2 211

表 E-14　淮河流域 2009 年各省其他工业调入调出计算表　　　　单位:亿元

调出地	调入地								合计	
	河南		安徽		江苏		山东			
	小计	国产品	小计	国产品	小计	国产品	小计	国产品	小计	国产品
河南	482	429	33	33	56	56	28	28	599	546
安徽	1	1	199	174	24	24	1	1	225	200
江苏	12	12	5	5	528	466	16	16	561	499
山东	16	16	22	22	40	40	402	359	480	437
合计	511	458	259	234	648	586	447	404	1 865	1 682

表 E-15　淮河流域 2009 年各省建筑业调入调出计算表　　　　单位:亿元

调出地	调入地								合计	
	河南		安徽		江苏		山东			
	小计	国产品	小计	国产品	小计	国产品	小计	国产品	小计	国产品
河南	1 645	1 332	16	16	5	5	92	92	1 758	1 445
安徽	14	14	833	606	7	7	99	99	953	726
江苏	66	66	282	282	2 903	2 443	197	197	3 448	2 988
山东	23	23	225	225	12	12	1 708	1 333	1 968	1 593
合计	1 748	1 435	1 356	1 129	2 927	2 467	2 096	1 721	8 127	6 752

表 E-16   淮河流域 2009 年各省运输调入调出计算表   单位:亿元

| 调出地 | 调入地 | | | | | | | | 合计 | |
| | 河南 | | 安徽 | | 江苏 | | 山东 | | | |
	小计	国产品	小计	国产品	小计	国产品	小计	国产品	小计	国产品
河南	1 796	894	15	15	5	5	10	9	1 826	923
安徽	75	75	764	442	1	1	1	1	841	519
江苏	11	11	17	17	2 121	1 058	11	11	2 160	1 097
山东	10	9	9	9	5	5	1 354	659	1 378	682
合计	1 892	989	805	483	2 132	1 069	1 376	680	6 205	3 221

表 E-17   淮河流域 2009 年各省批发零售调入调出计算表   单位:亿元

| 调出地 | 调入地 | | | | | | | | 合计 | |
| | 河南 | | 安徽 | | 江苏 | | 山东 | | | |
	小计	国产品	小计	国产品	小计	国产品	小计	国产品	小计	国产品
河南	1 644	718	1	0	0	0	1	1	1 646	719
安徽	69	69	648	301	0	0	1	0	718	370
江苏	686	686	0	0	1 742	761	0	0	2 428	1 447
山东	1	1	1	0	0	0	1 352	608	1 354	609
合计	2 400	1 474	650	301	1 742	761	1 354	609	6 146	3 145

表 E-18   淮河流域 2009 年各省其他服务调入调出计算表   单位:亿元

| 调出地 | 调入地 | | | | | | | | 合计 | |
| | 河南 | | 安徽 | | 江苏 | | 山东 | | | |
	小计	国产品	小计	国产品	小计	国产品	小计	国产品	小计	国产品
河南	3 904	3 562	134	133	49	49	243	243	4 330	3 987
安徽	82	82	1 625	1 484	100	100	88	88	1 895	1 754
江苏	290	290	134	134	4 411	3 984	231	231	5 066	4 639
山东	123	123	69	69	125	125	2 262	2 040	2 579	2 357
合计	4 399	4 057	1 962	1 820	4 685	4 258	2 824	2 602	13 870	12 737

附录 F

表 F-1 淮河流域河南 2009 年 18 部门调出计算表   位:亿元

部门	调出区				合计
	河南	安徽	江苏	山东	
农业	2 771	61	342	142	3 316
煤炭	1 049	59	153	143	1 404
石油	827	54	73	24	978
其他采掘	730	56	58	61	905
食品	2 337	93	254	233	2 917
纺织	919	70	247	111	1 347
造纸	440	18	34	21	513
化学	1 365	124	11	74	1 574
建材	2 240	34	24	31	2 329
冶金	2 995	47	12	22	3 076
机械	3 413	21	18	19	3 471
电子	431	14	16	9	470
电力	713	4	5	52	774
其他工业	482	33	56	28	599
建筑	1 645	16	5	92	1 758
运输	1 796	15	5	10	1 826
批发零售	1 644	1	0	1	1 646
其他服务	3 904	134	49	243	4 330
合计	29 701	854	1 362	1 316	33 233

表 F-2　淮河流域安徽 2009 年 18 部门调出计算表　　　单位:亿元

部门	调出区				合计
	河南	安徽	江苏	山东	
农业	1	1 375	141	87	1 604
煤炭	1	214	62	22	299
石油	24	167	16	1	208
其他采掘	1	112	31	1	145
食品	10	463	142	7	622
纺织	18	169	48	3	238
造纸	2	78	21	1	102
化学	15	329	6	5	355
建材	100	306	106	47	559
冶金	77	789	6	7	879
机械	308	1 625	17	11	1 961
电子	20	196	42	4	262
电力	2	374	39	29	444
其他工业	1	199	24	1	225
建筑	14	833	7	99	953
运输	75	764	1	1	841
批发零售	69	648	0	1	718
其他服务	82	1 625	100	88	1 895
合计	820	10 266	809	415	12 310

表 F-3　淮河流域江苏 2009 年 18 部门调出计算表　　　　单位：亿元

部门	调出区				合计
	河南	安徽	江苏	山东	
农业	5	8	2 208	1	2 222
煤炭	0	11	124	10	145
石油	0	30	684	2	716
其他采掘	1	8	288	1	298
食品	9	2	811	9	831
纺织	15	20	2 269	16	2 320
造纸	4	21	437	3	465
化学	21	104	2 807	124	3 056
建材	100	40	559	69	768
冶金	176	118	3 335	126	3 755
机械	291	297	4 600	121	5 309
电子	113	68	4 316	17	4 514
电力	34	7	780	11	832
其他工业	12	5	528	16	561
建筑	66	282	2 903	197	3 448
运输	11	17	2 121	11	2 160
批发零售	686	0	1 742	0	2 428
其他服务	290	134	4 411	231	5 066
合计	1 834	1 172	34 923	965	38 894

表 F-4　淮河流域山东 2009 年 18 部门调出计算表　　　单位:亿元

部门	调出区				合计
	河南	安徽	江苏	山东	
农业	4	2	9	1 735	1 750
煤炭	2	28	74	347	451
石油	158	77	129	728	1 092
其他采掘	22	12	54	293	381
食品	70	43	124	1 469	1 706
纺织	81	25	69	1 121	1 296
造纸	59	22	63	312	456
化学	234	68	186	1 747	2 235
建材	14	52	2	767	835
冶金	163	53	62	1 575	1 853
机械	164	120	14	2 977	3 275
电子	199	29	169	631	1 028
电力	84	3	5	508	600
其他工业	16	22	40	402	480
建筑	23	225	12	1 708	1 968
运输	10	9	5	1 354	1 378
批发零售	1	1	0	1 352	1 354
其他服务	123	69	125	2 262	2 579
合计	1 427	860	1 142	21288	24 717

表 F-5　淮河流域河南 2009 年 18 部门虚拟水调出量　　　　单位:亿 m³

部门	调出区				合计
	河南	安徽	江苏	山东	
农业		2.23	12.44	5.19	19.86
煤炭		0.4	1.05	0.98	2.43
石油		0.3	0.4	0.14	0.84
其他采掘		0.32	0.33	0.35	1
食品		1.84	5.02	4.6	11.46
纺织		1.14	4	1.79	6.93
造纸		0.24	0.46	0.29	0.99
化学		1.29	0.12	0.77	2.18
建材		0.17	0.12	0.15	0.44
冶金		0.27	0.07	0.13	0.47
机械		0.1	0.08	0.09	0.27
电子		0.06	0.07	0.04	0.17
电力		0.05	0.06	0.61	0.72
其他工业		0.38	0.65	0.33	1.36
建筑		0.07	0.02	0.41	0.5
运输		0.05	0.01	0.03	0.09
批发零售		0	0	0	0
其他服务		0.64	0.24	1.17	2.05
合计		9.55	25.14	17.07	51.76

表 F-6　淮河流域安徽 2009 年 18 部门虚拟水调出量 　　　　单位：亿 m³

部门	调出区				合计
	河南	安徽	江苏	山东	
农业	0.08		10.28	6.37	16.73
煤炭	0.01		0.65	0.23	0.89
石油	0.28		0.18	0.01	0.47
其他采掘	0.03		0.7	0.02	0.75
食品	0.41		5.58	0.27	6.26
纺织	0.54		1.44	0.1	2.08
造纸	0.04		0.42	0.02	0.48
化学	0.32		0.13	0.11	0.56
建材	1.73		1.82	0.81	4.36
冶金	1.27		0.1	0.12	1.49
机械	3.43		0.18	0.12	3.73
电子	0.18		0.38	0.04	0.6
电力	0.09		2.02	1.51	3.62
其他工业	0.02		0.66	0.02	0.7
建筑	0.15		0.08	1.07	1.3
运输	0.49		0.01	0.01	0.51
批发零售	0.32		0	0	0.32
其他服务	0.92		1.11	0.98	3.01
合计	10.31		25.74	11.81	47.86

表 F-7　淮河流域江苏 2009 年 18 部门虚拟水调出量　　　　　　单位:亿 m³

部门	调出区				合计
	河南	安徽	江苏	山东	
农业	0.64	1.01		0.14	1.79
煤炭	0	0.11		0.1	0.21
石油	0	0.29		0.02	0.31
其他采掘	0.02	0.14		0.02	0.18
食品	0.72	0.2		0.7	1.62
纺织	0.87	1.18		0.97	3.02
造纸	0.13	0.73		0.09	0.95
化学	0.54	2.71		3.21	6.46
建材	1.59	0.64		1.1	3.33
冶金	2.77	1.86		1.98	6.61
机械	3.55	3.63		1.48	8.66
电子	1.41	0.85		0.21	2.47
电力	1.71	0.35		0.54	2.6
其他工业	0.58	0.26		0.77	1.61
建筑	0.97	4.16		2.91	8.04
运输	0.16	0.23		0.16	0.55
批发零售	1.71	0		0	1.71
其他服务	4.62	2.13		3.68	10.43
合计	21.99	20.48		18.08	60.55

表 F-8 淮河流域山东 2009 年 18 部门虚拟水调出量 单位:亿 m³

部门	调出区				合计
	河南	安徽	江苏	山东	
农业	0.18	0.12	0.45		0.75
煤炭	0.01	0.2	0.52		0.73
石油	0.86	0.42	0.7		1.98
其他采掘	0.21	0.12	0.52		0.85
食品	2.28	1.39	4.02		7.69
纺织	1.72	0.54	1.47		3.73
造纸	0.78	0.3	0.83		1.91
化学	2.18	0.63	1.74		4.55
建材	0.09	0.33	0.01		0.43
冶金	0.93	0.3	0.35		1.58
机械	0.86	0.63	0.07		1.56
电子	0.78	0.12	0.67		1.57
电力	0.71	0.03	0.04		0.78
其他工业	0.26	0.35	0.64		1.25
建筑	0.13	1.25	0.06		1.44
运输	0.06	0.06	0.03		0.15
批发零售	0.01	0	0		0.01
其他服务	0.6	0.34	0.61		1.55
合计	12.65	7.13	12.73		32.51

附录 G

表 G-1　137 个部门归纳为 18 个部门

法典	部门	42 个部门根据国民经济行业分类
A01	农业	农业、林业、畜牧业、子公司、渔业
B02 系列	煤炭	煤炭开采和洗煤业
B03 系列	石油	石油和天然气行业、石油加工、焦化和核燃料加工部门、天然气生产和供应部门
B04 系列	其他采矿	金属开采、其他非金属矿开采
B05 系列	食物	食品生产和烟草加工
B06 系列	纺织	纺织业、纺织服装、鞋子、帽子、皮革、羽绒及其制品
B07 系列	造纸	造纸或印刷、文具和体育用品制造业
B08 系列	化学	化工行业
B09 系列	建筑材料	非金属矿物制品
B010 系列	冶金工业	金属冶炼和轧制加工部门、金属制品
B011	机器	通用和专用设备制造、运输设备制造、电气机械设备制造
012	电子工业	电信设备、计算机和其他电子设备制造、仪器仪表及办公机械制造
B012	电力	电力、热力生产和供应
B013 系列	其他行业	木材加工和家具制造、其他制造业、废料、水的生产和供应部门、手工艺品和其他制造业
B016 系列	建设	建设
C01	运输	运输和仓储、邮政服务
C02	批发-零售	批发和零售贸易
C03	其他服务	信息传输、计算机服务和软件、批发和零售贸易、住宿和餐馆、金融、房地产租赁和商业服务、研究和试验开发、专业和技术服务、水利管理、环境和公共设施、居民服务和其他服务、教育、卫生、社会保障和社会福利、文化、体育和娱乐、公共管理和社会组织

表 G-2 2009 年四省 18 个行业的贸易额流量 单位:亿元

行业	河南	安徽	江苏	山东
农业	50.9	15.0	-45.4	-20.5
煤炭	33.4	-1.2	-25.5	-6.7
石油	-2.9	-11.4	-17.7	31.9
其他采矿	14.2	-4.0	-12.6	2.5
食物	46.6	2.0	-47.5	-1.1
纺织	29.9	-4.4	-29.8	4.3
造纸	0.8	-3.5	-8.6	11.3
化学	-5.7	-25.7	4.2	27.2
建材	-12.0	12.1	7.5	-7.6
冶金行业	-31.8	-12.2	32.4	11.6
机器	-67.0	-9.9	62.8	14.1
电子行业	-27.8	-4.4	-2.7	34.9
电力	-5.5	5.2	0.3	0.0
其他行业	8.4	-3.2	-8.4	3.2
建设	1.0	-38.2	49.3	-12.2
运输	-6.4	3.4	2.9	0.1
批发-零售	-71.6	6.5	65.2	0.0
其他服务	-6.7	-6.2	36.2	-23.3
总计	-52.2	-80.0	62.6	69.5

表 G-3 2009 年直接用水系数及总用水系数 单位:m³/千元

行业	直接用水系数					总用水系数				
	河南	安徽	江苏	山东	合计	河南	安徽	江苏	山东	合计
农业	2 585	5 341	9 452	3 568	5 118	3 644	7 300	13 187	5 196	7 183
煤炭	229	480	107	92	231	687	1 049	978	710	1 067
石油	131	268	41	50	86	555	1 128	972	543	874
其他采矿	205	988	188	380	297	580	2 269	1 900	957	1 119
食物	76	269	28	37	75	1 973	3 929	8 073	3 237	4 111
纺织	54	303	54	35	60	1 616	3 018	5 955	2 125	3 153
造纸	467	573	61	155	258	1 353	1 999	3 460	1 321	1 930
化学	223	574	57	67	120	1 042	2 157	2 595	931	1 577

续表 G-3

行业	直接用水系数					总用水系数				
	河南	安徽	江苏	山东	合计	河南	安徽	江苏	山东	合计
建材	52	432	35	27	78	497	1 728	1 589	639	990
冶金行业	126	378	26	34	94	583	1 661	1 571	573	1 001
机器	31	72	10	11	22	482	1 114	1 223	521	816
电子行业	44	77	15	12	17	432	916	1 249	395	741
电力	616	4 120	2 843	303	1 924	1 175	5 200	5 044	842	3 076
其他行业	124	95	22	22	61	1 165	2 726	4 846	1 578	2 389
建设	58	70	20	27	35	446	1 077	1 476	553	844
运输	4	13	57	15	24	314	660	1 363	626	742
批发-零售	7	27	75	16	27	241	462	250	410	446
其他服务	26	69	58	21	43	482	1 113	1 594	490	885

表 G-4　2009 年淮河流域 4 个省份的 VWT　　　　　　　　　　$\times 10^6 \ m^3$

行业	河南			安徽			江苏			山东			淮河流域		
	流出	流入	净流出量	流出	流入	净流出量	流出	流入	净流出量	流出	流入	净流出量	流出	流入	净流出量
农业	2 117	517	1 600	3 570	1 380	2 190	9 152	4 589	4 563	473	73	400	15 312	6 559	8 753
煤	45	14	31	44	22	22	1	108	−107	0	8	−8	90	152	−62
石油	14	212	−198	2	202	−200	13	427	−414	28	97	−69	57	938	−881
其他采矿	20	167	−147	34	259	−225	27	428	−401	7	101	−94	88	955	−867
食物	768	24	744	1 195	8	1 187	3 124	2 244	880	566	78	488	5 653	2 354	3 299
纺织	790	19	771	1 358	6	1 352	2 900	1 465	1 435	574	38	536	5 622	1 528	4 094
造纸	119	28	91	140	10	130	259	14	245	8	32	−24	526	84	442
化学	223	13	210	570	69	501	335	280	55	358	86	272	1 486	448	1 038
建材	177	52	125	251	124	127	771	126	645	82	19	63	1 281	321	960
冶金行业	149	248	−99	96	789	−693	512	735	−223	638	133	505	1 395	1 905	−510
机器	218	799	−581	322	589	−267	1 676	588	1 088	146	258	−112	2 362	2 234	128
电子行业	23	134	−111	57	328	−271	2 321	1 746	575	305	155	150	2 706	2 363	343

续表 G-4

部门	河南			安徽			江苏			山东			淮河流域		
	流出	流入	净流出量	流出	流入	净流出量	流出	流入	净流出量	流出	流入	净流出量	流出	流入	净流出量
电力	0	27	−27	484	754	−270	171	1 236	−1 065	68	22	46	723	2 039	−1 316
其他行业	111	96	15	41	136	−95	10	208	−198	133	13	120	295	453	−158
建设	11	103	−92	0	407	−407	515	548	−33	206	218	−12	732	1 276	−544
运输	188	477	−289	632	323	309	1 160	1 076	84	302	116	186	2 282	1 992	290
批发−零售	183	456	−273	226	397	−171	234	1	233	373	101	272	1 016	955	61
其他服务	34	98	−64	13	114	−101	191	1 043	−852	8	84	−76	246	1 339	−1 093
总计	5 190	3 484	1 706	9 035	5 917	3 118	23 372	16 862	6 510	4 275	1 632	2 643	41 872	27 895	13 977

参考文献

[1] 邢端生. 基于可持续发展的水资源配置方案评价研究[D]. 郑州:郑州大学,2005.

[2] 陈家琦,王浩,杨小柳. 水资源学[M]. 北京:科学出版社,2002.

[3] 王好芳. 区域水资源可持续开发与社会经济协调发展研究[D]. 南京:河海大学,2003.

[4] Noel J E, Howitt R E. Conjunctive multibasin management:an optimal control approach[J]. Water Resources Research,1982,18(4):753-763.

[5] 常炳炎,薛松贵,张会言,等. 黄河流域水资源合理分配和优化调度[M]. 郑州:黄河水利出版社,1998.

[6] World Bank. World development report 1992:Development and the environment[M]. Oxford:Oxford University Press,1992.

[7] William W G Yeh. Optimization of real-time hydrothermal system operation[J]. Journal of Water Resource Planning and Management,1992,118(6):636-653.

[8] Dragan A S,Godfreg A W. Genetic algorithms for least cost design of water distribution networks[J]. Journal of Water Resource Planning and Management,1997, 123(2):67-77.

[9] Lefkoff L J,Gorelick S M. Simulating physical processes and economic behavior in saline,irrigated agriculture:Model development[J]. Water Resources Research,1990a,26(7):1359-1369.

[10] Lefkoff L J,Gorelick S M Benefits of an irrigation water rental market in a saline stream-aquifer system [J]. Water Resources Research,Payton,1990b,26(7):1371-1381.

[11] Harding B J,Sangoyomi T B,Payton E A. Impacts of a severe drought on Colorado river water resources [J]. Water Resources Bulletin,1995,31(5):815-824.

[12] Booker J F,Hydrologic and economic impacts of drought under alternative policy responses[J]. Water Resources Bulletin,1995,31(5):889-907.

[13] Booker J F,Young R A. Modeling intrastate and interstate markets for Colorado river water resources[J]. Journal of Environmental Economics and Management,1994,26(1):66-87.

[14] Lee D J,Howitt R E. Modeling regional agricultural production and salinity control alternatives for water quality policy analysis[J]. American Journal of Agricultural Economics,1996,78(1):41-53.

[15] Faisal I M,Young R A,Warner J W. Integrated economic-hydrologic modeling for groundwater basin management[J]. Water Resources Development,1997,13(1):21-34

[16] Rao Vemuri. V, Cedeno. Walter. A new genetic algorithm for multi-objective optimization in water resource management[A]. Proceedings of the IEEE Conference on Evolutionary Computation Nov 29-Dec1 [C],Sponsored by:IEEE,1995:495-500.

[17] Wang M,Zheng C. Ground water management optimization using genetic algorithm sand simulated annealing:formulation and comparison[J]. Journal of the American Water Resources Association, 1998(3):519-530.

[18] Mashed Jahangir, Kaluarachchi Jonah J. Enhancements to genetic allsorts for optimal groundwater management[J]. Journal of Hydrologic Engineering,2000 ASCE:67-73.

[19] Minsker B S,Padera B,Smalley 1 B. Efficient Methods for including Uncertainty and Multiple Objectives

in Water Resources Management Models Using Genetic Algorithms[C]//13th International Conference on Computational Methods in Water Resources,Calgary,Alberta(Canada),2000:25-29.

[20] Ximing Cai. A Framework for Sustainability Analysis in Water Resources Management and Application to the Syr Darya Basin[J]. Water Resources Research,2002,38(0):10. 1029/2001WR000214.

[21] Kaveh Madani·Miguel A. Mariño. System dynamics analysis for managing Iran's Zayandeh-Rud river basin[J]. Water Resour Manage, 2009,23:2163-2187.

[22] Predrag Prodanovic·Slobodan P. Simonovic. An operational model for support of integrated watershed management[J]. Water Resour Manage,2010,24:1161-1194.

[23] Evan G R Davies, Slobodan P. Simonovic. Global water resources modeling with an integrated model of the social-economic-environmental system[J]. Advances in Water Resources,2011,684-700.

[24] Noelwah R. Netusil, Thomas R. Harris, Chang K. Seung,et al. Impacts of water reallocation: A combined computable general equilibrium and recreation demand model approach[J]. The Annals of Regional Science, 2000,34(4):473-487.

[25] Jerson Kecman, Rafael Kelman. Water allocation for production in a semi-arid region[J]. Water Resources Development,2002,18(3):391-407.

[26] Diao Xinshen, Roe Terry. Can a water market avert the "double-whammy" of trade reform and lead to a "win-win" outcome? [J]. Journal of Environmental Economics and Management, 2003,45:708-723.

[27] Carlos M. Go'mez, Dolores Tirado , Javier Rey-Maquieira. Water exchanges versus water works:Insights from a computable general equilibrium model for the Balearic Islands[J]. Water Resources Research, 2004, 40:1-11.

[28] Takayuki Hatano,Takaaki Okuda. Water resource allocation in the Yellow River Basin,China applying a CGE model [DB/OL]. http://www. iioa. org/pdf/Intermediate-2006/Full% 20paper _ Hatano. pdf, 2013,4.

[29] Shan Feng, Ling Xia Li, Zhi Gang Duan,et al. Assessing the impacts of South-to-North Water Transfer Project with decision support systems[J]. Decision Support Systems 42,2007,42:1989-2003.

[30] Rashid Hassan, James Thurlow. Macro-micro feedback links of water management in South Africa:CGE analyses of selected policy regimes[J]. Agricultural Economics,2011,42(2):235-247.

[31] Llop Maria, Ponce-Alifonso Xavier. A never-ending debate: demand versus supply water policies. A CGE analysis for Catalonia[J]. Water Policy,2012,14(4):694-708.

[32] Zhao J, Ni H, Peng X,et al. Impact of water price reform on water conservation and economic growth in China[J]. Economic Analysis & Policy, 2016, 51:90-103.

[33] 朱文彬.水资源开发利用与区域经济协调管理模型系统研究[J].水利学报,1995(11):31-39.

[34] 何希吾,陆亚洲. 区域社会经济发展与水资源[J].科学对社会的影响,1996(2):12-16.

[35] 李令跃,甘泓.试论水资源合理配置和承载能力概念与可持续发展之间的关系[J].水科学进展,2000,10,11(3):307-113.

[36] 汪党献. 水资源需求分析理论与方法研究[D].北京:中国水利水电科学研究院,2002.

[37] 贾绍凤,张军岩,张士锋. 区域水资源压力指数与水资源安全评价指标体系[J].地理科学进展,区域水资源压力指数与水资源安全评价指标体系,2002,21(6):538-545.

[38] 王浩,陈敏建,秦大庸,等. 西北地区水资源合理配置和承载能力研究[M].郑州:黄河水利出版社,2003.

[39] 王浩,王建华,秦大庸.流域水资源合理配置的研究进展与发展方向[J].水科学进展,2004,15(1):123-128.

[40] 倪红珍. 基于绿色核算的水资源价值与价格研究[D]. 北京:中国水利水电科学研究院,2004.

[41] 杜鹏. 宁夏经济空间结构与用水空间结构耦合关系研究[D]. 兰州:西北师范大学,2005.

[42] 温随群,张泽中,刘发. 经济发展与水资源保护的动态平衡探讨[J]. 水利科技与经济,2005(9):513-515.

[43] 李雪松,伍新木. 我国水资源循环经济发展与创新体系构建[J]. 长江流域资源与环境,2007(3):293-297.

[44] 刘金华. 水资源与社会经济协调发展分析模型拓展及应用研究[D]. 北京:中国水利水电科学研究院,2013.

[45] 梁静. 河南省淮河流域社会–经济–水资源–水环境(SERE)协调发展研究[D]. 郑州:郑州大学,2014.

[46] 王猛飞,高传昌,张晋华,等. 黄河流域水资源与经济发展要素时空匹配度分析[J]. 中国农村水利水电,2016(6):38-42.

[47] 李玮. 社会经济驱动用水的理论基础与方法研究[D]. 北京:中国水利水电科学研究院,2018.

[48] 张杰. 基于 CGE 模型的能源与水环境互馈机制的研究[D]. 天津:天津科技大学,2020.

[49] 钟淋涓,方国华,国延恒. 水资源、社会经济与生态环境相互作用关系研究[J]. 水利经济,2007,25(3).

[50] 王浩,秦大庸,汪党献,等. 水利与国民经济协调发展研究[M]. 北京:中国水利水电出版社,2008.

[51] 李原园,李云玲,李爱花. 全国水资源综合规划编制总体思路与技术路线[J]. 规划解读,2011,23:36-41.

[52] 梅双纬. 多目标算法分析研究水资源承载力[D]. 南京:河海大学,2007.

[53] 贾绍凤,周长青,燕华云,等. 西北地区水资源可利用量与承载能力估算[J]. 水科学进展,2004,15(6):801-807.

[54] 肖燕,刘凌. 流域复合系统协调度的评价方法研究[J]. 水电能源科学,2009,6,27(3).

[55] 郑慧娟. 石羊河流域水资源–经济社会协调发展的 SD 模型与前景预测[D]. 兰州:甘肃农业大学,2005.

[56] 肖燕,刘凌. 流域复合系统协调度的评价方法研究[J]. 水电能源科学,2009,27(3):15-17.

[57] 索晓波,门宝辉. 变异系数权重 TOPSIS 法在水资源综合评价中的应用[J]. 南水北调与水利科技,2007(10),5(5):45-47.

[58] 宋松柏,蔡焕杰. 区域水资源–社会经济–环境协调模型研究[J]. 沈阳农业大学学报,2004,35(10):501-503.

[59] 刘耀彬,李仁东,张守忠. 城市化与生态环境协调标准及其评价模型研究[J]. 中国软科学,2005(5):140-148.

[60] 樊宝东. 地下水水质加权绝对海明距离评价法[J]. 水资源保护,2000(3),1(59):34-40.

[61] 吕佳. 区域可持续发展评价研究——以大连市为例[D]. 大连:大连理工大学,2006.

[62] 郦建强,杨晓华,陆桂华,等. 流域水资源承载能力综合评价的改进隶属度模糊物元模型[J]. 水力发电学报,2009,28(1):78-83.

[63] 关伟. 区域水资源与经济社会耦合系统可持续发展的量化分析[J]. 地理研究,2007,26(4).

[64] 曾珍香. 可持续发展的系统分析与评价[M]. 北京:科学出版社,2000.

[65] 康淑媛,张勃,吕永清,等. 基于隶属函数法的包头市水资源承载力评价[J]. 人民黄河,2009,31(1):59-60.

[66] 李铭. 水资源规划中的灰色系统理论方法[J]. 水利学报,1993(3):42-47.

[67] 畅建霞,黄强,王义民,等. 基于耗散结构理论和灰色关联熵的水资源系统演化方向判别模型研究

[J].水利学报,2002(11):105-112.

[68] 郑冬冬,北京市人口—水资源系统协调性分析[D].北京:首都经济贸易大学,2011.

[69] 陈丽燕.集对分析和粗糙集理论在水文水资源中的应用研究[D].哈尔滨:东北农业大学,2009.

[70] 丁爱中,陈德胜,潘成忠,等.基于粗糙集和集对分析的中国水资源承载力现状评价[J].南水北调与水利科技,2010,8(3):71-75.

[71] 张欣,陈华伟,仕玉治,等.基于集对分析的黄河三角洲东营市水资源承载力评价[J].水资源保护,2012,28(1):17-21.

[72] 李瑜,庄会波,宋秀英,等.山东水资源与环境社会经济协调发展综合评价[J].水文,2003,23(2):37-41.

[73] 申碧峰.北京市宏观经济水资源系统动力学模型[J].北京水利,1995(2):14-16.

[74] 蒋晓辉,黄强.关中水资源与社会经济、环境协调发展模式研究[J].中国农村水利水电,2001(1):21-24.

[75] 郑慧娟.石羊河流域水资源-经济社会协调发展的 SD 模型与前景预测[D].兰州:甘肃农业大学,2005.

[76] 王银平.天津市水资源系统动力学模型的研究[D].天津:天津大学,2007.

[77] 刘国锋.丝绸之路经济带资源利用-生态环境-经济增长协调发展策略研究[D].石河子:石河子大学,2021.

[78] 陈文婷,郑明霞,夏青,等.基于产业细化和多要素约束的白洋淀流域水环境承载力系统动力学模拟与调控[J].长江流域资源与环境,2022,31(2):345-357.

[79] 许新宜,王浩,甘泓,等.华北地区宏观经济水资源规划理论与方法[M].郑州:黄河水利出版社,1997.

[80] 王浩,陈敏健,秦大庸,等.西北地区水资源合理配置和承载能力研究[M].郑州:黄河水利出版社,2003.

[81] 陈守煜,王国利,朱文彬,等.大连市水资源、环境与经济协调可持续发展研究[J].水科学进展,2001,12(4):504-508.

[82] 徐丽娜,方国华.江苏省水资源宏观经济模型研究[J].江苏水利,2004(3):35-38.

[83] 彭少明,黄强,张新海,等.黄河流域水资源可持续利用多目标规划模型研究[J].河海大学学报,2007,35(2):153-158.

[84] 谭倩,缑天宇,张田媛,等.基于鲁棒规划方法的农业水资源多目标优化配置模型[J].水利学报,2020,51(1):56-68.

[85] 戴丽媛,张诚,杨丽雅.基于 SD-MOP 模型的水资源优化调度[J].水电能源科学,2021,39(5):58-60.

[86] 赵建世.基于复杂适应理论的水资源优化配置整体模型研究[D].北京:清华大学,2003.

[87] Liu J G, Dietz T, Carpenter S R,et al. Complexity of coupled human and natural systems[J]. Science,2007,317, 5844:1513-1516.

[88] 董增川.变化环境下流域水资源大系统全过程实时调控关键技术及应用[D].南京:河海大学,2017.

[89] 董晓知,徐立荣,徐征和.基于大系统分解协调法的水资源优化配置研究[J].人民黄河,2021,43(4):82-88.

[90] Ostrom, Elinor. A General Framework for Analyzing Sustainability of Social-Ecological Systems[J]. Science, 2009,325: 419-422.

[91] 马超,许长新,田贵良,等.虚拟水贸易的可计算非线性动态投入产出分析模型[J].中国人口·

　　　资源与环境,2016,26(11):161-169.

[92] 周小丽. CGE 模型在水领域的应用及其前景[J].浙江水利水电学院学报,2018,30(1):18-23.

[93] 邓光耀.贸易政策调整对水资源环境影响的多区域 CGE 模拟研究[J].上海对外经贸大学学报,
　　　2020,27(3):14-24.

[94] 吴正,田贵良,胡雨灿.基于开放式水资源嵌入型 CGE 模型的税改政策经济影响与节水效应[J].
　　　资源科学,2021,43(11):2264-2276.

[95] 汪党献,王浩,倪红珍,等.水资源与环境经济协调发展模型及其应用研究[M].北京:中国水利水
　　　电出版社,2011.

[96] 赵永,王劲峰,等.水资源问题的可计算一般均衡模型研究综述[J].水科学进展,2008,19(5):756-
　　　762.

[97] 余晓燕.一般均衡理论的发展脉络研究[J].现代商贸工业,2009(7):22-23.

[98] Dixon P B,B R Parmenter,A A Powell,et al. Notes and Problems in Applied General Equilibrium Eco-
　　　nomics[M]. North-Holland:Amsterdam,1992.

[99] 赵永,王劲峰.经济分析 CGE 模型与应用[M].北京:中国经济出版社,2008.

[100] 王勇,肖洪浪,等. CGE 模型在水资源利用研究中的应用方法探讨[J].人民黄河,2007,29
　　　 (12):54-56.

[101] 沈大军,梁瑞驹,王浩,等.水价理论与实践[M].北京:科学出版社,1999.

[102] 贾玲.基于一般均衡模型的水资源环境经济核算问题研究[D].北京:中国水利水电科学研究
　　　 院,2012.

[103] 马明.基于 CGE 模型的水资源短缺对国民经济的影响研究[D].北京:中国科学院地理科学与
　　　 资源研究所,2001.

[104] 刘金华,倪红珍,汪党献,等.基于 CGE 模型的天津市水资源经济效果分析[J].中国水利水电科
　　　 学研究院学报,2012,10(3):192-198.

[105] 王志璋.水资源优化配置模型技术及应用研究[D].北京:中国水利水电科学研究院,2007.

[106] 钱学森,于景元,戴汝为.一个科学新领域——开放的复杂巨系统及其方法论[C].科学决策与系
　　　 统工程——中国系统工程学会第六次年会论文集[A].1990.

[107] I Heinz,M Pulido-Velazquez,J R Lund. Hydro-economic modeling in river basin management implica-
　　　 tions and applications for the European Water Framework Directive[J]. Water Resources Management,
　　　 2007,21(7):1103-1125.

[108] 付意成.基于水资源优化配置的浑太河污染物总量控制研究[D].北京:中国水利水电科学研究
　　　 院,2010.

[109] Mark Horridge,John Madden,Glyn Wittwer. Using a highly disaggregated multi-regional single-country
　　　 modelto analyse the impacts of the 2002-03 drought on Australia[DB/OL]. http://www. buseco.
　　　 monash. edu. au/cops/,2003.

[110] Glyn Wittwer. An outline of TERM and modifications to include water usage in the Murray-Darling Basin
　　　 [DB/OL]. http://www. buseco. monash. edu. au/cops/,2003.

[111] Rehdanz,K,M Berrittella,R Roson,et al. Water Scarcity and World Trade:A Computable General E-
　　　 quilibrium Approach,paper presented at the 8th Annual Conference on Global Economic Analysis,2005
　　　 Lübeck,Germany.

[112] 胡瑞,左其亭.淮河流域水资源现状分析及承载能力研究意义[J].水资源与水工程学报,2008
　　　 (5):65-68.

[113] 国家统计局国民经济核算司.中国地区投入产出表(2007)[M].北京:中国统计出版社,2011.

[114] 张芳.基于加工贸易非竞争型投入产出表的编制方法[J].统计与决策,2011(18):23-27.

[115] 齐舒畅,王飞,张亚雄.我国非竞争型投入产出表编制及其应用[J].统计研究,2008,25(5):79-83.

[116] 贺悭.中国投资、消费比例与经济发展政策[J].中国投资、消费比例与经济发展,2006(5):3-10.

[117] 徐卓顺.可计算一般均衡(CGE)模型:建模原理、参数估计方法与应用研究[D].吉林:吉林大学,2009.

[118] 赵博,倪红珍.基于 CGE 模型的北京水价改革影响研究[C].变化环境下的水资源响应与可持续利用——中国水利学会水资源专业委员会 2009 学术年会论文集[A].辽宁·大连,2009:383-388.

[119] 张颖.基于 SD 模型的京津冀地区物流与经济协调发展分析[D].北京:北京交通大学,2009.

[120] 程国栋.虚拟水:中国水资源安全战略的新思路[J].中国科学院院刊,2003(4):260-265.

[121] 刘哲,李秉龙.虚拟水贸易理论及其政策化研究进展[J].中国人口.资源与环境,2010,20(5):134-138.

[122] Xiao-guang Zhang, A Dynamic Computable General Equilibrium Model of the Chinese Economy, Research Paper No. 539, Department of Economic of Melbourne University, 1996.

[123] Horridge, M. ORANI-G: A General Equilibrium Model of the Australian Economy. Edition prepared for the Yogyakarta CGE Training Course, Centre of Policy Studies, Monash University. 2001.

[124] 李原园,刘戈力,高弋绢.水市场与水权交易[J].水利规划与设计,2004(2):9-12.

[125] 单以红.水权市场建设与运作研究[D].南京:河海大学,2007.

[126] 田前进.交易成本对水权市场的影响分析[J].水利水电科技进展,2006,26(4):75-77.

[127] 何静,陈锡康.中国 9 大流域动态水资源影子价格计算研究[J].水利经济,2005,23(1):14-19.

[128] ROBERT R H, EASTER KW. Water allocation and water markets : an analysis of gains from trade in Chile[C]// World Bank Technical Paper. Washington D. C.:World Bank,1995:315.

[129] 郑航.初始水权分配及其调度实现——以干旱区石羊河流域为例[D].北京:清华大学,2009.